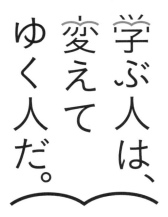

学ぶ人は、変えてゆく人だ。

目の前にある問題はもちろん、

人生の問いや、

社会の課題を自ら見つけ、

挑み続けるために、人は学ぶ。

「学び」で、

少しずつ世界は変えてゆける。

いつでも、どこでも、誰でも、

学ぶことができる世の中へ。

旺文社

JN041781

数 学
ベクトル
分野別 標準問題精講

永曽仙夫 著

Standard Exercises in Geometric Vectors

旺文社

■ ■ はじめに ■ ■

　本書は，ベクトルとは何か，その定義から始めて空間図形への応用までをていねいに詳しく説明したものである．各項目に対応した問題を通して，基本的な概念の理解とともに定理や公式等の定着，いろいろな計算方法等の習熟を図り，多様なベクトルの問題に対処できる真の実力をつけてもらうことを主な目的とする．

　数学の勉強法といえば，問題の解き方を記憶，練習するものと誤解している人が多く，それは今に始まったことではない．試験に制限時間があるから，考えるのが苦手だから……というのがその理由であろうが，考えることを放棄しては数学そのものを放棄したも同然である．昨今は，検定教科書でさえもが問題解法を重視するかのような傾向にあり残念である．

　何を学ぶにもまずはその基本を学ぶことが大切である．円周率って何？　と問われて多くの諸君が 3.14…とか π とか即座に答えるのだが，質問は円周率は何を意味するか？　ということであり，大多数の諸君が返答に窮してしまう．これでは困る．円周率の意味など小学校で習ったはずなのに，「答の出し方」「丸のもらい方」に終始した"学習"の結果であろう．数学の中には定義すること自体が難しいものもあるが，円周率の定義のように基本的なものは正確に覚えておかなければならない．定義の他，思考の基となる定理や計算公式等はそれらが意味するところや基本的な手法も含め確実に覚えることが肝要である．それを前提に問題演習をするのである．問題文を正確に読み取り，図を描き，計算し，論理を組み立てて解答を自分の言葉で作成する．このような訓練を積み重ねてこそ真の実力が養われる．数学に限ったことではないが，国語力（日本語）がとても重要であることをあわせて強調しておく．

　本書ではベクトルを用いて直線，平面，円，球面に関わる図形を調べていく．（本書では上記以外の図形[たとえば放物線]や極限を伴うものは原則として扱わない）その際のキーワードは，**1 次独立**，**パラメーター**，**次元**である．（次ページ参照）基本事項も発展事項も詳しく説明してあるのでじっくり取り組んでもらいたい．とくに「解法中心」の勉強をしてきた諸君には少々辛いかも知れないが今までのやり方にこだわらず，頭を新にして純粋に読み進めてもらえるとありがたい．確かな基礎力こそ様々な問題を解決する応用力を育てる．各問題はこれを実戦すべく筆者が作成した．入試問題から採用したものではない．よくある典型問題もあるが，見慣れぬものも多数あるはずである．しっかり考え抜いてほしい．

　また，せっかくベクトルに集中して勉強するのであるから随所に後の数学や物理の学習につながるような記述を入れた．「向き付け」や「外積」は新しい事柄かも知れないがていねいに説明してあるので意欲的に学んでもらえればと思う．ベクトルの深い理解を通してそこから広がる数学の世界に興味をもっていただければ幸いである．

永曽仙夫

本書の特徴とアイコン説明

　「はじめに」でも触れたように，本書では，**1次独立**，**パラメーター**，**次元**の３つをキーワードとして，ベクトルの概念とその応用を説明し，大学入試レベルからさらにその先の幾何への準備をも意図している.

・**1次独立**はベクトル(数学の中においては線型代数)において最も重要な概念である. 入試レベルでは難しいことではないが図形的イメージが持てるように，またその抽象化，一般化が理解できるように解説した.

・**パラメーター**は学校数学の中では単なる変数として扱われがちだが，1次独立なベクトルの係数としての「座標」の役割，[パラメーターの個数]＝[次元]のイメージを強調した. それに伴って図形を表す方程式とベクトル表示(パラメーター表示)は言葉を明確に使い分けている.

・**次元**とは上記のとおり図形に対してはパラメーターの個数，"空間"という意味では座標軸の本数といってもよい. 通常1次元空間即ち数直線上でベクトルを扱うことは稀だが必要に応じて数直線上でのベクトルも扱った. また2次元空間即ち座標平面における図形の扱いが3次元空間ではどのように対応しているかを問題を通して説明し類似点，相違点を明確にするよう努めた.

問題　概念，基本事項，計算方法等をしっかり身につけてもらうためにそれぞれ目的をもって作成した. 各設問の求めるところをしっかり読み取って挑戦してほしい. 中には直感的にやや難しかったり，計算がめんどうなものもあるが根気よく取り組んでほしい.

精講　基本事項の詳しい解説である. ベクトルが初めての人やあまり得意でないという人は問題を解く前にこちらを先に精読するとよい. また普段意識しないような視点からの説明や，無視されがちな定理や法則の証明も与えてあるので問題が解けても熟読し，基礎力を充実させてほしい.

解答　上記キーワードを意識した解答を中心としている. 直感的イメージを持つことも重要なので多くの図を入れた. 計算を含め，ていねいな解答を心掛けたが，字面を追うのではなく自分でもきちんと計算してほしい. 解答を理解して納得してしまってはいけない. 必ず自分の言葉で改めて答案を作ることが大切である.

講究　精講では説明しきれなかった基本事項の発展的説明，問題をさらに発展させた事実の研究，受験レベルをやや越えた内容の解説等を扱っている. 与えられた問題は解けたからオシマイというのでは寂しい. この問題は何をいわんとしているのか，一般化できないか等，研究精神をもってほしい.

❖ もくじ ❖

───── **著 者 紹 介** ─────

永曽仙夫（えいそのりお）
1956 年滋賀県彦根市生まれ.
立教大学理学部数学科卒，上智大学大学院理工学研究科［数学専攻］博士後期課程満期退学.
1985〜2015 代々木ゼミナール講師，現在：駿台予備学校講師. 代ゼミ時代は模試出題多数. 1995〜2019『全国大学入試問題詳解』（聖文［新］社）解答者. 基本に忠実，堅実な授業を行っている. 登山，仏語会話が趣味. 大自然，日本を愛する.

問題編

第 **0** 章 ベクトル

1　→ 解答 p.28

(1)　次の ☐ を適切な自然数で埋めよ.

$$\frac{2}{\boxed{ア}} = \frac{\boxed{イ}}{9} = \frac{12}{\boxed{ウ}} < 1 \quad ただし,\quad \boxed{ア} < \boxed{イ} < \boxed{ウ}$$

(2)　右図には2方向等間隔に平行な直線が描かれており, 26個の交点にアルファベットのA～Zが記されている. 次の ☐ に適切な文字を入れよ.

$$\overrightarrow{EN} = H\boxed{エ} = O\boxed{オ}$$

$$\overrightarrow{ZP} = \boxed{カ}\overrightarrow{G} = O\boxed{キ}$$

$$\overrightarrow{TQ} = S\boxed{ク} = O\boxed{ケ}$$

2　→ 解答 p.32

1(2)の図において, 次のベクトルの計算結果を点Oを始点とするベクトルとして表せ.

(1)　$\overrightarrow{CP} + \overrightarrow{DU}$　　　　　(2)　$\overrightarrow{XL} - \overrightarrow{PI}$

(3)　$\overrightarrow{GK} + \overrightarrow{IB} - \overrightarrow{TD}$　　　(4)　$\overrightarrow{HK} - \overrightarrow{GZ} + \overrightarrow{IR}$

3 → 解答 p.34

1(2)の図において，OA＝OB＝2，∠AOB＝$\dfrac{\pi}{3}$ とする．

(1) 次のベクトルの大きさを求めよ．

$$\overrightarrow{OC}, \quad \overrightarrow{FR}, \quad \overrightarrow{MY}$$

(2) $\overrightarrow{OA}=\vec{a}$，$\overrightarrow{OB}=\vec{b}$ とする．次の(ア)，(イ)を計算し，$x\vec{a}+y\vec{b}$ [x，y：実数] の形に表せ．またこれらの大きさを求めよ．

    (ア) $3(2\vec{a}-3\vec{b})-4(\vec{a}-3\vec{b})$
    (イ) $5(2\vec{a}+3\vec{b})-12(\vec{a}+\vec{b})$

4 → 解答 p.36

  正五角形 ABCDE が点 O を中心とする半径 1 の円に内接している（右図）．∠AOB＝θ として以下の問いに答えよ．ただし正五角形が直線 OA に関して対称であることは認めてよい．

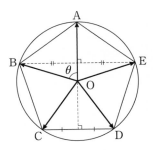

(1) $4\cos^2\theta+2\cos\theta-1=0$ が成り立つことを示せ．

(2) $\overrightarrow{OB}+\overrightarrow{OE}$ および $\overrightarrow{OC}+\overrightarrow{OD}$ をそれぞれ，$\overrightarrow{OA}$ と θ を用いて表せ．

(3) $\overrightarrow{OA}+\overrightarrow{OB}+\overrightarrow{OC}+\overrightarrow{OD}+\overrightarrow{OE}=\vec{0}$ を示せ．

第 **1** 章 平面上のベクトル

5 → 解答 p.41

平面上に三角形 OAB があり，3 点 C，D，E は次の条件をみたしている．
$$\overrightarrow{AC}=2\overrightarrow{OB}, \qquad \overrightarrow{AD}=2\overrightarrow{AB}, \qquad \overrightarrow{AE}=\overrightarrow{CD}$$
また，AC，CD，DE の中点をそれぞれ，F，G，H とする．

(1) 三角形 OAB を描き，それを基準に C，D，E，F，G，H の位置を図示せよ．
(2) 線分 EF，CH と線分 AD の交点をそれぞれ I，J として，$\overrightarrow{OI}$，$\overrightarrow{IJ}$，$\overrightarrow{OJ}$ をそれぞれ，$x\overrightarrow{OA}+y\overrightarrow{OB}$ [x，y：実数] の形に表せ．
(3) 四角形 OIGJ は平行四辺形であることを示せ．

6 → 解答 p.44

三角形 ABC において
(1) 3 本の中線は 1 点 G で交わる．これを示し，$\overrightarrow{AG}$ を $\overrightarrow{AB}$ と $\overrightarrow{AC}$ で表せ．
この点 G を三角形 ABC の重心という．
(2) 三角形 ABC を含む平面上の任意の点 O を固定し，O を原点とする 3 点 A，B，C の位置ベクトルをそれぞれ $\vec{a}$，$\vec{b}$，$\vec{c}$ すなわち A($\vec{a}$)，B($\vec{b}$)，C($\vec{c}$) とするとき，
$$\overrightarrow{OG}=\frac{1}{3}(\vec{a}+\vec{b}+\vec{c})$$
となることを示せ．

7 → 解答 p.48

点 O を位置ベクトルの原点とする平面上に三角形 OAB がある．2 点 P (≠O)，Q (≠O) について，
(1) $\begin{cases} \overrightarrow{OP}=\overrightarrow{OA}+2\overrightarrow{OB} \\ \overrightarrow{OQ}=-2\overrightarrow{OA}+\overrightarrow{OB} \end{cases}$
の関係があるとき，$\overrightarrow{OA}$，$\overrightarrow{OB}$ のそれぞれを $\overrightarrow{OP}$ と $\overrightarrow{OQ}$ で表せ．
(2) $\begin{cases} \overrightarrow{OP}=a\overrightarrow{OA}+b\overrightarrow{OB} \\ \overrightarrow{OQ}=c\overrightarrow{OA}+d\overrightarrow{OB} \end{cases}$ [a，b，c，d：実数]
と表されているとき，$\overrightarrow{OP}$ と $\overrightarrow{OQ}$ が 1 次独立となるためには，$ad-bc\neq0$ が必要十分であることを示せ．

8 → 解答 p.52

　平面上に同一直線上にない 3 点 O, A, B があり, 線分 OA, OB をそれぞれ 1：3, 2：1 に内分する点を C, D, CD の中点を M とする. 3 直線：AB $(=l)$, OM $(=m)$, CD $(=n)$ が次のように表されているとき, 以下の問いに答えよ.

$$l : \overrightarrow{OP} = \overrightarrow{OA} + s\overrightarrow{AB} \qquad [s：実数]$$
$$m : \overrightarrow{OQ} = t\overrightarrow{OM} \qquad\quad [t：実数]$$
$$n : \overrightarrow{OR} = \overrightarrow{OC} + u\overrightarrow{OD} \qquad [u：実数]$$

(1)　l と m の交点を E, l と n の交点を F とするとき, E における s と t の値および F における s と u の値を求めよ.

(2)　E, F はそれぞれ線分 AB をどのような比に分ける点か.

(3)　B, Q, R が一直線上にあるとき, u を t で表せ. また, これらが Q, B, R の順に並ぶような t と u の範囲を求めよ.

9 → 解答 p.57

　三角形 ABC において,

(1)　点 P は条件：$3\overrightarrow{PA} + 4\overrightarrow{PB} + 5\overrightarrow{PC} = \vec{0}$ をみたしている.

　(ⅰ)　直線 AP と BC の交点を Q とするとき
　　　　BQ：QC および AP：PQ を求めよ.

　(ⅱ)　面積比 △PBC：△PCA：△PAB を求めよ.

(2)　点 R は条件：$3\overrightarrow{RA} - 4\overrightarrow{RB} + 5\overrightarrow{RC} = \vec{0}$ をみたしている.

　(ⅰ)　直線 AR と BC の交点を T とするとき
　　　　BT：TC および AR：RT を求めよ.

　(ⅱ)　面積比 △RBC：△RCA：△RAB を求めよ.

10 → 解答 p.63

　三角形 ABC の 3 辺の長さを, BC$=p$, CA$=q$, AB$=r$ とする.

(1)　辺 BC 上の点 D について次のことを示せ.
　　　　　「$\angle DAB = \angle DAC \iff BD：DC = r：q$」

(2)　$\angle A$, $\angle B$ それぞれの 2 等分線の交点を I とするとき, $\overrightarrow{AI}$ を $\overrightarrow{AB}$ と $\overrightarrow{AC}$ および p, q, r を用いて表せ. また, 直線 CI は $\angle C$ を 2 等分することを示せ. **この点 I を三角形 ABC の内心という.**

(3)　任意の点 O に対する 3 点 A, B, C の位置ベクトルを $\vec{a}$, $\vec{b}$, $\vec{c}$ とすると,

$$\overrightarrow{OI} = \frac{p\vec{a} + q\vec{b} + r\vec{c}}{p + q + r}$$

となることを示せ.

11　→解答 p.68

平面上に同一直線上にない3点 O，A，B があり，この平面上の点 P が
$$\overrightarrow{OP}=s\overrightarrow{OA}+t\overrightarrow{OB}\quad[s,\ t：実数]$$
と表されている．また2点 P_1，P_2 が次のように与えられている．

$$\overrightarrow{OP_1}=9\overrightarrow{OA}-2\overrightarrow{OB},\quad \overrightarrow{OP_2}=-9\overrightarrow{OA}+10\overrightarrow{OB}$$

(1)　点 P が直線 P_1P_2 上にあるときの s と t の関係式 (直線 P_1P_2 の方程式) を
$$(s\ と\ t\ の1次式)=0$$
のなるべく簡単な式で表せ．

(2)　直線 P_1P_2 と2直線 OA，OB との交点をそれぞれ A_1，B_1 とする．線分比 $P_1A_1：A_1B_1：B_1P_2$ を求めよ．

(3)　P_2 が直線 AB 上にあることを示し，P_2 が線分 AB をどのような比に分ける点であるかを答えよ．また，直線 AB と直線 OP_1 の交点を Q とするとき，Q が線分 AB をどのような比に分ける点であるかを答えよ．

12　→解答 p.73

平面上に三角形 OAB があり，その面積を S とする．この平面上の点 P が，
$$\overrightarrow{OP}=s\overrightarrow{OA}+t\overrightarrow{OB}\quad[s,\ t：実数]$$
と表されているとき以下の問いに答えよ．

(1)　点 P が不等式：$s\geqq0$，$t\geqq0$，$2s+3t\leqq10$
をみたすとき，P の存在範囲を図示し，その面積 S_0 を S を用いて表せ．

(2)　点 P が不等式：$(s-2)(t-2)\geqq0$，$10-k\leqq2s+3t\leqq10+k$　$[k>0]$
をみたすとき，P の存在範囲の面積を S_k とする．$S_k=S_0$ となるような k の値を求めよ．

13 　→解答 p.77

平面上に △ABC および A と異なる 2 定点 D, E がある．さらに 3 つの動点 P, Q, R があって,

　　P は △ABC の周上を　 A→B→C→A　の順に移動し,

　　Q は点 P を $\overrightarrow{AD}$ 分平行移動した点, R は点 Q を, 点 E を中心に対称移動した点

である．

(1)　点 R は, ある定点 F を中心に △ABC を対称移動した △XYZ の周上を X→Y→Z→X　の順に移動する．点 X および点 F の位置を求めよ．

(2)　△XYZ (の周) と △ABC (の周) がただ 1 点を共有するのは点 F が △ABC のいずれかの頂点の位置であるときに限ることを示せ．

(3)　点 D が辺 BC 上にあり, $3\overrightarrow{AE}=2\overrightarrow{AD}$ であるとき, 点 R の存在し得る範囲を図示し, その面積を △ABC の面積 S を用いて表せ．

14 　→解答 p.81

右図において, 点 C は点 A を直線 OB に関して対称移動した点, OA=8, OB=5, AB=7 である．以下で・はベクトルの内積を表す．

(1)　∠AOB および $\overrightarrow{OA}\cdot\overrightarrow{OB}$ を求めよ．

(2)　$\overrightarrow{OA}\cdot\overrightarrow{OC}$, $\overrightarrow{OB}\cdot\overrightarrow{CA}$, $\overrightarrow{OA}\cdot\overrightarrow{CA}$ を求めよ．

(3)　$\overrightarrow{AB}\cdot\overrightarrow{AC}$, $\overrightarrow{BA}\cdot\overrightarrow{BC}$ および cos∠ABC を求めよ．

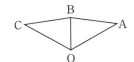

15 　→解答 p.84

(1)　右図 1 において, OB=AB=2, $\angle AOB=\dfrac{\pi}{12}$ である．$\overrightarrow{OA}\cdot\overrightarrow{OB}$, $|\overrightarrow{OA}|$ および $\cos\dfrac{\pi}{12}$ を内積の計算から求めよ．

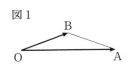

図 1

(2)　右図 2 において, AO=OC=CB=2, ∠OBA=θ, OB=AB=a とする．

　(i)　$\overrightarrow{OA}\cdot\overrightarrow{OB}$ を求めよ．

　(ii)　$\overrightarrow{OA}\cdot\overrightarrow{OC}=a$ を示せ．

　(iii)　$\overrightarrow{OC}$ を $\overrightarrow{OA}$, $\overrightarrow{OB}$, a を用いて表し, a を求めよ．

　(iv)　cos θ, cos 2θ を求めよ．

図 2

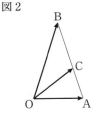

16 → 解答 p.90

(1) 三角形 ABC の面積を S とすると次の公式が成り立つことを示せ.

$$S=\frac{1}{2}\sqrt{|\overrightarrow{AB}|^2|\overrightarrow{AC}|^2-(\overrightarrow{AB}\cdot\overrightarrow{AC})^2} \quad\cdots\cdots(*)$$

(2) 三辺の長さが OA=3, OB=6, AB=7 の三角形 OAB に対して,
$$\overrightarrow{OA}=\vec{a},\quad \overrightarrow{OB}=\vec{b},\quad \overrightarrow{OP}=3\vec{a}+2\vec{b}$$
とする. △OAB および △PAB の面積を求めよ.

17 → 解答 p.93

位置ベクトルの原点 O が定められた平面上に, O と異なる点 A($\vec{a}$) を中心とし点 O を通る円 C と, 点 K($k\vec{a}$) [k:実数] を通る直線 l があって, $\vec{a}$ と l の法線ベクトル $\vec{n}$ のなす角を θ とするとき, $\cos\theta=\frac{3}{5}$, $|\vec{n}|=1$ である. このとき,

(1) 円 C および直線 l のベクトル方程式を $\vec{a}$, $\vec{n}$, k を用いて表せ. ただし, 動点 P を $\overrightarrow{OP}=\vec{p}$ とする.

(2) C と l が共有点をもつような k の範囲を求めよ.

(3) (2)における k の最大値を m, $m\vec{a}$ で表される点を M とする. 線分 AM を直径とする円 C_1 および, C と C_1 の 2 交点を通る直線 l_1 をベクトル方程式で表せ.

18 → 解答 p.98

平面上に三角形 ABC があり, BC=a, CA=b, AB=c とする.

(1) この平面上に, AE=BE=CE をみたす点 E が存在することを示せ. [**この点 E を △ABC の外心という**]

(2) 位置ベクトルの原点を O として, A($\vec{a}$), B($\vec{b}$), C($\vec{c}$) とする. また,
$$\overrightarrow{AB}\cdot\overrightarrow{AC}=u,\quad \overrightarrow{BC}\cdot\overrightarrow{BA}=v,\quad \overrightarrow{CA}\cdot\overrightarrow{CB}=w$$
とおき, △ABC の面積を S とする. このとき,

(i) $a^2=v+w$, $b^2=w+u$, $c^2=u+v$ となることを示せ.

(ii) $\overrightarrow{AE}=\beta\overrightarrow{AB}+\gamma\overrightarrow{AC}$ [β, γ:実数] と表すとき, β, γ を u, v, w と S を用いて表せ.

(iii) $\overrightarrow{OE}=\dfrac{1}{8S^2}\{u(v+w)\vec{a}+v(w+u)\vec{b}+w(u+v)\vec{c}\}$
となることを示せ.

19 → 解答 p.104

三辺の長さが OA＝6，OB＝8，AB＝10 の三角形 OAB の外心を E，外接円を C とする．また，$\overrightarrow{OA}=\vec{a}$，$\overrightarrow{OB}=\vec{b}$ とし，C 上の点 P に対し $\overrightarrow{OP}=\vec{p}$，$\vec{a}$ の向きから $\overrightarrow{EP}$ の向きへ左回りに（正の向きに）測った角を θ（$0\leqq\theta<2\pi$）とする．ただし，三角形 OAB は左回りに O，A，B とする．このとき，

(1) $\overrightarrow{OP}=u\vec{a}+v\vec{b}$ [u，v：実数] と表すとき，u，v をそれぞれ θ を用いて表せ．また，u，v のとり得る値の範囲を求めよ．

(2) P＝A となるときの θ を α として，$\cos\alpha$，$\sin\alpha$ を求めよ．

(3) C 上の点 K，L を四角形 AKBL が正方形となるようにとる．このとき，$\overrightarrow{OK}$，$\overrightarrow{OL}$ を $\vec{a}$，$\vec{b}$ を用いて表せ．ただし，A，K，B，L は左回りに存在するものとする．

20 → 解答 p.109

平面上の三角形 OAB（O，A，B の順に左回りとする）は，$\angle AOB=\dfrac{\pi}{3}$，OA＝3，OB＝2 をみたしている．$\overrightarrow{OA}=\vec{a}$，$\overrightarrow{OB}=\vec{b}$ として以下の問いに答えよ．

(1) $\vec{a}$ と同じ向きの単位ベクトルを $\vec{e}$，$\vec{e}$ と垂直で $\vec{b}$ とのなす角が鋭角の単位ベクトルを $\vec{f}$ とする．$\vec{e}$ と $\vec{f}$ をそれぞれ $\vec{a}$ と $\vec{b}$ を用いて表せ．

(2) 点 C を $\overrightarrow{OC}=2\vec{b}$ によって定まる点とし，C を中心とする半径 2 の円を S，S 上の点を P とする．さらに $\vec{a}$ の向きから $\overrightarrow{CP}$ の向きへ左回りに測った角を θ（$0\leqq\theta<2\pi$）とする．このとき，$\overrightarrow{OP}$ を $\vec{a}$，$\vec{b}$，θ を用いて表せ．

(3) 円 S と直線 AB は 2 点 D，E で交わる．D で $\theta=\alpha$，E で $\theta=\beta$（$0\leqq\alpha<\beta<2\pi$）とするとき，$(\cos\alpha，\sin\alpha)$，$(\cos\beta，\sin\beta)$ を求めよ．

(4) 円弧 $\overparen{DE}$ の長さを α を用いて表せ．また，D は線分 AB をどのような比に分ける点か答えよ．

第 **2** 章 座標平面上のベクトル

21 → 解答 p.113

座標平面上に4つの点 A(2, 3), B(5, 4), C(6, 8), D があり, 四角形 ABCD は平行四辺形である.
(1) 点Dの座標を求めよ.
(2) 平行四辺形 ABCD を頂点Aが原点 O(0, 0) にくるように平行移動し, その平行四辺形を OPQR とする. すなわち, A → O, B → P, C → Q, D → R である. このとき, P, Q, R の座標を求めよ.
(3) 点Aは平行四辺形 OPQR の内部にあることを示せ.
(4) 平行四辺形 ABCD の面積を S, 平行四辺形 ABCD と OPQR の共通部分の面積を T とするとき, $\dfrac{T}{S}$ を求めよ.

22 → 解答 p.117

座標平面上の三角形 ABC の座標が次のように与えられている:
　　A(2, 1), B(7, 1), C(6, $1+4\sqrt{3}$)
(1) △ABC の重心Gの座標を求めよ.
(2) ∠A, ∠B の2等分線 l, m を次のようにベクトル表示する.
　　　$l : (x, y) = (2, 1) + s(a, \sqrt{3})$ 　[s：実数]
　　　$m : (x, y) = (7, 1) + t(b, \sqrt{3})$ 　[t：実数]
　　このとき定数 a, b の値を求めよ.
(3) △ABC の内接円の中心 I (内心) の座標と半径 r_0 を求めよ.
(4) 三辺 AB, BC, CA 上の点 P, Q, R を四角形 APQR がひし形になるようにとる. このとき P, Q, R の座標を求めよ.

23 → 解答 p.121

座標平面上に3点 A(0, 4), B(4, 1), P(x, 0) [x：実数] がある.
(1) ∠APB の最大値を求めよ. また, そのときの △ABP の面積を求めよ.
(2) ∠PBA $= \dfrac{\pi}{4}$ となるとき, △ABP の面積を求めよ.
(3) ∠BAP $= \theta$ [$0 \leqq \theta \leqq \pi$] とおくとき, $\cos\theta$ のとり得る値の範囲を求めよ.

24　→解答 p.125

座標平面上に2つの点 A(2, 0), B(6, 2) が与えられている.
(1)　$\overrightarrow{AB}$ と垂直かつ大きさが等しいベクトルを $\vec{v}$ とする. $\vec{v}$ の成分を求めよ.
(2)　線分 AB を一辺とする正方形を ABCD とするとき, C, D の座標を求めよ.
(3)　線分 AB を一辺とする正三角形を ABE とするとき, E の座標を求めよ.
(4)　線分 AB を一辺とする正六角形を ABFGHI とするとき, F, G, H, I の座標を求めよ.

25　→解答 p.130

座標平面上に原点 O(0, 0) と点 A(2, 1) がある. 直線 OA を l, A を通って l に垂直な直線を m とする. さらに l に平行で l との距離が $\sqrt{5}$ かつ第2象限を通る直線を l_1, m に平行で m との距離が $\sqrt{5}$ かつ第1象限を通る直線を m_1 とする.
(1)　l, m, l_1, m_1 の方程式を $ax+by+c=0$ の形になるべく簡単に表せ.
(2)　4直線 l, m, l_1, m_1 で囲まれた正方形 ABCD (左回り) を K, 点Aを中心とする半径 $\sqrt{5}$ の円を S とする. K の内部にある S 上に点Pを $\angle\mathrm{BAP}=\theta$ $\left[0<\theta<\dfrac{\pi}{2}\right]$ となるようにとり, 点Pにおける S の接線を n とする.
　(i)　n が K によって切り取られる線分の長さ：$L(\theta)$ を θ で表せ.
　(ii)　$L(\theta)$ のとり得る値の範囲を求めよ.

26　→解答 p.135

xy 平面において, 原点Oを通り x 軸の正方向とのなす角が α $\left[-\dfrac{\pi}{2}\leqq\alpha\leqq\dfrac{\pi}{2}\right]$ である直線を l_α とする.
(1)　l_α の方程式を $ax+by=0$ $(0\leqq b\leqq1)$ の形に表せ.
(2)　点 (x, y) の直線 l_α に関する対称点を (x_1, y_1) とすると, 次の関係式が成り立つことを示せ：
$$\begin{cases} x_1=(\cos 2\alpha)x+(\sin 2\alpha)y \\ y_1=(\sin 2\alpha)x-(\cos 2\alpha)y \end{cases}$$
(3)　点 (x, y) を原点のまわりに角 θ 回転した点を (x', y') とすると, 次の関係式が成り立つことがわかっている (→ **24**).
$$\begin{cases} x'=(\cos\theta)x-(\sin\theta)y \\ y'=(\sin\theta)x+(\cos\theta)y \end{cases}$$
点 (x_1, y_1) の直線 l_β に関する対称点を (x_2, y_2) とすると, (x_2, y_2) は点 (x, y) を原点のまわりに, ある角度 θ 回転した点になっていることを示せ. また, θ を α, β を用いて表せ.

27 → 解答 p.139

(1) 点 O(0, 0) を原点とする座標平面上に定点 D(3, 1) と点 P(p, q) が与えられている．ただし，通常のとおり，x 軸は右向きに正，y 軸は x 軸を原点を中心に左回りに $\dfrac{\pi}{2}$ 回転したものであるとする．

  (i) 直線 OD を l とする．l の方程式を求めよ．

  (ii) 三角形 ODP が左回りの三角形となるための p, q の条件を求め，そのときの三角形 ODP の面積を絶対値記号を用いずに p, q を用いて表せ．また，三角形 ODP が右回りの三角形となるための条件および，そのときの面積を絶対値記号を用いずに p, q を用いて表せ．

(2) A(a, c) を原点 O 以外の点とし，$\overrightarrow{OA}$ を原点を中心に $\dfrac{\pi}{2}$ 回転したベクトルを $\vec{n}$ とする．

  (i) $\vec{n}$ の成分を求めよ．

  (ii) O, A 以外の点 B(b, d) について，三角形 OAB が左回りの三角形となるための a, b, c, d の条件を求めよ．また，このとき三角形 OAB の面積を絶対値記号を用いずに a, b, c, d を用いて表せ．

(3) t を実数として，K($2t$, t^2)，L($3t$, $2t^2$)，M($2t+3$, $(t+1)^2$) とする．三角形 KLM が左回りの三角形となるような t の範囲を求めよ．また，このとき三角形 KLM の面積 $S(t)$ の最大値を求めよ．

28 → 解答 p.144

原点を O とする．xy 平面における単位円周上に頂点をもつ正 n 角形：$P_0P_1\cdots\cdots P_{n-1}$ を考える．ただし，n は 3 以上の整数，$P_0(1, 0)$ とし，P_0, P_1, $\cdots\cdots$, P_{n-1} は左回りに並んでいるものとする．

(1) $P_k(a_k, b_k)$ （$k=0$, 1, 2, $\cdots\cdots$, $n-1$）とするとき，a_k, b_k を求めよ．

(2) $\displaystyle\sum_{k=0}^{n-1}\left(\sin\dfrac{\pi}{n}\right)a_k$ を計算せよ．

(3) $\overrightarrow{OP_0}+\overrightarrow{OP_1}+\cdots\cdots+\overrightarrow{OP_{n-1}}=\vec{0}$ となることを示せ．

第 **3** 章 空間内のベクトル

29 → 解答 p.149

空間内に四面体 OABC があり，AB の中点を M，三角形 ABC の重心を G とする．

(1) 点 D を，$\overrightarrow{OD}=2\overrightarrow{OM}$ を満たす点とすると，四角形 OADB は平行四辺形となることを示せ．

(2) 点 E，F，H を，$\overrightarrow{AE}=\overrightarrow{BF}=\overrightarrow{OC}$，$\overrightarrow{OH}=3\overrightarrow{OG}$ を満たす点とすると，六面体 OADB-CEHF は平行六面体となることを示せ．ただし，平行六面体とは，向かい合う 3 組の面がいずれも平行な六面体のことである．

(3) (2)の平行六面体を X とする．X の 2 頂点を結ぶ線分のうち，X のどの面にも含まれないものを X の対角線とよぶ．X の対角線をすべて求めよ．またそれらが 1 点で交わることを示せ．

30 → 解答 p.153

四面体 ABCD において，各面の三角形：△BCD，△CDA，△DAB，△ABC の重心をそれぞれ H，I，J，K とする．このとき，

(1) 4 本の線分：AH，BI，CJ，DK は 1 点 G で交わることを示し，$\overrightarrow{AG}$ を $\overrightarrow{AB}$，$\overrightarrow{AC}$，$\overrightarrow{AD}$ で表せ．また，

$$AG:GH=BG:GI=CG:GJ=DG:GK=3:1$$

となることを示せ（**G を四面体 ABCD の重心という**）．

(2) 空間内の任意の点 O を固定し，O を原点として A，B，C，D の位置ベクトルをそれぞれ $\vec{a}$，$\vec{b}$，$\vec{c}$，$\vec{d}$ すなわち A($\vec{a}$)，B($\vec{b}$)，C($\vec{c}$)，D($\vec{d}$) とすると，

$$\overrightarrow{OG}=\frac{1}{4}(\vec{a}+\vec{b}+\vec{c}+\vec{d})$$

となることを示せ．

31　→ 解答 p. 158

四面体 ABCD と点 P があって,
$$3\overrightarrow{PA}+4\overrightarrow{PB}+5\overrightarrow{PC}+6\overrightarrow{PD}=\overrightarrow{0} \quad \cdots\cdots(*)$$
をみたしている.
(1)　4つの四面体 PBCD, PCDA, PDAB, PABC の体積をそれぞれ V_1, V_2, V_3, V_4 とする. 体積比 $V_1:V_2:V_3:V_4$ を求めよ.
(2)　頂点 D を通って平面 ABC に平行な平面を α とする. 直線 AP が α と交わる点を Q, 2つの四面体 ABCD, QBCD の体積をそれぞれ V, W とする. 体積比 $V:W$ を求めよ.

32　→ 解答 p. 161

四面体 OABC において, OA, AB, OC の中点をそれぞれ L, M, N, AC を 1:3 に内分する点を P, BC を 1:2 に内分する点を Q, OC を 3:1 に内分する点を R とする. また, 線分 MN 上の点 X を, $\overrightarrow{MX}=t\overrightarrow{MN}$ $[0\leqq t\leqq 1]$ とし $\overrightarrow{OA}=\vec{a}$, $\overrightarrow{OB}=\vec{b}$, $\overrightarrow{OC}=\vec{c}$ とおく.
(1)　$t\neq 1$ のとき, 直線 LX と平面 ABC の交点を Y とする. $\overrightarrow{OY}$ を $\vec{a}$, $\vec{b}$, $\vec{c}$ と t を用いて表せ.
(2)　Y が △ABC の周および内部にあるような t の範囲を求めよ.
(3)　$\overrightarrow{PQ}$, $\overrightarrow{PR}$ を $\vec{a}$, $\vec{b}$, $\vec{c}$ を用いて表せ.
(4)　直線 LX が △PQR の周および内部と共有点をもつような t の範囲を求めよ.

33　→ 解答 p. 166

四面体 V : OABC は各辺の長さが OA=BC=a, OB=CA=b, OC=AB=c である. $\overrightarrow{OA}=\vec{a}$, $\overrightarrow{OB}=\vec{b}$, $\overrightarrow{OC}=\vec{c}$ として以下の問いに答えよ.
(1)　内積:$\vec{a}\cdot\vec{b}$, $\vec{b}\cdot\vec{c}$, $\vec{c}\cdot\vec{a}$ をそれぞれ a, b, c を用いて表せ.
(2)　V の重心を G とすると, G は V の外心でもあることを示せ. すなわち, G を中心として O, A, B, C を通る球面 (外接球) が存在することを示せ. また, 外接球の半径 R を a, b, c を用いて表せ.
(3)　G は V の内心でもあることを示せ. すなわち, G を中心として4つの面に接する球面 (内接球) が存在することを示せ. また, 内接球の半径 r を $\vec{a}$, $\vec{b}$, $\vec{c}$ およびこれらの内積・, 外積×を用いて表せ. ただし, $(\vec{a}, \vec{b}, \vec{c})$ は右手系になっているものとする.

34　→ 解答 p.171

　点Oを原点とする空間内に三角形 OAB と平面 OAB 上にない点Cがある. また O を通って, $OA=\vec{a}$ を方向ベクトルとする直線を l, B を通って, $\vec{BC}=\vec{d}$ を方向ベクトルとする直線を m として, l 上の動点を P, m 上の動点を Q とする. $\vec{a}$ と $\vec{d}$ が垂直であるとき以下の問いに答えよ.

(1)　l, m 上の点 H, K を, HK が l と m の双方に垂直になるような点とする. $\vec{OB}=\vec{b}$ として, $\vec{OH}=h\vec{a}$, $\vec{OK}=\vec{b}+k\vec{d}$ 　[h, k：実数] と表すとき, h と k を $\vec{a}$, $\vec{b}$, $\vec{d}$ で表せ.

(2)　HK の長さは PQ の長さの最小値であることを示せ.

(3)　$\angle AOB=\alpha$, $\angle OAB=\alpha_1$, $\angle OBC=\beta$, $\angle OCB=\beta_1$ とする. H が線分 OA 上にあって O, A 以外の点のとき, α, α_1 は鋭角であることを示せ. また K が線分 BC 上にあって B, C 以外の点のとき, β, β_1 は鋭角であることを示せ. さらに, HK の長さを, $\vec{b}$, α, β で表せ.

(4)　(3)のとき, 四面体 OABC の体積 V を $\vec{a}$, $\vec{b}$, $\vec{d}$ と α, β を用いて表せ.

35　→ 解答 p.177

　点Oを原点とする空間内に点Aを中心とする半径 R の球面 S と S 上に異なる 2 点 P_1, P_2 があって, $\angle P_1AP_2=\theta$ [$0<\theta<\pi$] とする. A, P_1, P_2 の位置ベクトルをそれぞれ $\vec{a}$, $\vec{p_1}$, $\vec{p_2}$ として以下の問いに答えよ.

(1)　P_1, P_2 における S の接平面をそれぞれ α_1, α_2 とする. S, α_1, α_2 を, 動点 P を $\vec{OP}=\vec{p}$ としてベクトル方程式で表せ.

(2)　α_1, α_2 の交線を l, 直線 P_1P_2 を k とする. l と k は垂直であることを示せ.

(3)　2 点 P_1, P_2 の中点を M, 直線 AM を m とする. 2 直線 l と m は垂直に交わることを示せ.

(4)　l と k の双方と共有点をもつ球面のうち, その半径が最小であるものの半径 r を R と θ を用いて表せ.

36 → 解答 p.183

　空間内に四面体 OABC があって，OA=2，OB=$2\sqrt{3}$，OC=3 かつ，これら三辺は互いに垂直である．$\overrightarrow{OA}=\vec{a}$，$\overrightarrow{OB}=\vec{b}$，$\overrightarrow{OC}=\vec{c}$ として以下の問いに答えよ．ただし，どんな四面体に対してもその外接球（4頂点を通る球面）および内接球（4面に接する球面）が存在することが知られているものとする．

(1)　四面体 OABC の外接球の中心を E とするとき，$\overrightarrow{OE}$ を $\vec{a}$，$\vec{b}$，$\vec{c}$ で表せ．またその半径 R を求めよ．

(2)　点 O から辺 AB におろした垂線の足を H とすると，CH と AB は垂直となることを示せ．

(3)　四面体 OABC の内接球の中心を I とするとき，$\overrightarrow{OI}$ を $\vec{a}$，$\vec{b}$，$\vec{c}$ で表せ．またその半径 r を求めよ．

第 **4** 章　座標空間内のベクトル

37　→ 解答 p.189

座標空間内に 8 つの点 A，B，C，D，E，F，G，H があり，四角形 ABCD は平行四辺形，ABCD-EFGH は平行六面体で A，B，C，E の座標が次のように与えられている：

$$A(2,\ 1,\ 3),\ B(4,\ 2,\ 4),\ C(1,\ 3,\ 6),\ E(3,\ 1,\ 6)$$

(1)　D，F，G，H の座標を求めよ．

(2)　平行六面体 ABCD-EFGH を頂点 A が原点 O(0, 0, 0) にくるように平行移動し，その平行六面体を OPQR-STUV とする．すなわち，A→O，B→P，C→Q，D→R，E→S，F→T，G→U，H→V である．このとき，P，Q，R，S，T，U，V の座標を求めよ．

(3)　点 A は平行六面体 OPQR-STUV の内部にあることを示せ．

(4)　平行六面体 ABCD-EFGH の体積を W，2 つの平行六面体の共通部分の体積を X とするとき，$\dfrac{X}{W}$ を求めよ．

38　→ 解答 p.195

座標空間内に球面 S があって，その中心の各座標は正である．S は平面：$z=8$ に接していて，xy 平面との共通部分が x 軸，y 軸の両軸に接する半径 4 の円になっている．ただし，球面と平面が接するとは，これらが 1 点のみを共有することをいう．このとき，

(1)　S の方程式を求めよ．

(2)　S と平面：$z=8$ との接点を T とする．原点 O と点 T を通る直線 l と，S との交点のうち T でない方の交点 U の座標を求めよ．

(3)　l を含む平面 α と S との共通部分は円 C となる．この円 C の（周および内部の）面積の最小値を求めよ．

39　→ 解答 p.198

座標空間内に 4 つの点：A(2, 1, 4)，B(4, 2, 5)，C(2, −2, 1)，D(3, −2, −1) がある．

(1)　直線 AB を l，直線 CD を m とする．l と m は，ねじれの位置にあることを示せ．

(2)　点 P が l 上を，点 Q が m 上を自由に動く．線分 PQ を 2：1 に内分する点 R が描く図形 Γ を求めよ．

(3)　図形 Γ と，四面体 ABCD の周および内部の共通部分の面積を求めよ．

40　→ 解答 p.202

点 O を原点とする座標空間内に，a を実数の定数として 3 点
$$A(1, (a+1)^2, a^2), \quad B((a+1)^2, a^2, 1), \quad C(a^2, 1, (a+1)^2)$$
がある．3 点 A，B，C を含む平面を α，3 点 O，A，B を含む平面を β とする．

(1)　四面体 OABC は正四面体であることを示し，その一辺の長さを a で表せ．

(2)　三角形 ABC の重心を G とすると，$\overrightarrow{OG}$ は α に垂直であることを示し，α の方程式を求めよ．また β の方程式を求めよ．

(3)　β が xy 平面に垂直になるときの a の値を a_0 とする．a_0 を求めよ．

(4)　$a \neq a_0$ とし，α と z 軸との交点を Z とする．2 つの四面体 OABC，OABZ の体積が等しくなるときの a の値，およびそのときの体積を求めよ．

41　→ 解答 p.206

座標空間内に平面 $\alpha：x+y+2z-8=0$ と 2 定点 A(2, 2, 5)，B(9, −3, 7) が与えられている．

(1)　A と B は平面 α に対して同じ側にあることを示せ．

(2)　α 上を動点 P が動くとき，2 線分の長さの和：AP＋PB の最小値を求めよ．また最小値を与える点 P＝P₀ の座標を求めよ．

(3)　3 点 A，B，P₀ で定まる平面を β とする．A で β に接し，かつ α にも接する球面の中心の座標と半径を求めよ．

42　→ 解答 p.210

　座標空間内に，$\vec{n}=(2,\ -2,\ -1)$ を法線ベクトルとし，正方形 ABCD を含む平面 α があり，A$(1,\ -2,\ 3)$，B$(3,\ -1,\ 5)$ である．さらに六面体 ABCD-EFGH は立方体で，E の x 座標は正，$(\overrightarrow{AB},\ \overrightarrow{AD},\ \overrightarrow{AE})$ は右手系になっている．ただし座標軸は，$\vec{e_1}=(1,\ 0,\ 0)$，$\vec{e_2}=(0,\ 1,\ 0)$，$\vec{e_3}=(0,\ 0,\ 1)$ について $(\vec{e_1},\ \vec{e_2},\ \vec{e_3})$ が右手系になるように定められているとする．

(1)　立方体の一辺の長さ，および，E，D，G の座標を求めよ．

(2)　3 辺 BC，EF，DH の中点をそれぞれ K，L，M，この 3 点で定まる平面を β とする．β の方程式を求めよ．

(3)　β による立方体 ABCD-EFGH の切り口は正六角形であることを示し，その面積を求めよ．

43　→ 解答 p.218

　座標空間内に球面 $S:x^2+y^2+z^2-6x-8y-10z+25=0$ がある．

(1)　S の中心 A の座標と半径 R を求めよ．また原点 O$(0,\ 0,\ 0)$ は S の外部にあることを示せ．

(2)　S 上の点 T$(p,\ q,\ r)$ における S の接平面 α_{T} の方程式を p，q，r を用いて表せ．

(3)　α_{T} が原点 O を通るような T の全体は円となることを示し，その方程式（連立方程式）を求めよ．またその円を C とするとき，C の中心の座標と半径を求めよ．

(4)　C を含む平面を α とする．C 上の点 T$(p,\ q,\ r)$ における α 上の接線を l_{T} とすると，$\overrightarrow{OA}\times\overrightarrow{OT}$ は l_{T} の方向ベクトルとなることを示し，その成分を p，q，r を用いて表せ．

44　→ 解答 p.224

座標空間において，次の4点を頂点とする四面体を V とする：
A$(3,\ 0,\ -2)$，B$(-2,\ -1,\ 5)$，C$(1,\ 2,\ 0)$，D$(2,\ 3,\ 1)$

(1)　V の重心 G の座標を求めよ．

(2)　V の周および内部を $x,\ y,\ z$ の連立不等式として表せ．

(3)　k を実数の定数として xy 平面に平行な平面：$z=k$ を α_k とする．V と α_k が共有点をもつとき，その全体を A$_k$ とする．A$_k$ を $x,\ y$ の連立不等式として表せ．

(4)　A$_k$ が四角形となるような k の範囲を求めよ．

45　→ 解答 p.230

(1)　座標空間において点 P$(x,\ y,\ z)$ は不等式：
　　　　(i)　$x^2+y^2+z^2\leqq50$
をみたす．このとき $f(x,\ y,\ z)=3x-4y+5z$ の最大値，最小値とそれらを与える $(x,\ y,\ z)$ を求めよ．

(2)　P$(x,\ y,\ z)$ が(i)かつ
　　　　(ii)　$z\geqq-\sqrt{14}$
をみたすとき，$f(x,\ y,\ z)$ の最大値，最小値とそれらを与える $(x,\ y,\ z)$ を求めよ．

(3)　P$(x,\ y,\ z)$ が(i)かつ(ii)かつ
　　　　(iii)　$x\geqq0,\ y\geqq0$
をみたすとき，$f(x,\ y,\ z)$ の最大値，最小値とそれらを与える $(x,\ y,\ z)$ を求めよ．

解 答 編

第0章　ベクトル

1　ベクトルとは

(1)　次の　□　を適切な自然数で埋めよ.

$$\frac{2}{\boxed{ア}} = \frac{\boxed{イ}}{9} = \frac{12}{\boxed{ウ}} < 1 \qquad ただし,\ \boxed{ア} < \boxed{イ} < \boxed{ウ}$$

(2)　右図には2方向等間隔に平行な直線が描かれており, 26個の交点にアルファベットのA〜Zが記されている. 次の□に適切な文字を入れよ.

$$\overrightarrow{EN} = H\boxed{エ} = O\boxed{オ}$$
$$\overrightarrow{ZP} = \boxed{カ}\overrightarrow{G} = O\boxed{キ}$$
$$\overrightarrow{TQ} = S\boxed{ク} = O\boxed{ケ}$$

精講　ベクトルの本なのに整数問題？　分数？　と首を傾げた諸君もいることであろう. これから我々はベクトルとは如何なるものであるかを明確にした上で, 2つのベクトルの間に, 和・差, 実数倍, 内積などの演算を定義しようとしている. これまでの算数や数学において演算といえば整数や有理数, 実数また複素数における「数の演算」であり, その方法は既知であろうがその一部を反省し, ベクトルの概念の理解につなげよう.

　実は分数（ここでは, 自然数ぶんの整数の形に書ける数を分数とよぶ）から有理数を構成するプロセスと, 有向線分から（幾何）ベクトルを構成するプロセスは同じなのである. それを説明しよう. 厳密な議論をするつもりはない.「構成のプロセス」のイメージを理解してほしい.

　さて, 一般に, $\dfrac{n}{m}$ [m：自然数, n：整数] の

←厳密な数学の世界では, 自然数とは何か？という定義に始まり, 有理数や実数が構成され, 各演算法則が厳密に証明されるがそれは大学入試レベルをはるかに越え, 無論本書の目的ではない. 一方, 頭ごなしに定義を与えられ, イメージを持てぬまま「やり方」のみ教えられ納得のいく理解ができずに前へ進めないという諸君もいるのではなかろうか？　具体例を通して「同じものとみなす」ことのイメージを掴んでもらいたい.

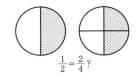

$$\frac{1}{2} = \frac{2}{4}?$$

形に表される分数を有理数とよんでいて，たとえば $\frac{1}{2} = \frac{2}{4}$ ということになっているのだがこの等号は何を意味するのだろうか？　今，右図において各円板がそれぞれ 1 枚のピザを表しているものとし左側ではその $\frac{1}{2}$ に，右側ではその $\frac{2}{4}$ に色がつけられているとする．このとき，「2 等分されたピザの 1 つ分」と，「4 等分されたピザの 2 つ分」は「もの」として明らかに異なり，この意味では $\frac{1}{2}$ と $\frac{2}{4}$ は異なる．しかしこれらを異なる数として扱ったのでは 2 つの分数の間に和とか差が定義できないなどの不都合が生じる．そこで，

・2 つの分数 $\frac{l}{k}$ と $\frac{n}{m}$ は，$kn = ml$ あるいは $l : k = n : m$ のとき等しいと定めて，
$\frac{l}{k} = \frac{n}{m}$ と書き，これを 1 つの**有理数**とよぶ．

有理数の計算は（小学校以来行ってきたように）1 つの有理数を表すどの分数を用いて計算しても得られた分数は同一の有理数を表し，計算に用いた分数の選び方によらない．そこで，分数 $\frac{n}{m}$ とそれが表す有理数も同じ記号：$\frac{n}{m}$ で表し，**有理数 $\frac{n}{m}$** という．

さて，本題のベクトルである．平面上または空間内の 2 点 A，B に対して，線分 AB に A から B へ向きをつけたもの（矢印）を，A を始点，B を終点とする有向線分 AB といって，$\overrightarrow{AB}$ と表す．

・2 つの有向線分 $\overrightarrow{AB}$ と $\overrightarrow{CD}$ は，片方の有向線分を平行移動して他方に重ねられるとき等しいと定めて $\overrightarrow{AB} = \overrightarrow{CD}$ と書き，これを 1 つの

← $\frac{1}{2} = \frac{2}{4}$ であるから
$\frac{1}{2} + \frac{1}{4} = \frac{2}{4} + \frac{1}{4} = \frac{3}{4}$ と計算できる．

← 前ページ同様
k と m は自然数，
l と n は整数である．

← $\frac{1}{2} + \frac{1}{3} = \frac{3}{6} + \frac{2}{6} = \frac{5}{6}$
$\qquad = \frac{6}{12} + \frac{4}{12} = \frac{10}{12} = \frac{5}{6}$

$\overrightarrow{AB} = \overrightarrow{CD} = \overrightarrow{EF} = \vec{a}$

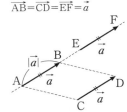

ABDC は平行四辺形
A，B，E，F は同一直線上

← 分数から有理数が得られるように，有向線分からベクトルが得られる．

ベクトルとよぶ．$\overrightarrow{AB}=\vec{a}$ と簡略に書くこともある．

$\vec{a}$ は大きさと向きを持つ量である．（→ **3**）ベクトルの計算（**2**〜）は1つのベクトルを表すどの有向線分を用いて計算しても得られた有向線分は同一のベクトルを表し，計算に用いた有向線分の選び方によらない．そこで，有向線分 $\overrightarrow{AB}$ とそれが表すベクトルも同じ記号：$\overrightarrow{AB}$ で表し，**ベクトル $\overrightarrow{AB}$** という．

← まだベクトルの演算を定義していないがベクトルについても"有理数同様に"演算を定めることができる．

解　答

(1)　自然数 x, y, z $(x<y<z)$ について，
$$\frac{2}{x}=\frac{y}{9}=\frac{12}{z}<1$$
とすると，
$$xy=2\cdot9=2\cdot3^2,\quad yz=9\cdot12=2^2\cdot3^3$$
$$z=6x>12$$

$x>2$ であり，x は $2\cdot3^2$ の約数だから，x のとり得る値は3，6，9，18 のいずれかで，
$$x=\frac{18}{y}<y<9 \text{ より } x=3 \quad \therefore\quad y=6,\ z=18$$
ア…3，イ…6，ウ…18

← $x<y<9$ より
$x=3$ または 6 であるが
$x=6$ とすると $y=3$ となり
$x<y$ をみたさない．

(2)　右図より，
$$\overrightarrow{EN}=\overrightarrow{HK}=\overrightarrow{OM},\quad \overrightarrow{ZP}=\overrightarrow{SG}=\overrightarrow{OI}$$
$$\overrightarrow{TQ}=\overrightarrow{SY}=\overrightarrow{OW}$$
**エ…K，オ…M，カ…S，キ…I，ク…Y，
ケ…W**

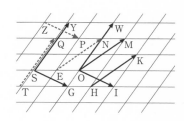

講究

精講 で説明した

(i) 分数 $\dfrac{l}{k}$ と $\dfrac{n}{m}$ について,

$$\dfrac{l}{k}=\dfrac{n}{m} \rightleftarrows kn=ml$$

(ii) 有向線分 $\overrightarrow{\mathrm{AB}}$ と $\overrightarrow{\mathrm{CD}}$ について,

$\overrightarrow{\mathrm{AB}}=\overrightarrow{\mathrm{CD}} \rightleftarrows \overrightarrow{\mathrm{AB}}$ は平行移動して $\overrightarrow{\mathrm{CD}}$ に重ねられる

と同様に扱われる例として"合同式"がある.

一例として3を法とする場合について考えると,

(iii) 整数 m と n について

$$m \equiv n \pmod 3 \rightleftarrows m-n \text{ は 3 の倍数}$$

この場合は(i)や(ii)の場合のように $\dfrac{l}{k}=\dfrac{n}{m}$ とか $\overrightarrow{\mathrm{AB}}=\overrightarrow{\mathrm{CD}}$ というように記号＝は用いないが左側の記号≡は(i)(ii)の等号と同じ意味をもつ. すなわち $m-n$ が3の倍数($m,\ n$ をそれぞれ3で割ったときの余りが等しい)のとき, $m \equiv n \pmod 3$ と書いて, これを $\langle m \rangle$ と表すことにすれば $\langle m \rangle$ は $\langle 0 \rangle$, $\langle 1 \rangle$, $\langle 2 \rangle$ のいずれかで $\langle 0 \rangle$, $\langle 1 \rangle$, $\langle 2 \rangle$ の間に和, 差, 積が定義できる. たとえば

$$\langle 1 \rangle + \langle 2 \rangle = \langle 1+2 \rangle = \langle 3 \rangle = \langle 0 \rangle \quad \cdots\cdots ①$$

$$\langle 0 \rangle - \langle 2 \rangle = \langle 0-2 \rangle = \langle -2 \rangle = \langle 1 \rangle \quad \cdots\cdots ②$$

$$\langle 2 \rangle \times \langle 2 \rangle = \langle 2 \times 2 \rangle = \langle 4 \rangle = \langle 1 \rangle \quad \cdots\cdots ③$$

数学においては様々な現象の中から共通に現れる性質を選び出し, 抽象化, 一般化することによって新たな概念, 理論が生み出され発展してきた. ここで説明したことはその最も基本的な方法ともいうべきもので類似のことはこれらの他にもたくさんある. すでに諸君が知っている事柄をそのような観点から捉えることができるものもあるが, 本書での説明はここまでとする.

◀ 一般に, 集合 U の任意の2つの要素 u と v の間に関係〜があるかないかが定められ次の条件(1)(2)(3)をみたすとき, 関係〜を U における同値関係という.

(1) $u \sim u$

(2) $u \sim v$ ならば $v \sim u$

(3) $u \sim v$ かつ $v \sim w$ ならば $u \sim w$

(i)(ii)(iii)において, U は

(i) すべての分数(分母は自然数, 分子は整数)の集合.

(ii) 1つの平面上あるいは空間内のすべての有向線分の集合.

(iii) すべての整数の集合.

また, 関係〜はそれぞれの同値の記号 $\rightleftarrows$ の右側である.

◀ $\langle m \rangle$ は一般的な記号ではない. ここでの記号と理解してほしい. 有理数やベクトルといった呼び名がないので新たな記号を使った.

◀ 通常①〜③は次のように書かれる.

$1+2=3 \equiv 0 \pmod 3$

$0-2=-2 \equiv 1 \pmod 3$

$2 \times 2 = 4 \equiv 1 \pmod 3$

2　ベクトルの和と差

1 (2)の図において，次のベクトルの計算結果を点Oを始点とするベクトルとして表せ．

(1)　$\overrightarrow{CP}+\overrightarrow{DU}$ 　　　　　(2)　$\overrightarrow{XL}-\overrightarrow{PI}$

(3)　$\overrightarrow{GK}+\overrightarrow{IB}-\overrightarrow{TD}$ 　　　(4)　$\overrightarrow{HK}-\overrightarrow{GZ}+\overrightarrow{IR}$

精 講　2つのベクトル $\vec{a}$ と $\vec{b}$ の和：
$\vec{a}+\vec{b}=\vec{c}$ を次のように定める：
$\vec{a}=\overrightarrow{AB}$，$\vec{b}=\overrightarrow{BC}$ となるように，3点A，B，C をとり $\vec{c}=\overrightarrow{AC}$ を $\vec{a}$ と $\vec{b}$ の和とする：
$$\vec{a}+\vec{b}=\vec{c} \rightleftharpoons \overrightarrow{AB}+\overrightarrow{BC}=\overrightarrow{AC}$$

（AからBへの移動）＋（BからCへの移動）
＝（AからCへの移動）

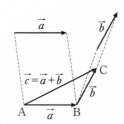

というイメージである．A を決めれば B，C は決まるがこの和はAのとり方によらずに決まる（右図参照）．以後この類の注意はいちいち断らない．また，$\vec{b}=\overrightarrow{AD}$ となるように点Dをとると，$\vec{c}=\vec{a}+\vec{b}$ は平行四辺形 ABCD の対角線 AC にAからCへ向きをつけたベクトルでもある．さらに，A，B，C が一直線上のとき，$\vec{c}=\vec{a}+\vec{b}$ は右図に示すとおりである．

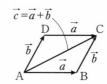

これらの図からベクトルの和について，

　・**交換法則**：$\vec{a}+\vec{b}=\vec{b}+\vec{a}$

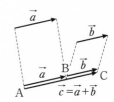

が成り立つことがわかる．さらに右下図より，

　・**結合法則**：$(\vec{a}+\vec{b})+\vec{c}=\vec{a}+(\vec{b}+\vec{c})$

も成り立つからこれを $\vec{a}+\vec{b}+\vec{c}$ と書いてもよい：

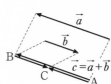

$$(\vec{a}+\vec{b})+\vec{c}=\vec{a}+(\vec{b}+\vec{c})=\vec{a}+\vec{b}+\vec{c}$$

　2つのベクトルの差：$\vec{b}-\vec{a}=\vec{d}$ を定義しよう．
$\vec{a}=\overrightarrow{OA}$，$\vec{b}=\overrightarrow{OB}$ となるように3点 O，A，B をとり，$\vec{d}=\overrightarrow{AB}$ を $\vec{b}$ と $\vec{a}$ の差とする：

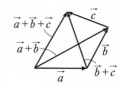

$$\vec{b} - \vec{a} = \vec{d} \rightleftharpoons \overrightarrow{OB} - \overrightarrow{OA} = \overrightarrow{AB}$$

ベクトルの和，差の定義から右図を得て，

$$\vec{a} + \vec{b} = \vec{c} \rightleftharpoons \overrightarrow{OA} + \overrightarrow{OB} = \overrightarrow{OC}$$
$$\rightleftharpoons \vec{a} = \vec{c} - \vec{b}$$
$$\rightleftharpoons \vec{b} = \vec{c} - \vec{a}$$
$$\vec{b} - \vec{a} = \vec{d} \rightleftharpoons \overrightarrow{OB} - \overrightarrow{OA} = \overrightarrow{AB}$$
$$\rightleftharpoons \vec{a} = \vec{b} - \vec{d}$$
$$\rightleftharpoons \vec{b} = \vec{a} + \vec{d}$$

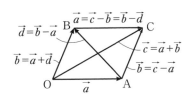

となっていることがわかる．すなわち上記の和，差は逆演算として矛盾なく定義されている．もう1つ，$\vec{0}$（零ベクトル）を定義する必要がある．

$$\vec{a} - \vec{a} = \overrightarrow{OA} - \overrightarrow{OA} = \overrightarrow{AA}$$

を大きさが0のベクトルと考え $\vec{0}$ と表し，**零ベクトル**という．$\vec{0}$ の向きは考えない．任意の点Aに対して $\overrightarrow{AA} = \vec{0}$ であり，

$$\vec{a} + \vec{0} = \vec{0} + \vec{a} = \vec{a}, \qquad \vec{0} + \vec{0} = \vec{0}$$

である．さらに，$\vec{a}$ と反対向きのベクトルを $\vec{a}$ の**逆ベクトル**といって，$-\vec{a}$ と表す：

$$\vec{a} = \overrightarrow{AB} \rightleftharpoons -\vec{a} = \overrightarrow{BA}$$
$$\vec{a} + (-\vec{a}) = \overrightarrow{AB} + \overrightarrow{BA} = \overrightarrow{AA} = \vec{0} = \vec{a} - \vec{a}$$

である．

$\overrightarrow{AA} = \vec{0}$ と書いたからといって，これは点Aを意味するものではない．ベクトルの演算が矛盾なく行われるために「形式的に」導入されたものと考えておくとよい．

解 答

(1) $\overrightarrow{CP} + \overrightarrow{DU} = \overrightarrow{OR} + \overrightarrow{RV} = \overrightarrow{\mathbf{OV}}$

(2) $\overrightarrow{XL} - \overrightarrow{PI} = \overrightarrow{XL} - \overrightarrow{XJ} = \overrightarrow{JL} = \overrightarrow{\mathbf{ON}}$

(3) $\overrightarrow{GK} + \overrightarrow{IB} - \overrightarrow{TD} = \overrightarrow{GK} + \overrightarrow{KW} - \overrightarrow{TD}$
$$= \overrightarrow{GW} - \overrightarrow{GC} = \overrightarrow{CW} = \overrightarrow{\mathbf{OP}}$$

(4) $\overrightarrow{HK} - \overrightarrow{GZ} + \overrightarrow{IR} = \overrightarrow{HK} - \overrightarrow{HY} + \overrightarrow{IR}$
$$= \overrightarrow{YK} + \overrightarrow{KY} = \overrightarrow{YY} = \vec{\mathbf{0}}$$

Z	Y	X	W	V	U
Q	P	N	M	L	
R	D	B	C	K	
S	E	O	A	J	
T	F	G	H	I	

🈲 計算過程は例えば

(1) $\overrightarrow{CP} + \overrightarrow{DU} = \overrightarrow{GS} + \overrightarrow{SM} = \overrightarrow{GM} = \overrightarrow{OV}$

など，いろいろあり得る．結果が合えばよい．

3 ベクトルの大きさと実数倍

1 (2)の図において，OA＝OB＝2，$\angle$AOB＝$\dfrac{\pi}{3}$ とする．

(1) 次のベクトルの大きさを求めよ．

$\overrightarrow{OC}$, $\overrightarrow{FR}$, $\overrightarrow{MY}$

(2) $\overrightarrow{OA}=\vec{a}$, $\overrightarrow{OB}=\vec{b}$ とする．次の(ア)，(イ)を計算し，$x\vec{a}+y\vec{b}$ [x, y：実数]
の形に表せ．またこれらの大きさを求めよ．

(ア) $3(2\vec{a}-3\vec{b})-4(\vec{a}-3\vec{b})$

(イ) $5(2\vec{a}+3\vec{b})-12(\vec{a}+\vec{b})$

精 講　$\vec{a}=\overrightarrow{AB}$ において **線分 AB の長さを**
$\vec{a}$ の大きさ（または **長さ**）といって，
$|\vec{a}|$（＝$|\overrightarrow{AB}|$）と表す．

とくに **大きさが 1 のベクトルを単位ベクトル**
という．実数 k と，$\vec{a}$ ($\neq\vec{0}$) に対してベクトル
$k\vec{a}$ を以下のように定める：

・$k>0$ のとき，
　$k\vec{a}$ は $\vec{a}$ と同じ向きで大きさが $k|\vec{a}|$ のベク
トル．とくに $1\vec{a}=\vec{a}$

・$k=0$ のとき，$k\vec{a}=0\vec{a}=\vec{0}$

・$k<0$ のとき，
　$k\vec{a}$ は $\vec{a}$ と反対向きで大きさが $-k|\vec{a}|$ のベ
クトル．とくに $(-1)\vec{a}=-\vec{a}$

また任意の実数 k に対して，$k\vec{0}=\vec{0}$ とする．

$\vec{a}$ ($\neq\vec{0}$) と同じ向きの単位ベクトルは $\dfrac{1}{|\vec{a}|}\vec{a}=\dfrac{\vec{a}}{|\vec{a}|}$

反対向きの単位ベクトルは $\dfrac{-1}{|\vec{a}|}\vec{a}=-\dfrac{1}{|\vec{a}|}\vec{a}$

で与えられる．

　$\vec{0}$ でない 2 つのベクトル $\vec{a}$ と $\vec{b}$ は
　　$\vec{b}=k\vec{a}$ 　[$k\neq 0$]
となっているとき，**平行である** といって $\vec{a}/\!/\vec{b}$
と表す．

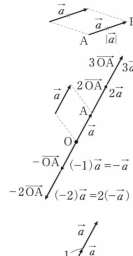

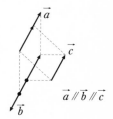

ベクトル $\vec{a}$, $\vec{b}$ と実数 k, l に対して(i)〜(iii)が成り立つ（下図）.

(i) $(kl)\vec{a}=k(l\vec{a})$

(ii) $k(\vec{a}+\vec{b})=k\vec{a}+k\vec{b}$

(iii) $(k+l)\vec{a}=k\vec{a}+l\vec{a}$

これらにより，ベクトルの加法，減法，実数倍の計算は多項式と同様に行うことができる.

$$3(2\vec{a}-5\vec{b})+2(\vec{a}-\vec{b})$$
$$=6\vec{a}-15\vec{b}+2\vec{a}-2\vec{b}$$
$$=8\vec{a}-17\vec{b}$$
$$3(2x^2-5x)+2(x^2-x)$$
$$=6x^2-15x+2x^2-2x$$
⬅ $=8x^2-17x$

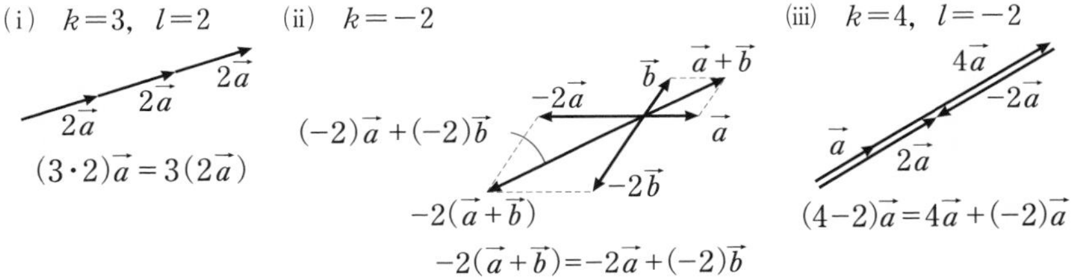

(i) $k=3$, $l=2$

$(3\cdot2)\vec{a}=3(2\vec{a})$

(ii) $k=-2$

$(-2)\vec{a}+(-2)\vec{b}$

$-2(\vec{a}+\vec{b})$

$-2(\vec{a}+\vec{b})=-2\vec{a}+(-2)\vec{b}$

(iii) $k=4$, $l=-2$

$(4-2)\vec{a}=4\vec{a}+(-2)\vec{a}$

解 答

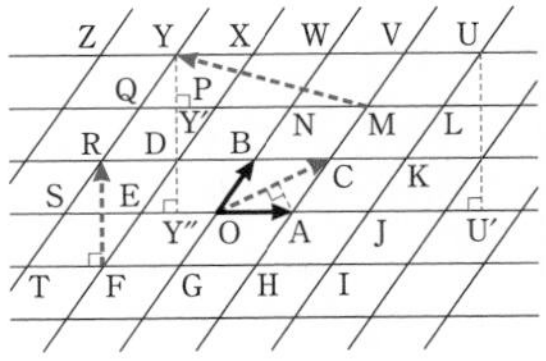

(1) 2方向の平行線で区切られた最小の平行四辺形とその鈍角の2頂点を結ぶ対角線で作られる最小の三角形は，一辺の長さが2の正三角形で，その中線の長さは $\sqrt{3}$ であるから，

$$|\overrightarrow{OC}|=2\sqrt{3}, \quad |\overrightarrow{FR}|=2\sqrt{3}$$

次に，Y から PQ へおろした垂線の足を Y′ として △MYY′ に三平方の定理を用いると，

$$|\overrightarrow{MY}|=\sqrt{5^2+(\sqrt{3})^2}=2\sqrt{7}$$

(2)(ア) $3(2\vec{a}-3\vec{b})-4(\vec{a}-3\vec{b})$
$$=6\vec{a}-9\vec{b}-4\vec{a}+12\vec{b}=2\vec{a}+3\vec{b}$$

図より，$2\vec{a}+3\vec{b}=\overrightarrow{OU}$ である．U から直線 OA におろした垂線の足を U′ とすると，
$$|2\vec{a}+3\vec{b}|=|\overrightarrow{OU}|=\sqrt{(OU')^2+(UU')^2}$$
$$=\sqrt{7^2+(3\sqrt{3})^2}=2\sqrt{19}$$

(イ) $5(2\vec{a}+3\vec{b})-12(\vec{a}+\vec{b})$
$$=10\vec{a}+15\vec{b}-12\vec{a}-12\vec{b}=-2\vec{a}+3\vec{b}$$

図より，$-2\vec{a}+3\vec{b}=\overrightarrow{OY}$ である．Y から直線 OA におろした垂線の足を Y″ とすると，
$$|-2\vec{a}+3\vec{b}|=|\overrightarrow{OY}|=\sqrt{(OY'')^2+(YY'')^2}$$
$$=\sqrt{1^2+(3\sqrt{3})^2}=2\sqrt{7}$$

⬅ ベクトルの内積 (→ **14**) を用いると次のように計算できる：
$|\vec{a}|=|\vec{b}|=2$,
$\vec{a}\cdot\vec{b}=2\times2\times\cos\dfrac{\pi}{3}=2$
であるから
$|2\vec{a}+3\vec{b}|^2$
$=4|\vec{a}|^2+12\vec{a}\cdot\vec{b}+9|\vec{b}|^2$
$=4\cdot2^2+12\cdot2+9\cdot2^2$
$=76=2^2\cdot19$
$\therefore |2\vec{a}+3\vec{b}|=2\sqrt{19}$
$|-2\vec{a}+3\vec{b}|$ についても同様である.

4 「力」のつり合い

正五角形 ABCDE が点Oを中心とする半径1の円に内接している（右図）．∠AOB=θ として以下の問いに答えよ．ただし正五角形が直線 OA に関して対称であることは認めてよい．

(1) $4\cos^2\theta+2\cos\theta-1=0$ が成り立つことを示せ．

(2) $\overrightarrow{OB}+\overrightarrow{OE}$ および $\overrightarrow{OC}+\overrightarrow{OD}$ をそれぞれ，$\overrightarrow{OA}$ と θ を用いて表せ．

(3) $\overrightarrow{OA}+\overrightarrow{OB}+\overrightarrow{OC}+\overrightarrow{OD}+\overrightarrow{OE}=\vec{0}$ を示せ．

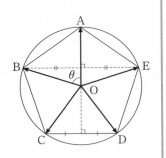

精講 ベクトルは様々な分野に応用され，とりわけ物理においては大きな役割を果たす．「力」は大きさと向きを持つ量としてベクトルで表される．右図(i)〜(v)は各図におけるベクトルの始点O((iii)〜(v)では外接円の中心) に，各ベクトルで表される「力」が作用していることを示しているものとする．このとき(i)〜(v)において

"各ベクトルの和=$\vec{0}$ すなわち「力」はつり合っている"

ことは明らかであろう．では正五角形ではどうか？ というのが本問である．

(i)

(ii)

(iii) 正三角形

解 答

(1) $\theta=\dfrac{2\pi}{5}$ であるから

$$5\theta=2\pi, \quad 3\theta=2\pi-2\theta$$

2倍角，3倍角の公式により，

$$\sin 3\theta=\sin(2\pi-2\theta)$$
$$3\sin\theta-4\sin^3\theta=-2\sin\theta\cos\theta$$

$0<\sin\theta<1$ だから

(iv) 正方形

(v) 正六角形

$$3-4\sin^2\theta=-2\cos\theta$$
$$3-4(1-\cos^2\theta)=-2\cos\theta$$
$$\therefore\quad 4\cos^2\theta+2\cos\theta-1=0$$

(2) BE と OA の交点を H とすると,
$$\overrightarrow{OB}+\overrightarrow{OE}=2\overrightarrow{OH}$$
$OH=OB\cos\theta=\cos\theta$ であるから $|\overrightarrow{OA}|=1$
にも注意して
$$\overrightarrow{OH}=\cos\theta\cdot\overrightarrow{OA}$$
$$\therefore\quad \overrightarrow{OB}+\overrightarrow{OE}=2\cos\theta\cdot\overrightarrow{OA}$$

同様に,CD と直線 OA の交点を K とすると,
$$\overrightarrow{OC}+\overrightarrow{OD}=2\overrightarrow{OK},$$
$$OK=OC\cos\frac{\theta}{2}=\cos\frac{\theta}{2}$$
$$\therefore\quad \overrightarrow{OC}+\overrightarrow{OD}=-2\cos\frac{\theta}{2}\cdot\overrightarrow{OA}$$

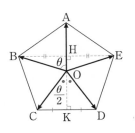

(3) (2)より,
$$\overrightarrow{OA}+\overrightarrow{OB}+\overrightarrow{OC}+\overrightarrow{OD}+\overrightarrow{OE}$$
$$=\overrightarrow{OA}+2\cos\theta\cdot\overrightarrow{OA}-2\cos\frac{\theta}{2}\cdot\overrightarrow{OA}$$
$$=\left(1+2\cos\theta-2\cos\frac{\theta}{2}\right)\overrightarrow{OA}$$

ここで,$0<\dfrac{\theta}{2}<\theta<\dfrac{\pi}{2}$ より,
$$1+2\cos\theta>0,\quad 2\cos\frac{\theta}{2}>0$$
であり,(1)より,

$\blacktriangleleft$ $\overrightarrow{OA}$ の係数$=0$ を示したい.
$x>0$,$y>0$ のとき
$x=y \Longleftrightarrow x^2=y^2$
である.

$$\left(1+2\cos\theta\right)^2-\left(2\cos\frac{\theta}{2}\right)^2$$
$$=1+4\cos\theta+4\cos^2\theta-4\cos^2\frac{\theta}{2}$$
$$=1+4\cos\theta+4\cos^2\theta-4\cdot\frac{1}{2}(1+\cos\theta)$$
$$=4\cos^2\theta+2\cos\theta-1=0$$
$$\therefore\quad 1+2\cos\theta=2\cos\frac{\theta}{2}$$
$$1+2\cos\theta-2\cos\frac{\theta}{2}=0$$
$$\therefore\quad \overrightarrow{OA}+\overrightarrow{OB}+\overrightarrow{OC}+\overrightarrow{OD}+\overrightarrow{OE}=\vec{0}$$

別解 1　(3)　$0<\theta<\dfrac{\pi}{2}$,　$0<\cos\theta<1$

であるから(1)より,　$\cos\theta=\dfrac{-1+\sqrt{5}}{4}$

　　さらに,

$$\cos\dfrac{\theta}{2}=\sqrt{\dfrac{1}{2}(1+\cos\theta)}=\sqrt{\dfrac{6+2\sqrt{5}}{16}}$$

$$=\sqrt{\left(\dfrac{1+\sqrt{5}}{4}\right)^2}=\dfrac{1+\sqrt{5}}{4}$$

$$\therefore\quad 1+2\cos\theta-2\cos\dfrac{\theta}{2}$$

$$=1+2\cdot\dfrac{-1+\sqrt{5}}{4}-2\cdot\dfrac{1+\sqrt{5}}{4}=0$$

$$\therefore\quad \overrightarrow{OA}+\overrightarrow{OB}+\overrightarrow{OC}+\overrightarrow{OD}+\overrightarrow{OE}=\vec{0}$$

← 2次方程式の解の公式

← 2重根号をはずす.
$(\sqrt{a}+\sqrt{b})^2=a+b+2\sqrt{ab}$

← $\cos\theta=\cos\dfrac{2\pi}{5}=\cos 72°$
$\cos\dfrac{\theta}{2}=\cos\dfrac{\pi}{5}=\cos 36°$
である.

別解 2　(3)　正五角形は直線 OA について対称
であるから, k と l を実数として,

$$\overrightarrow{OB}+\overrightarrow{OE}=k\overrightarrow{OA},\qquad \overrightarrow{OC}+\overrightarrow{OD}=l\overrightarrow{OA}$$

とおける.

$$\overrightarrow{OA}+\overrightarrow{OB}+\overrightarrow{OC}+\overrightarrow{OD}+\overrightarrow{OE}=\alpha\overrightarrow{OA}$$
$$[\alpha=1+k+l]$$

と書けて, 正五角形は直線 OB についても対称
だから

$$\overrightarrow{OA}+\overrightarrow{OB}+\overrightarrow{OC}+\overrightarrow{OD}+\overrightarrow{OE}=\beta\overrightarrow{OB}$$
$$[\beta：実数]$$

とも書ける.

$$\therefore\quad \alpha\overrightarrow{OA}=\beta\overrightarrow{OB}$$

　　ここで $\alpha\neq 0$ とすると $\overrightarrow{OA}=\dfrac{\beta}{\alpha}\overrightarrow{OB}$ となる

が $\overrightarrow{OA}\nparallel\overrightarrow{OB}$ であるからこれは不合理で $\alpha=0$.

$$\therefore\quad \overrightarrow{OA}+\overrightarrow{OB}+\overrightarrow{OC}+\overrightarrow{OD}+\overrightarrow{OE}=\vec{0}$$

← $\overrightarrow{OA}$ と $\overrightarrow{OB}$ は1次独立である.
(→ 6)

・ 一般の正 n 角形：$P_1P_2\cdots\cdots P_n\ (n\geqq 3)$ につ
いてもその外接円の中心を O とすると

$$\overrightarrow{OP_1}+\overrightarrow{OP_2}+\cdots\cdots+\overrightarrow{OP_n}=\vec{0}$$

が成り立つ (→ 28).

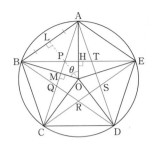

講究　右図は本問の正五角形の対角線をすべて書き加えたものである. "対角線のベクトル"について, 次の **1°** が成り立つことを(ア) ベクトルの和, (イ) ベクトルの差それぞれを用いて示そう.

1° $\overrightarrow{AC}+\overrightarrow{BD}+\overrightarrow{CE}+\overrightarrow{DA}+\overrightarrow{EB}=\vec{0}$

(ア) $\overrightarrow{AC}=\overrightarrow{AB}+\overrightarrow{BC}$, $\overrightarrow{BD}=\overrightarrow{BC}+\overrightarrow{CD}$,

$\overrightarrow{CE}=\overrightarrow{CD}+\overrightarrow{DE}$, $\overrightarrow{DA}=\overrightarrow{DE}+\overrightarrow{EA}$

$\overrightarrow{EB}=\overrightarrow{EA}+\overrightarrow{AB}$

であるからこれらを左辺に代入すると,

$$(左辺)=2(\overrightarrow{AB}+\overrightarrow{BC}+\overrightarrow{CD}+\overrightarrow{DE}+\overrightarrow{EA})$$
$$=\vec{0}$$

(イ) $\overrightarrow{AC}=\overrightarrow{OC}-\overrightarrow{OA}$, $\overrightarrow{BD}=\overrightarrow{OD}-\overrightarrow{OB}$

$\overrightarrow{CE}=\overrightarrow{OE}-\overrightarrow{OC}$, $\overrightarrow{DA}=\overrightarrow{OA}-\overrightarrow{OD}$

$\overrightarrow{EB}=\overrightarrow{OB}-\overrightarrow{OE}$

であるからこれらを左辺に代入して, **1°** を得る.

← ベクトルの始点がすべて点Oに統一されていることに注目しよう.

2° この正五角形(外接円の半径が 1)の一辺の長さ a ($=$AB), 対角線の長さ l ($=$AC), 内部の小正五角形 PQRST の一辺の長さ b ($=$PT)のそれぞれを θ を用いて表そう.

AB の中点を L とすると,

$$\angle OLA=\frac{\pi}{2}, \quad \angle AOL=\frac{\theta}{2}$$

であるから直角三角形 OLA を考えて,

$$a=AB=2AL=2\cdot OA\sin\frac{\theta}{2}=2\sin\frac{\theta}{2}$$

AC の中点を M とすると,

$$\angle OMA=\frac{\pi}{2}, \quad \angle AOM=\theta$$

であるから直角三角形 OMA を考えて,

$$l=AC=2AM=2\cdot OA\sin\theta=2\sin\theta$$

次に, $b=$PT$=$BE$-$2BP を求めるために, まず, $\triangle ABE \backsim \triangle PAB$ ……(*) に注意しよう.

実際これらの三角形と正五角形の外接円を考えると円周角と中心角の関係から

← $0<\theta=\dfrac{2\pi}{5}<\dfrac{\pi}{2}$

$\cos\theta=\dfrac{-1+\sqrt{5}}{4}$

である.

← $\sin^2\dfrac{\theta}{2}=\dfrac{1}{2}(1-\cos\theta)$

$=\dfrac{1}{2}\left(1-\dfrac{-1+\sqrt{5}}{4}\right)$

$=\dfrac{5-\sqrt{5}}{8}=\dfrac{10-2\sqrt{5}}{4^2}$

$\therefore \ a=\dfrac{\sqrt{10-2\sqrt{5}}}{2}$

← $\sin^2\theta=1-\cos^2\theta$

$=1-\dfrac{6-2\sqrt{5}}{4^2}=\dfrac{10+2\sqrt{5}}{4^2}$

$\therefore \ l=\dfrac{\sqrt{10+2\sqrt{5}}}{2}$

$$\angle \text{ABE} = \angle \text{AEB} = \frac{\theta}{2},$$

$$\angle \text{PAB} = \angle \text{PBA} = \frac{\theta}{2}$$

となるから（＊）は確かに成り立ち，これらの
相似比は

$$\text{BE}:\text{AB} = \text{AC}:\text{AB} = l:a$$

$$= 2\sin\theta : 2\sin\frac{\theta}{2}$$

$$= 2\sin\frac{\theta}{2}\cos\frac{\theta}{2} : \sin\frac{\theta}{2}$$

$$= 2\cos\frac{\theta}{2} : 1$$

$$\therefore \quad \text{PB} = \text{AB}\cdot\frac{1}{2\cos\dfrac{\theta}{2}} = \frac{a}{2\cos\dfrac{\theta}{2}} = \tan\frac{\theta}{2} \qquad \Leftarrow \text{AB}=a=2\sin\frac{\theta}{2}$$

$$\therefore \quad b = \text{PT} = \text{BE} - 2\text{PB}$$

$$= 2\sin\theta - 2\tan\frac{\theta}{2} \qquad \Leftarrow \text{BE}=l=2\sin\theta$$

$$= 2\sin\frac{\theta}{2}\left(2\cos\frac{\theta}{2} - \frac{1}{\cos\dfrac{\theta}{2}}\right)$$

$$= 2\tan\frac{\theta}{2}\left(2\cos^2\frac{\theta}{2} - 1\right) = 2\tan\frac{\theta}{2}\cos\theta \qquad \Leftarrow b = 2\sin\frac{\theta}{2}\cdot\frac{\cos\theta}{\cos\dfrac{\theta}{2}}$$

・θ を使わずに $a:b=\text{AB}:\text{PT}$ を求めてみ
よう。

　　$\text{AB}=\text{AE}=\text{PE}=x$（四角形 PCDE はひし
形），$\text{PA}=\text{PB}=y$ とおくと，
$\triangle\text{ABE}\backsim\triangle\text{PAB}$ より，

$$x:y = (x+y):x$$

$$x^2 = y(x+y)$$

$$y^2 + xy - x^2 = 0, \quad y = \frac{\sqrt{5}-1}{2}x$$

$$\therefore \quad a:b = \text{AB}:\text{PT} = x:(x-y)$$

$$= x:\left(1 - \frac{\sqrt{5}-1}{2}\right)x$$

$$= 2:(3-\sqrt{5}) = 4:(\sqrt{5}-1)^2$$

$$= (\sqrt{5}+1):(\sqrt{5}-1)$$

右側注記：

$$= a\cdot\frac{\dfrac{-1+\sqrt{5}}{4}}{\dfrac{1+\sqrt{5}}{4}}$$

$$= \frac{\sqrt{5}-1}{\sqrt{5}+1}a$$

$$\therefore \quad a:b = (\sqrt{5}+1):(\sqrt{5}-1)$$

$$\Leftarrow 2(3-\sqrt{5}) = 6-2\sqrt{5}$$
$$= (\sqrt{5}-1)^2$$
$$4 = (\sqrt{5}+1)(\sqrt{5}-1)$$

第 1 章　平面上のベクトル

5　位置ベクトル

平面上に三角形 OAB があり，3 点 C, D, E は次の条件をみたしている.
$$\overrightarrow{AC}=2\overrightarrow{OB}, \qquad \overrightarrow{AD}=2\overrightarrow{AB}, \qquad \overrightarrow{AE}=\overrightarrow{CD}$$
また，AC, CD, DE の中点をそれぞれ，F, G, H とする.

(1) 三角形 OAB を描き，それを基準に C, D, E, F, G, H の位置を図示せ
よ.

(2) 線分 EF, CH と線分 AD の交点をそれぞれ I, J として，$\overrightarrow{OI}$, $\overrightarrow{IJ}$, $\overrightarrow{OJ}$ を
それぞれ，$x\overrightarrow{OA}+y\overrightarrow{OB}$ 〔x, y：実数〕の形に表せ.

(3) 四角形 OIGJ は平行四辺形であることを示せ.

精 講　平面上の有向線分において位置を問
題にせず，平行移動して重ねられる
ものを同じものとみなしたものをベクトルとい
うのであった. そこで平面上の 1 点 O を固定す
ると，この平面上の任意の点 P は，$\vec{p}=\overrightarrow{OP}$ に
よって，その位置が確定する. このようなとき，
$\vec{p}$ を，

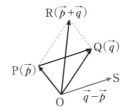

　　点 O を原点とする点 P の**位置ベクトル**

といって，$P(\vec{p})$ などと表す.
　平面上の任意の 2 点 P, Q の位置ベクトルを
それぞれ $\vec{p}$, $\vec{q}$, すなわち $P(\vec{p})$, $Q(\vec{q})$ とすると，
$$\overrightarrow{OP}+\overrightarrow{OQ}=\vec{p}+\vec{q}$$
は，OP, OQ を 2 辺とする平行四辺形のもう 1
つの頂点 R の位置ベクトルであり，
$$\overrightarrow{PQ}=\overrightarrow{OQ}-\overrightarrow{OP}=\vec{q}-\vec{p}$$
は，$\overrightarrow{OS}=\overrightarrow{PQ}$ となるような点 S の位置ベクト
ルである.

　**S は，有向線分 $\overrightarrow{PQ}$ を，始点 P が原点 O に重
なるように平行移動したときの終点である.**

解 答

(1) Cは，有向線分 $\overrightarrow{OB}$ をOがAに重なるように
平行移動した有向線分を2倍に延長した有向線
分の終点である．

D は，有向線分 $\overrightarrow{AB}$ を2倍に延長した有向線
分の終点である．

Eは，有向線分 $\overrightarrow{CD}$ をCがAに重なるように
平行移動した有向線分の終点である．

以上から右図(ⅰ)を得る．

(ⅰ)

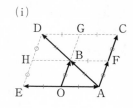

別解 次のように与えられた条件からC，D，
E のO を原点とする位置ベクトルを $\overrightarrow{OA}$ と $\overrightarrow{OB}$
で表すことにより，これらの位置を，O を頂点と
する平行四辺形の対角線の"終点"と捉えてもよ
い（ 4 (ⅱ)）．

(ⅱ)

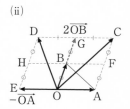

$\overrightarrow{AC}=2\overrightarrow{OB}$ から $\overrightarrow{OC}-\overrightarrow{OA}=2\overrightarrow{OB}$

$\qquad \therefore \quad \overrightarrow{OC}=\overrightarrow{OA}+2\overrightarrow{OB}$

$\overrightarrow{AD}=2\overrightarrow{AB}$ から $\overrightarrow{OD}-\overrightarrow{OA}=2(\overrightarrow{OB}-\overrightarrow{OA})$

$\qquad \therefore \quad \overrightarrow{OD}=-\overrightarrow{OA}+2\overrightarrow{OB}$

$\overrightarrow{AE}=\overrightarrow{CD}$ から $\overrightarrow{OE}-\overrightarrow{OA}=\overrightarrow{OD}-\overrightarrow{OC}$

$\therefore \quad \overrightarrow{OE}=\overrightarrow{OA}+(-\overrightarrow{OA}+2\overrightarrow{OB})-(\overrightarrow{OA}+2\overrightarrow{OB})$

$\qquad =-\overrightarrow{OA}$

以上から右図(ⅱ)を得る．

(2) I を通って OA，OB に平行な直線が OB，
OA と交わる点をそれぞれ B′，A′ とすれば，

$$\overrightarrow{OI}=\overrightarrow{OA'}+\overrightarrow{OB'}$$

である．$\overrightarrow{OA'}$，$\overrightarrow{OB'}$ をそれぞれ $\overrightarrow{OA}$，$\overrightarrow{OB}$ で表
す．

$\overrightarrow{AE}=\overrightarrow{CD}$ だから四角形 ACDE は平行四辺形．
したがって，$\overrightarrow{FC}=\overrightarrow{EH}$ だから四角形 FCHE も
平行四辺形で EF∥HC．H，F は辺 ED，AC
の中点だから I，J は AD の3等分点である．B
は IJ の中点であるから

$$BI：IA=OA'：A'A=1：2$$

$$\therefore \quad \overrightarrow{OA'}=\frac{1}{3}\overrightarrow{OA}$$

同様に，OB′：B′B＝AI：IB＝2：1

$$\therefore \quad \overrightarrow{OB'}=\frac{2}{3}\overrightarrow{OB}$$

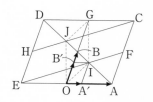

← AI：IJ＝AF：FC
　IJ：JD＝EH：HD
　FC＝EH だから
　AI：IJ：JD＝AF：FC：HD
　　　　　＝1：1：1

$$\therefore \quad \overrightarrow{\text{OI}} = \frac{1}{3}\overrightarrow{\text{OA}} + \frac{2}{3}\overrightarrow{\text{OB}}$$

次に

$$\overrightarrow{\text{IJ}} = \frac{1}{3}\overrightarrow{\text{AD}} = \frac{1}{3}\cdot 2\overrightarrow{\text{AB}} = \frac{2}{3}(\overrightarrow{\text{OB}} - \overrightarrow{\text{OA}})$$

これらを利用すると,

$$\overrightarrow{\text{OJ}} = \overrightarrow{\text{OI}} + \overrightarrow{\text{IJ}}$$
$$= \frac{1}{3}\overrightarrow{\text{OA}} + \frac{2}{3}\overrightarrow{\text{OB}} + \frac{2}{3}(\overrightarrow{\text{OB}} - \overrightarrow{\text{OA}})$$
$$= -\frac{1}{3}\overrightarrow{\text{OA}} + \frac{4}{3}\overrightarrow{\text{OB}}$$

(3) $\quad \overrightarrow{\text{IG}} = \overrightarrow{\text{OG}} - \overrightarrow{\text{OI}} = 2\overrightarrow{\text{OB}} - \left(\frac{1}{3}\overrightarrow{\text{OA}} + \frac{2}{3}\overrightarrow{\text{OB}}\right)$

$$= -\frac{1}{3}\overrightarrow{\text{OA}} + \frac{4}{3}\overrightarrow{\text{OB}} = \overrightarrow{\text{OJ}}$$

よって四角形 OIGJ は平行四辺形である.

講究　　原点Oに関する位置ベクトル $\vec{p} = \overrightarrow{\text{OP}}$, $\vec{q} = \overrightarrow{\text{OQ}}$ および実数 k について,和:$\vec{p} + \vec{q}$ および 実数倍:$k\vec{p}$ を有向線分の和として表すとき,これらはそのままOを始点とする有向線分として表される(精講の図). 一方,差を表す有向線分:$\overrightarrow{\text{PQ}} = \vec{q} - \vec{p}$ の始点はPであり,これを位置ベクトルとして表すには,$\overrightarrow{\text{PQ}} = \overrightarrow{\text{OS}}$ となる点Sを考える必要があった. この「差」のイメージは数直線上での実数をベクトルと捉えると次のようである:

数直線上で実数 a, b を表す点をそれぞれ A,Bとし,この2点の位置ベクトルを $\overrightarrow{\text{OA}} = (a)$, $\overrightarrow{\text{OB}} = (b)$ と書くと

$$\overrightarrow{\text{AB}} = \overrightarrow{\text{OB}} - \overrightarrow{\text{OA}} = (b) - (a) = (\boldsymbol{b} - \boldsymbol{a})$$

となっていて,これが差:$\boldsymbol{b} - \boldsymbol{a}$ の位置ベクトルである.

注 本来は,大きさと向きをもつベクトルとその係数である実数は明確に区別されるべきである.

$\overrightarrow{\text{AB}} = \overrightarrow{\text{OB}} - \overrightarrow{\text{OA}}$
$= (b) - (a) = (b - a)$
の具体的イメージ

[5-3=2]

[3-5=-2]

[2-(-3)=5]

[-3-2=-5]

6　1次独立 (1)

三角形 ABC において

(1)　3本の中線は1点Gで交わる．これを示し，$\overrightarrow{AG}$ を $\overrightarrow{AB}$ と $\overrightarrow{AC}$ で表せ．**この点Gを三角形 ABC の重心という．**

(2)　三角形 ABC を含む平面上の任意の点Oを固定し，O を原点とする3点 A, B, C の位置ベクトルをそれぞれ $\vec{a}$, $\vec{b}$, $\vec{c}$ すなわち A($\vec{a}$), B($\vec{b}$), C($\vec{c}$) とするとき，

$$\overrightarrow{OG}=\frac{1}{3}(\vec{a}+\vec{b}+\vec{c})$$

となることを示せ．

精講　2つのベクトル $\vec{a}$ と $\vec{b}$ は，

$$\vec{a}\neq\vec{0},\ \vec{b}\neq\vec{0},\ \vec{a}\nparallel\vec{b}$$

をみたすとき，**1次独立**であるという．三角形 OAB において，$\overrightarrow{OA}=\vec{a}$, $\overrightarrow{OB}=\vec{b}$ とすれば $\vec{a}$ と $\vec{b}$ は1次独立である．「1次独立」はベクトルを扱う上で最も基本的な概念で次のように言い換えることができる．〔一般的定義〕：

$\vec{a}$ と $\vec{b}$ が1次独立
$\Longleftrightarrow$ 実数 x, y が $x\vec{a}+y\vec{b}=\vec{0}$ をみたすのは $x=y=0$ のときに限る．

証明：

$\longrightarrow$）$\vec{a}$ と $\vec{b}$ が1次独立のとき，$x=y=0$ であれば $x\vec{a}+y\vec{b}=\vec{0}$ となることは明らかである．

　また，$x\vec{a}+y\vec{b}=\vec{0}$ かつ $x\neq0$ とすると，

$$\vec{a}=-\frac{y}{x}\vec{b}\quad(\vec{a}=\vec{0}\ \text{または}\ \vec{a}\parallel\vec{b})$$

となって $\vec{a}$ と $\vec{b}$ が1次独立であることに反する．$y\neq0$ としても同様である．よって，

$$x\vec{a}+y\vec{b}=\vec{0}\ \Longleftrightarrow\ x=y=0$$

$\longleftarrow$）$\vec{a}$ と $\vec{b}$ が1次独立でなければ，$\vec{a}=\vec{0}$

◀ この命題は，
p：$\vec{a}$ と $\vec{b}$ が1次独立
q：実数 x, y が
　　$x\vec{a}+y\vec{b}=\vec{0}$ をみたす．
r：$x=y=0$
として，
$p\Longleftrightarrow(q\Longleftrightarrow r)$
の形をしている．

◀ 対偶法による証明である．

または $\vec{b}=\vec{0}$ または $\vec{a} /\!/ \vec{b}$ である.

$\vec{a}=\vec{0}$ のとき,

　$x=1$, $y=0$ とすれば $x\vec{a}+y\vec{b}=\vec{0}$

$\vec{b}=\vec{0}$ のとき,

　$x=0$, $y=1$ とすれば $x\vec{a}+y\vec{b}=\vec{0}$

$\vec{a}\neq\vec{0}$, $\vec{b}\neq\vec{0}$, $\vec{a} /\!/ \vec{b}$ のとき,

　$\vec{b}=k\vec{a}$ となる実数 k ($\neq0$) が存在し,

　$x=k$, $y=-1$ とすれば $x\vec{a}+y\vec{b}=\vec{0}$

以上で $\Longleftarrow$) も示された.

この言い換えにより「1次独立」という概念は2次元（平面）から3次元（空間）, 4次元, ……と一般化が可能になる.

　さて, **平面上に1次独立なベクトル $\vec{a}$, $\vec{b}$ が与えられると, 任意のベクトル $\vec{p}$ は,**

$$\vec{p}=x\vec{a}+y\vec{b} \quad [x,\ y：実数]$$

の形にただ1通りに表される.

　原点Oを定めて, A($\vec{a}$), B($\vec{b}$), P($\vec{p}$) とし, Pを通って直線OB, OAに平行な直線 l, m とOA, OBとの交点をそれぞれX, Yとすれば,

$$\overrightarrow{OX}=x\overrightarrow{OA},\ \overrightarrow{OY}=y\overrightarrow{OB} \quad [x,\ y：実数]$$

と書けるから

$$\overrightarrow{OP}=\overrightarrow{OX}+\overrightarrow{OY} \Longleftrightarrow \vec{p}=x\vec{a}+y\vec{b}$$

となる. この $\vec{p}$ の2方向 $\vec{a}$ と $\vec{b}$ への分解は図形的に明らかに一意的（ただ1通り）である. これは次のように, $\vec{a}$ と $\vec{b}$ の1次独立性に基づいてもよい. すなわち, x, y, x', y' を実数として,

$$\vec{p}=x\vec{a}+y\vec{b}=x'\vec{a}+y'\vec{b}$$

とすると,

　　$(x-x')\vec{a}+(y-y')\vec{b}=\vec{0}$

　　$\therefore\ \ x-x'=y-y'=0$

　　$\therefore\ \ x=x',\ y=y'$

　平面上において原点Oと1組の1次独立なベクトル $\vec{a}$, $\vec{b}$ を固定して考えるとき, この組 $\{O；\vec{a},\ \vec{b}\}$ を基底（→ **7** ）という.

$\longleftarrow$ $\vec{a}$, $\vec{b}$ が1次独立でないとき, $\vec{a}$ と $\vec{b}$ は1次従属であるという. このとき $\vec{b}=k\vec{a}$ $[k\neq0]$ となる k が存在し, $\vec{a}$ と $\vec{b}$ は互いに独立ではない, 互いに"依存"している, というイメージである.

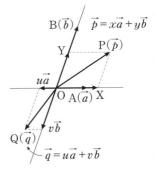

解 答

(1) $\overrightarrow{AB}+\overrightarrow{AC}=\overrightarrow{AD}$ とすると，平行四辺形の対角線が互いに他を2等分することから，BCの中点MはADの中点，したがって線分AM上の点Pは実数 s を用いて，
$$\overrightarrow{AP}=s(\overrightarrow{AB}+\overrightarrow{AC}) \quad \cdots\cdots ①$$
と書ける．同様に，CA，ABの中点をK，L，線分BK，CL上の点をQ，Rとすると t，u を実数として，
$$\overrightarrow{BQ}=t(\overrightarrow{BC}+\overrightarrow{BA}) \quad \cdots\cdots ②$$
$$\overrightarrow{CR}=u(\overrightarrow{CA}+\overrightarrow{CB}) \quad \cdots\cdots ③$$
とも書ける．②より，
$$\overrightarrow{AQ}-\overrightarrow{AB}=t(\overrightarrow{AC}-\overrightarrow{AB}-\overrightarrow{AB})$$
$$\therefore \quad \overrightarrow{AQ}=(1-2t)\overrightarrow{AB}+t\overrightarrow{AC} \quad \cdots\cdots ②'$$
③より，
$$\overrightarrow{AR}-\overrightarrow{AC}=u(-\overrightarrow{AC}+\overrightarrow{AB}-\overrightarrow{AC})$$
$$\therefore \quad \overrightarrow{AR}=u\overrightarrow{AB}+(1-2u)\overrightarrow{AC} \quad \cdots\cdots ③'$$
$\overrightarrow{AB}$ と $\overrightarrow{AC}$ は1次独立であるから，①，②'，③'より，
$$P=Q=R \Longleftrightarrow \begin{cases} s=1-2t=u \\ s=t=1-2u \end{cases}$$

$s=t=u=\dfrac{1}{3}$ はこの2式をともにみたす．

よって，△ABCの3中線は1点G（=P=Q=R）で交わり，
$$\overrightarrow{AG}=\frac{1}{3}(\overrightarrow{AB}+\overrightarrow{AC})$$

(2) (1)の結果を点Oを原点に（始点に）書き換えると，
$$\overrightarrow{OG}-\overrightarrow{OA}=\frac{1}{3}(\overrightarrow{OB}-\overrightarrow{OA}+\overrightarrow{OC}-\overrightarrow{OA})$$
$$\therefore \quad \overrightarrow{OG}=\frac{1}{3}(\vec{a}+\vec{b}+\vec{c}) \quad \cdots\cdots (*)$$

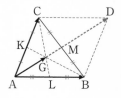

← ①における3文字A，B，Cを，"巡回的"に取り替えている．

← ②③を点Aを原点とした位置ベクトルの形に変形し $\overrightarrow{AB}$ と $\overrightarrow{AC}$ の1次独立性を利用する．

← この結果
$$\overrightarrow{AG}=\frac{1}{3}\overrightarrow{AD}=\frac{2}{3}\overrightarrow{AM}$$
となり，
　AG：GM=2：1
である．同様に，
　BG：GK=2：1
　CG：GL=2：1

講 究 　(2)の結果は，点Oを原点としたときの点Gの位置ベクトルを表したものであることには違いないが，1次独立な2つのベクトルによる一意的な表現ではないことを注意しておく．すなわち，

$$\overrightarrow{OG}=x\vec{a}+y\vec{b}+z\vec{c} \longrightarrow x=y=z=\frac{1}{3} \quad \text{とはいえない！}$$

△ABC の 3 頂点は一直線上にはないから，$\vec{a}$，$\vec{b}$，$\vec{c}$ のうちの 2 つは 1 次独立である．たとえば $\vec{b}$ と $\vec{c}$ が 1 次独立であれば，$\vec{a}=\beta\vec{b}+\gamma\vec{c}$ [β，γ：実数] と書ける．イメージがつかめるよう計算を簡単にするために，O＝D（$\overrightarrow{AD}=\overrightarrow{AB}+\overrightarrow{AC}$）のときを考えてみよう．このとき，$\vec{a}=\vec{b}+\vec{c}$ であるから，k を任意の実数として

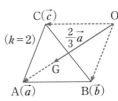

$$\overrightarrow{OG}=\frac{1}{3}(\vec{a}+\vec{a})=\frac{1}{3}\{k\vec{a}+(2-k)\vec{a}\}$$

$$=\frac{1}{3}\{k\vec{a}+(2-k)(\vec{b}+\vec{c})\}$$

$$=\frac{k}{3}\vec{a}+\frac{2-k}{3}\vec{b}+\frac{2-k}{3}\vec{c}$$

$k=1$ のときが(2)の結果であるが，k は任意だから

$$\overrightarrow{OG}=x\vec{a}+y\vec{b}+z\vec{c}$$

と表すときの (x,y,z) は無数に存在する．たとえば

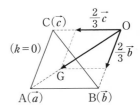

$$k=2 \text{ ならば } \overrightarrow{OG}=\frac{2}{3}\vec{a}$$

$$k=0 \text{ ならば } \overrightarrow{OG}=\frac{2}{3}\vec{b}+\frac{2}{3}\vec{c}$$

$$k=\frac{3}{2} \text{ ならば } \overrightarrow{OG}=\frac{1}{2}\vec{a}+\frac{1}{6}\vec{b}+\frac{1}{6}\vec{c}$$

である（右図参照）．

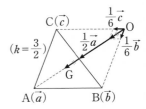

注 $\vec{a}$，$\vec{b}$，$\vec{c}$ による $\overrightarrow{OG}$ の表現（＊）は，O が任意の点であることに意味がある．

たとえば，O＝G として，
$$\vec{a}+\vec{b}+\vec{c}=\vec{0} \quad \text{（力のつり合い）}$$
を得る．

なお，(1)(2)は三角形 ABC が空間内にあってもよく，空間内で，$\vec{a}$，$\vec{b}$，$\vec{c}$ が 1 次独立（→ 30 ）であれば，これらによる $\overrightarrow{OG}$ の表し方は一意的である：

$$\overrightarrow{OG}=x\vec{a}+y\vec{b}+z\vec{c} \longrightarrow x=y=z=\frac{1}{3}$$

7 基底の取り換え

点Oを位置ベクトルの原点とする平面上に三角形OABがある．2点P
($\neq$O)，Q（$\neq$O）について，

(1) $\begin{cases} \overrightarrow{\mathrm{OP}}=\overrightarrow{\mathrm{OA}}+2\overrightarrow{\mathrm{OB}} \\ \overrightarrow{\mathrm{OQ}}=-2\overrightarrow{\mathrm{OA}}+\overrightarrow{\mathrm{OB}} \end{cases}$

の関係があるとき，$\overrightarrow{\mathrm{OA}}$，$\overrightarrow{\mathrm{OB}}$ のそれぞれを $\overrightarrow{\mathrm{OP}}$ と $\overrightarrow{\mathrm{OQ}}$ で表せ．

(2) $\begin{cases} \overrightarrow{\mathrm{OP}}=a\overrightarrow{\mathrm{OA}}+b\overrightarrow{\mathrm{OB}} \\ \overrightarrow{\mathrm{OQ}}=c\overrightarrow{\mathrm{OA}}+d\overrightarrow{\mathrm{OB}} \end{cases}$　$[a,\ b,\ c,\ d：実数]$

と表されているとき，$\overrightarrow{\mathrm{OP}}$ と $\overrightarrow{\mathrm{OQ}}$ が1次独立となるためには，$ad-bc\neq0$
が必要十分であることを示せ．

精講　$\overrightarrow{\mathrm{OA}}$ と $\overrightarrow{\mathrm{OB}}$ は1次独立であるから，
この平面上のどんなベクトルも
$$x\overrightarrow{\mathrm{OA}}+y\overrightarrow{\mathrm{OB}}\ [x,\ y：実数]\ \cdots\cdots①$$
の形にただ1通りに表され，
$$「x\overrightarrow{\mathrm{OA}}+y\overrightarrow{\mathrm{OB}}=\vec{0} \rightleftharpoons x=y=0」$$
であった．原点以外の任意の点P，Qに対して
$\overrightarrow{\mathrm{OP}}$ と $\overrightarrow{\mathrm{OQ}}$ は①の形 $[(x,\ y)\neq(0,\ 0)]$ に書くこ
とができるが，この2つのベクトルの組も1次
独立になるのはどのようなときか？　というの
が本問の主旨である．(1)のとき，明らかに
$\overrightarrow{\mathrm{OP}} \not\hspace{-3pt}/\hspace{-3pt}/\ \overrightarrow{\mathrm{OQ}}$ で，これらは1次独立である．一方，
$$\begin{cases} \overrightarrow{\mathrm{OP}}=\overrightarrow{\mathrm{OA}}+2\overrightarrow{\mathrm{OB}} \\ \overrightarrow{\mathrm{OQ}}=2\overrightarrow{\mathrm{OA}}+4\overrightarrow{\mathrm{OB}} \end{cases}$$
となるP，Qを考えると，$\overrightarrow{\mathrm{OQ}}=2\overrightarrow{\mathrm{OP}}$．
したがって $\overrightarrow{\mathrm{OP}} /\hspace{-3pt}/\ \overrightarrow{\mathrm{OQ}}$ であり，$\overrightarrow{\mathrm{OP}}$ と $\overrightarrow{\mathrm{OQ}}$ は
1次独立ではない．

←「1次独立」は重要な概念で
あるが，少なくとも平面上の
ベクトルを考えている限り難
しいことではない．表現の言
い換えを含め，定義，意味を
しっかり理解，意識すること
が大切である．なお，このよ
うに与えられた $x\overrightarrow{\mathrm{OA}}+y\overrightarrow{\mathrm{OB}}$
に対して，$(x,\ y)$ を基底
$\{\mathrm{O}；\overrightarrow{\mathrm{OA}},\ \overrightarrow{\mathrm{OB}}\}$ についての座
標という．

← 文字を抽象的に感じたら具体
的な数値を考え，イメージを
つかもう．

解　答

(1) $\begin{cases} \overrightarrow{\mathrm{OP}}=\overrightarrow{\mathrm{OA}}+2\overrightarrow{\mathrm{OB}}\ \cdots\cdots① \\ \overrightarrow{\mathrm{OQ}}=-2\overrightarrow{\mathrm{OA}}+\overrightarrow{\mathrm{OB}}\ \cdots\cdots② \end{cases}$

①$-$②$\times2$：$\overrightarrow{\mathrm{OP}}-2\overrightarrow{\mathrm{OQ}}=5\overrightarrow{\mathrm{OA}}$

$\therefore\ \overrightarrow{\mathrm{OA}}=\dfrac{1}{5}\overrightarrow{\mathrm{OP}}-\dfrac{2}{5}\overrightarrow{\mathrm{OQ}}$

← ①②を，$\overrightarrow{\mathrm{OA}}$, $\overrightarrow{\mathrm{OB}}$ を未知ベク
トルとする"連立方程式"と
みる．

①×2+②：$2\overrightarrow{\mathrm{OP}}+\overrightarrow{\mathrm{OQ}}=5\overrightarrow{\mathrm{OB}}$

$$\therefore \quad \overrightarrow{\mathrm{OB}}=\frac{2}{5}\overrightarrow{\mathrm{OP}}+\frac{1}{5}\overrightarrow{\mathrm{OQ}}$$

(2) x, y を実数として，

$$x\overrightarrow{\mathrm{OP}}+y\overrightarrow{\mathrm{OQ}}=\vec{0}$$
$$\Longleftrightarrow x(a\overrightarrow{\mathrm{OA}}+b\overrightarrow{\mathrm{OB}})+y(c\overrightarrow{\mathrm{OA}}+d\overrightarrow{\mathrm{OB}})=\vec{0}$$
$$\Longleftrightarrow (ax+cy)\overrightarrow{\mathrm{OA}}+(bx+dy)\overrightarrow{\mathrm{OB}}=\vec{0}$$

とすると，$\overrightarrow{\mathrm{OA}}$ と $\overrightarrow{\mathrm{OB}}$ が1次独立であることから

$$\begin{cases} ax+cy=0 & \cdots\cdots ㋐ \\ bx+dy=0 & \cdots\cdots ㋑ \end{cases}$$

㋐×d－㋑×c：$(ad-bc)x=0$ $\cdots\cdots ㋒$

㋐×b－㋑×a：$(bc-ad)y=0$ $\cdots\cdots ㋓$

$\overrightarrow{\mathrm{OP}}$ と $\overrightarrow{\mathrm{OQ}}$ が1次独立 $\Longleftrightarrow \begin{cases} ㋒㋓をみたす x,\ y は \\ x=y=0 \ に限る. \end{cases}$

であるから㋒㋓よりその条件は $ad-bc\neq0$

［別解］ $\overrightarrow{\mathrm{OP}}\,(\neq\vec{0})$ と $\overrightarrow{\mathrm{OQ}}\,(\neq\vec{0})$ が1次独立でないとすると，$\overrightarrow{\mathrm{OQ}}=k\overrightarrow{\mathrm{OP}}$ となる0でない実数 k が存在する．このとき，

$$\overrightarrow{\mathrm{OQ}}=k\overrightarrow{\mathrm{OP}}$$
$$\Longleftrightarrow c\overrightarrow{\mathrm{OA}}+d\overrightarrow{\mathrm{OB}}=k(a\overrightarrow{\mathrm{OA}}+b\overrightarrow{\mathrm{OB}})$$
$$\Longleftrightarrow c\overrightarrow{\mathrm{OA}}+d\overrightarrow{\mathrm{OB}}=ka\overrightarrow{\mathrm{OA}}+kb\overrightarrow{\mathrm{OB}}$$

であり，$\overrightarrow{\mathrm{OA}}$ と $\overrightarrow{\mathrm{OB}}$ は1次独立であるから

$$\begin{cases} c=ka \\ d=kb \end{cases}$$
$$\therefore \quad ad-bc=a\cdot kb-b\cdot ka=0$$

よって，$ad-bc\neq0$ ならば $\overrightarrow{\mathrm{OP}}$ と $\overrightarrow{\mathrm{OQ}}$ は1次独立である．

次に，$ad-bc=0$ とする．$(a,\ b)\neq(0,\ 0)$ だから $a\neq0$ または $b\neq0$ である．

$a\neq0$ ならば $d=\dfrac{bc}{a}$

$$\therefore \quad \overrightarrow{\mathrm{OQ}}=c\overrightarrow{\mathrm{OA}}+\frac{bc}{a}\overrightarrow{\mathrm{OB}}=\frac{c}{a}(a\overrightarrow{\mathrm{OA}}+b\overrightarrow{\mathrm{OB}})$$
$$=\frac{c}{a}\overrightarrow{\mathrm{OP}}\ (\neq\vec{0})$$

$b\neq0$ ならば $c=\dfrac{ad}{b}$

← 1次独立の"一般的定義"に忠実に基づく証明.

← $ad-bc=0$ ならば㋒㋓をみたす x, y はいずれも任意である.

← 対偶法による証明である．上記と同様"一般的定義"に基づけば，$\overrightarrow{\mathrm{OP}}$ と $\overrightarrow{\mathrm{OQ}}$ が1次独立でないとき，
$$x\overrightarrow{\mathrm{OP}}+y\overrightarrow{\mathrm{OQ}}=\vec{0}$$
となる x, y で
$(x,\ y)\neq(0,\ 0)$ が存在し，
$\overrightarrow{\mathrm{OP}}\neq\vec{0}$, $\overrightarrow{\mathrm{OQ}}\neq\vec{0}$ だから，
$$\overrightarrow{\mathrm{OQ}}=-\frac{x}{y}\overrightarrow{\mathrm{OP}}$$
$$\left(\Longleftrightarrow \overrightarrow{\mathrm{OP}}=-\frac{y}{x}\overrightarrow{\mathrm{OQ}}\right)$$
すなわち，$\overrightarrow{\mathrm{OP}}/\!/\overrightarrow{\mathrm{OQ}}$ である.

第1章

$$\therefore \quad \overrightarrow{OQ} = \frac{ad}{b}\overrightarrow{OA} + d\overrightarrow{OB} = \frac{d}{b}(a\overrightarrow{OA} + b\overrightarrow{OB})$$

$$= \frac{d}{b}\overrightarrow{OP} \quad (\neq \vec{0})$$

いずれにしても $\overrightarrow{OP} // \overrightarrow{OQ}$ となり $\overrightarrow{OP}$ と $\overrightarrow{OQ}$ は1次独立ではない．よって，$\overrightarrow{OP}$ と $\overrightarrow{OQ}$ が1次独立ならば $ad - bc \neq 0$ である．

◈注) $(a, b) \neq (0, 0)$，$(c, d) \neq (0, 0)$ のとき，

$$ad - bc = 0 \iff ad = bc$$
$$\iff a : b = c : d$$

である．

$a : b = c : d$ ならば $c = ka$，$d = kb$ $(k \neq 0)$ であるから
　$ad = akb = b \cdot ka = bc$
となる．一方，$ad = bc$ のとき，今 $(a, b) \neq (0, 0)$ だから $a \neq 0$ とすると
　$d = \dfrac{bc}{a}$
$(c, d) \neq (0, 0)$ より $c \neq 0$ で，
　$c : d = c : \dfrac{bc}{a} = a : b$
$b \neq 0$ のときも同様である．

講究
$$\begin{cases} \overrightarrow{OP} = a\overrightarrow{OA} + b\overrightarrow{OB} & \cdots\cdots ③ \\ \overrightarrow{OQ} = c\overrightarrow{OA} + d\overrightarrow{OB} & \cdots\cdots ④ \end{cases}$$

において，

　①×d－②×b : $d\overrightarrow{OP} - b\overrightarrow{OQ} = (ad - bc)\overrightarrow{OA}$
　①×c－②×a : $c\overrightarrow{OP} - a\overrightarrow{OQ} = (bc - ad)\overrightarrow{OB}$

より，$\varDelta = ad - bc$ とおけば，$\varDelta \neq 0$ のとき，

$$\overrightarrow{OA} = \frac{d}{\varDelta}\overrightarrow{OP} - \frac{b}{\varDelta}\overrightarrow{OQ}$$

$$\overrightarrow{OB} = -\frac{c}{\varDelta}\overrightarrow{OP} + \frac{a}{\varDelta}\overrightarrow{OQ}$$

が得られる．さて，

$$\begin{cases} \dfrac{d}{\varDelta} = a', \quad -\dfrac{b}{\varDelta} = b' \\ -\dfrac{c}{\varDelta} = c', \quad \dfrac{a}{\varDelta} = d' \end{cases}$$

と書くと，

$$\begin{cases} \overrightarrow{OA} = a'\overrightarrow{OP} + b'\overrightarrow{OQ} \\ \overrightarrow{OB} = c'\overrightarrow{OP} + d'\overrightarrow{OQ} \end{cases}$$

であり，

$$\varDelta' = a'd' - b'c' = \frac{ad - bc}{\varDelta^2} = \frac{1}{\varDelta} \neq 0$$

←「式」の見方に注意しよう。数学においては「同様の議論ないしは論理展開」ができることに気づくことも重要である。

したがって，(2)から，$\overrightarrow{OP}$ と $\overrightarrow{OQ}$ が1次独立であれば，$\overrightarrow{OA}$ と $\overrightarrow{OB}$ も1次独立となる．

よって，$\overrightarrow{OA}$ と $\overrightarrow{OB}$ および $\overrightarrow{OP}$ と $\overrightarrow{OQ}$ の間に③④の関係があって，$\varDelta \neq 0$ のとき，

「$\overrightarrow{\mathrm{OA}}$ と $\overrightarrow{\mathrm{OB}}$ が1次独立」 $\Longleftrightarrow$ 「$\overrightarrow{\mathrm{OP}}$ と $\overrightarrow{\mathrm{OQ}}$ が1次独立」
である.

さて, (2)の証明中の連立方程式⑦④で b
と c を交換したもの:$\begin{cases} ax+by=0 & \cdots\cdots(*) \\ cx+dy=0 \end{cases}$

を考えれば, $\Delta \neq 0$ は,この方程式がただ1つ
の解

$$(x, y)=(0, 0)$$

をもつための必要十分条件である.さらに,
面積について,

$$\triangle\mathrm{OPQ}=|\Delta|\triangle\mathrm{OAB} \quad (\to \boxed{27})$$

三角形の向き付け($\to \boxed{27}$)について

$\triangle\mathrm{OPQ}$ と $\triangle\mathrm{OAB}$ は同じ向きをもつ $\quad \Longleftrightarrow \quad \Delta>0$
$\triangle\mathrm{OPQ}$ と $\triangle\mathrm{OAB}$ は反対の向きをもつ $\quad \Longleftrightarrow \quad \Delta<0$

などのことも成り立ち,

$$\Delta=ad-bc$$

は重要な意味をもつ.本書では,そのより深い
性質についての議論はしないが式を見やすくす
るために記号:

$$\begin{vmatrix} a & b \\ c & d \end{vmatrix}=ad-bc \quad \text{``タスキ掛けの差''}$$

を用いて記述する.

◆ $(a, b) \neq (0, 0)$,
$(c, d) \neq (0, 0)$
であれば,これらは xy 平面
上の原点を通る2直線を表し,
$\Delta \neq 0$ はこれらが平行でない
ことを意味する.

◆ $\begin{pmatrix} a & b \\ c & d \end{pmatrix}$ を行列,$\begin{vmatrix} a & b \\ c & d \end{vmatrix}$ を行
列式という.$(*)$ は
$\begin{pmatrix} a & b \\ c & d \end{pmatrix}\begin{pmatrix} x \\ y \end{pmatrix}=\begin{pmatrix} 0 \\ 0 \end{pmatrix}$ と表される
のだがこれらの詳しい理論に
ついては,「線型代数」の本を
勉強してほしい.

8　直線のベクトル表示

平面上に同一直線上にない3点 O, A, B があり, 線分 OA, OB をそれぞれ $1:3$, $2:1$ に内分する点を C, D, CD の中点を M とする. 3直線:
AB $(=l)$, OM $(=m)$, CD $(=n)$ が次のように表されているとき, 以下の問いに答えよ.

$$l:\overrightarrow{\mathrm{OP}}=\overrightarrow{\mathrm{OA}}+s\overrightarrow{\mathrm{AB}}\quad[s:実数]$$
$$m:\overrightarrow{\mathrm{OQ}}=t\overrightarrow{\mathrm{OM}}\qquad[t:実数]$$
$$n:\overrightarrow{\mathrm{OR}}=\overrightarrow{\mathrm{OC}}+u\overrightarrow{\mathrm{CD}}\quad[u:実数]$$

(1)　l と m の交点を E, l と n の交点を F とするとき, E における s と t の値および F における s と u の値を求めよ.

(2)　E, F はそれぞれ線分 AB をどのような比に分ける点か.

(3)　B, Q, R が一直線上にあるとき, u を t で表せ. また, これらが Q, B, R の順に並ぶような t と u の範囲を求めよ.

精│講　位置ベクトルの原点 O が定められた平面において, 1点 $\mathrm{P_0}(\overrightarrow{p_0})$ と1つのベクトル $\vec{d}\,(\neq\vec{0})$ が与えられると, 1本の直線 l が決まり, この直線上の点 $\mathrm{P}(\vec{p})$ は,

$$\vec{p}=\vec{p_0}+s\vec{d}\quad[s:実数]\quad\cdots\cdots①$$

と表される. これを直線 l の**ベクトル表示**という. また, **$\vec{d}$ を l の方向ベクトル, s を媒介変数**, あるいは**パラメーター**とよぶ.

実数 s を1つ決めるごとに l 上の点 P の位置が決まるので s は l 上のいわば座標の役割を果たす.

一方, $\vec{p}$ は位置ベクトルであるから, 1次独立なベクトル $\vec{a}$ と $\vec{b}$ が与えられれば, l 上の各点 $\mathrm{P}(\vec{p})$ は, ただ1組の実数 x, y を用いて,

$$\vec{p}=x\vec{a}+y\vec{b}$$

と表される. s で表された①と比較すると, x, y はそれぞれ, s の1次式で表される. とくに, $\mathrm{A}(\vec{a})$, $\mathrm{B}(\vec{b})$ に対し直線 l が

直線 AB のとき, $x+y=1$　（共線条件）

である. これを　**8**　の l で確かめよう. l は①

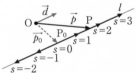

← ①を**ベクトル方程式**と書いてある本が多いようだが適切ではない. 方程式というのは未知数（あるいは未知ベクトル）を含む式のことであり, ①における s は未知数ではない.

①は s を時刻, $\vec{d}$ を速度ベクトルと見れば, **等速直線運動**を表す.

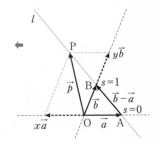

において
$$\vec{p_0}=\overrightarrow{\mathrm{OA}}=\vec{a}, \quad \vec{d}=\overrightarrow{\mathrm{AB}}=\vec{b}-\vec{a}$$
であるから,
$$\vec{p}=\overrightarrow{\mathrm{OP}}=\vec{a}+s(\vec{b}-\vec{a})$$
$$=(1-s)\vec{a}+s\vec{b}$$
$$\therefore \begin{cases} x=1-s \\ y=s \end{cases} \quad \therefore \quad x+y=1$$

解 答

(1) $\overrightarrow{\mathrm{OA}}=\vec{a}, \overrightarrow{\mathrm{OB}}=\vec{b}$ とおくと, O, A, B は同一
直線上にない3点だから $\vec{a}$ と $\vec{b}$ は1次独立で
ある.
$$l:\overrightarrow{\mathrm{OP}}=\overrightarrow{\mathrm{OA}}+s\overrightarrow{\mathrm{AB}}=\vec{a}+s(\vec{b}-\vec{a})$$
$$=(1-s)\vec{a}+s\vec{b} \quad \cdots\cdots ①$$
と表され,
$$\overrightarrow{\mathrm{OC}}=\frac{1}{4}\vec{a}, \quad \overrightarrow{\mathrm{OD}}=\frac{2}{3}\vec{b}$$
$$\overrightarrow{\mathrm{OM}}=\frac{1}{2}(\overrightarrow{\mathrm{OC}}+\overrightarrow{\mathrm{OD}})$$

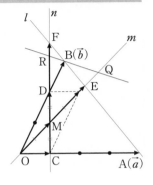

であるから
$$m:\overrightarrow{\mathrm{OQ}}=t\overrightarrow{\mathrm{OM}}=t\cdot\frac{1}{2}(\overrightarrow{\mathrm{OC}}+\overrightarrow{\mathrm{OD}})$$
$$=\frac{t}{2}\left(\frac{1}{4}\vec{a}+\frac{2}{3}\vec{b}\right)$$
$$=\frac{t}{8}\vec{a}+\frac{t}{3}\vec{b} \quad \cdots\cdots ②$$

と表される. E において P=Q であるから①
②より,

$$\begin{cases} 1-s=\dfrac{t}{8} \\ s=\dfrac{t}{3} \end{cases}$$

← $\overrightarrow{\mathrm{OE}}=x\vec{a}+y\vec{b}$
となる実数 x, y はただ1通
りである.

これを解いて $s=\dfrac{8}{11}$, $t=\dfrac{24}{11}$

さらに
$$n:\overrightarrow{\mathrm{OR}}=\overrightarrow{\mathrm{OC}}+u\overrightarrow{\mathrm{CD}}=\overrightarrow{\mathrm{OC}}+u(\overrightarrow{\mathrm{OD}}-\overrightarrow{\mathrm{OC}})$$
$$=(1-u)\overrightarrow{\mathrm{OC}}+u\overrightarrow{\mathrm{OD}}$$
$$=\frac{1-u}{4}\vec{a}+\frac{2u}{3}\vec{b} \quad \cdots\cdots ③$$

と表され，F において P＝R であるから①③より，

$$\begin{cases} 1-s=\dfrac{1-u}{4} \\ s=\dfrac{2u}{3} \end{cases}$$

これを解いて　$s=\dfrac{6}{5},\ u=\dfrac{9}{5}$

(2)　(1)の結果から

$$\mathrm{AE:EB}=\dfrac{8}{11}:\left(1-\dfrac{8}{11}\right)=8:3$$

すなわちEは**線分 AB を 8：3 に内分する点**である.

$$\mathrm{AF:FB}=\dfrac{6}{5}:\left(\dfrac{6}{5}-1\right)=6:1$$

すなわちFは**線分 AB を 6：1 に外分する点**である.

(3)　B, Q, R が一直線上にあるとき，

$$\overrightarrow{\mathrm{BR}}=k\overrightarrow{\mathrm{BQ}}\quad\cdots\cdots(*)$$

となる実数 k が存在する. これを変形すると，

$$\overrightarrow{\mathrm{OR}}-\overrightarrow{\mathrm{OB}}=k(\overrightarrow{\mathrm{OQ}}-\overrightarrow{\mathrm{OB}})$$

$$\dfrac{1-u}{4}\vec{a}+\left(\dfrac{2u}{3}-1\right)\vec{b}=k\left\{\dfrac{t}{8}\vec{a}+\left(\dfrac{t}{3}-1\right)\vec{b}\right\}$$

$$\therefore\ \begin{cases} \dfrac{1-u}{4}=\dfrac{kt}{8} \\ \dfrac{2u-3}{3}=\dfrac{k(t-3)}{3} \end{cases}$$

$$\Longrightarrow\ \begin{cases} 2(1-u)=kt & \cdots\cdots④ \\ 2u-3=k(t-3) & \cdots\cdots⑤ \end{cases}$$

④－⑤：$-4u+5=3k$　　　$\cdots\cdots⑥$

⑥＋⑤×2：$-1=k(2t-3)$　$\cdots\cdots⑦$

$$-4u+5=\dfrac{-3}{2t-3}\ (=3k)\quad\cdots\cdots⑧$$

$$\therefore\ u=\dfrac{5t-6}{2(2t-3)}\quad\quad\cdots\cdots⑨$$

　次に，Q, B, R がこの順に並ぶのは，$(*)$において $\overrightarrow{\mathrm{BR}}$ と $\overrightarrow{\mathrm{BQ}}$ が反対向き，すなわち $k<0$ のときだから⑥⑦より，

$$-4u+5<0,\ 2t-3>0$$

← パラメーター s の意味を考えよう.

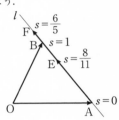

← $\vec{a},\ \vec{b}$ の 1 次独立性.

問題文は，「B, Q, R が一直線上にあるとき，u を t で表せ」ということだから逆（十分性）を確認する必要はないが，⑨のとき⑧であり，

$3k=-4u+5=\dfrac{-3}{2t-3}$ とおけ

← ば，⑥⑦が得られ，

$\dfrac{⑥＋⑦}{2}$ から④

$\dfrac{⑥－⑦}{2}$ から⑤

が導かれるから結果$(*)$をみたす実数 k の存在が示される.

よって，求める範囲は，

$$\frac{5}{4} < u, \quad \frac{3}{2} < t$$

注 ⑨は $u - \frac{5}{4} = \frac{3}{4(2t-3)}$ と変形できるから

$$\frac{5}{4} < u \iff \frac{3}{2} < t$$

である．

講究 B，Q，R が一直線上に並ぶとき，Q，R は，定点 B を通る直線 g と2直線 m，n との交点である．点 B を回転軸の中心として g を回転させ，本問の図形的意味を考えてみよう．g が n に平行なときの g を g_0 とし，この状態から g を反時計回りに回転させ，m に平行になるときの g を g_1 とする．解答中の計算から

$$\overrightarrow{BQ} = \frac{t}{8}\vec{a} + \frac{t-3}{3}\vec{b}$$

$$\overrightarrow{BR} = \frac{1-u}{4}\vec{a} + \frac{2u-3}{3}\vec{b}$$

であったから，

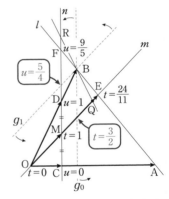

$g = g_0$ すなわち $\overrightarrow{BQ} /\!/ \overrightarrow{CD} = -\frac{1}{4}\vec{a} + \frac{2}{3}\vec{b}$

のとき，

$$\frac{t}{8} : \frac{t-3}{3} = -\frac{1}{4} : \frac{2}{3}$$

$$-\frac{t-3}{12} = \frac{t}{12} \quad \therefore \quad t = \frac{3}{2} \quad \cdots\cdots ⒜$$

ここから g を反時計回りに回転させていくと m 上の点 Q は図の m 上を右上方へ進み，n 上の点 R は図の n 上を下方へ進む．このとき，Q，B，R はこの順に存在して，t は $\frac{3}{2}$ から (∞) へ増加し，u は (∞) から $g = g_1$ となるときの値まで減少する．このときの u の値は，

$$g = g_1 \text{ すなわち } \overrightarrow{BR} /\!/ \overrightarrow{OM} = \frac{1}{8}\vec{a} + \frac{1}{3}\vec{b} \quad \text{より，}$$

$$\frac{1-u}{4} : \frac{2u-3}{3} = \frac{1}{8} : \frac{1}{3}$$

$$\frac{2u-3}{24} = \frac{1-u}{12} \quad \therefore \quad u = \frac{5}{4} \quad \cdots\cdots ⒝$$

⒜⒝が⑶の結果の図形的意味である．

さて，$g = g_1$ の状態から g をさらに回転させると，上図では上から B，R，Q

の順に並び, g が M を通るとき, $t=1$, $u=\dfrac{1}{2}$ でこのとき, R＝Q となる. その後, 図では上から B, Q, R の順に並び $g=g_0$ に戻る. すなわち, 前ページの図で上から

$$\text{B, R, Q} \cdots\cdots \begin{cases} t : (-\infty) \longrightarrow 1 \\[2mm] u : \dfrac{5}{4} \longrightarrow \dfrac{1}{2} \end{cases} \qquad \left(\text{Q=R} \Longleftrightarrow (t,\ u)=\left(1,\ \dfrac{1}{2}\right)\right)$$

$$\text{B, Q, R} \cdots\cdots \begin{cases} t : 1 \longrightarrow \dfrac{3}{2} \\[2mm] u : \dfrac{1}{2} \longrightarrow (-\infty) \end{cases}$$

9 分点公式

三角形 ABC において,

(1) 点Pは条件：$3\overrightarrow{PA}+4\overrightarrow{PB}+5\overrightarrow{PC}=\vec{0}$ をみたしている.

　(i) 直線 AP と BC の交点をQとするとき

　　　　BQ：QC および AP：PQ を求めよ.

　(ii) 面積比 $\triangle$PBC：$\triangle$PCA：$\triangle$PAB を求めよ.

(2) 点Rは条件：$3\overrightarrow{RA}-4\overrightarrow{RB}+5\overrightarrow{RC}=\vec{0}$ をみたしている.

　(i) 直線 AR と BC の交点をTとするとき

　　　　BT：TC および AR：RT を求めよ.

　(ii) 面積比 $\triangle$RBC：$\triangle$RCA：$\triangle$RAB を求めよ.

精講 位置ベクトルの原点Oの定められた平面上に2点 $A(\vec{a})$, $B(\vec{b})$ がある.

線分 AB を $m:n$ に内分する点を $P(\vec{p})$ とすると,

$$\vec{p}=\frac{n\vec{a}+m\vec{b}}{m+n} \quad\cdots\cdots ①$$

線分 AB を $m:n$ に外分する点を $Q(\vec{q})$ とすると,

$$\vec{q}=\frac{-n\vec{a}+m\vec{b}}{m-n} \quad\cdots\cdots ②$$

となる. これを直線 AB のベクトル表示との関係から導いてみよう. 直線 AB 上の点を $X(\vec{x})$ とすると,

　　直線 AB：$\overrightarrow{OX}=\overrightarrow{OA}+t\overrightarrow{AB}$
　　　　　　$[\vec{x}=\vec{a}+t(\vec{b}-\vec{a})$
　　　　　　　$=(1-t)\vec{a}+t\vec{b}]$

であった.

　$X=P$ $(\vec{x}=\vec{p})$ のとき,

　　$m:n=t:(1-t)$, $nt=m(1-t)$

より, $t=\dfrac{m}{m+n}$, $1-t=\dfrac{n}{m+n}$

　よって①を得る.

　$X=Q$ $(\vec{x}=\vec{q})$ のとき,

　　$m:n=t:(t-1)$, $nt=m(t-1)$

$$\underset{A\quad\quad P\quad\quad B}{\overset{m\quad:\quad n}{\rule{3cm}{0pt}}}$$
AP：PB$=m:n$

$$\underset{A\quad\quad B\quad\quad\quad Q}{\overset{m\;:\;n}{\rule{3cm}{0pt}}}$$
AQ：QB$=m:n$ $(m>n)$

$$\underset{Q\quad\quad A\quad\quad\quad B}{\overset{m\;:\;n}{\rule{3cm}{0pt}}}$$
AQ：QB$=m:n$ $(m<n)$

← 公式②は
「Qが AB を $m:n$ に外分」を「Qが AB を $m:(-n)$ に内分」として①を適用すればよいことを示している. QがABの外分点のとき,
　$\overrightarrow{AQ}$ と $\overrightarrow{QB}$ は反対向きである.

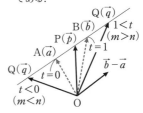

または $m:n=-t:(1-t)$, $-nt=m(1-t)$

いずれにしても

$$t=\frac{m}{m-n}, \quad 1-t=\frac{-n}{m-n}$$

よって②を得る.

解　答

(1) $3\overrightarrow{PA}+4\overrightarrow{PB}+5\overrightarrow{PC}=\vec{0}$ ……(*)

(ⅰ) (*)をAを始点として変形すると,

$$3(-\overrightarrow{AP})+4(\overrightarrow{AB}-\overrightarrow{AP})+5(\overrightarrow{AC}-\overrightarrow{AP})=\vec{0}$$

$$4\overrightarrow{AB}+5\overrightarrow{AC}=12\overrightarrow{AP}$$

$$\therefore \quad \overrightarrow{AP}=\frac{1}{3}\overrightarrow{AB}+\frac{5}{12}\overrightarrow{AC} \quad \text{……①}$$

$$=\frac{3}{4}\cdot\frac{4\overrightarrow{AB}+5\overrightarrow{AC}}{9} \quad \text{……②}$$

②において, $\frac{4}{9}+\frac{5}{9}=1$ であるから, 内分

点の公式により

$$\overrightarrow{AQ}=\frac{4\overrightarrow{AB}+5\overrightarrow{AC}}{9}, \quad \overrightarrow{AP}=\frac{3}{4}\overrightarrow{AQ}$$

である.

$$\therefore \quad BQ:QC=5:4, \quad AP:PQ=3:1$$

(ⅱ) △ABCの面積をSとする. ①の「分解」

に注意する. △PABについて, 辺ABを底

辺として考えると高さは△ABCの$\frac{5}{12}$倍で

あり,

$$\triangle PAB=\frac{5}{12}S$$

同様に, $\triangle PCA=\frac{1}{3}S$

さらに△PBCを, 辺BCを底辺として考

え, ②に注意すると高さは $1-\frac{3}{4}=\frac{1}{4}$ 倍で,

$$\triangle PBC=\frac{1}{4}S$$

$$\therefore \quad \triangle PBC:\triangle PCA:\triangle PAB$$

$$=\frac{1}{4}S:\frac{1}{3}S:\frac{5}{12}S=3:4:5$$

◀問題の要求からベクトルの始点をAにそろえる.

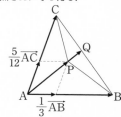

◀分点公式

◀$AC\perp AB$ ではないが高さの

比は $\dfrac{\left|\frac{5}{12}\overrightarrow{AC}\right|}{|\overrightarrow{AC}|}=\dfrac{5}{12}$ である.

◀$\triangle PBC$
$=S-(\triangle PAB+\triangle PCA)$
$=S-\frac{5}{12}S-\frac{1}{3}S=\frac{1}{4}S$
としてもよい.

← 未知の点をベクトルの始点として統一するのは基本的な変形とはいえない.

右端に縦書き：第1章

別解 （i）（＊）をPを始点に変形すると，

$$4\overrightarrow{PB}+5\overrightarrow{PC}=-3\overrightarrow{PA}$$

$$\overrightarrow{AP}=3\cdot\frac{4\overrightarrow{PB}+5\overrightarrow{PC}}{9}$$

$$\overrightarrow{PQ'}=\frac{4\overrightarrow{PB}+5\overrightarrow{PC}}{9},\quad \overrightarrow{AP}=3\overrightarrow{PQ'}$$

とおくと，A, P, Q′ は一直線上にあり，かつ

$\dfrac{4}{9}+\dfrac{5}{9}=1$ であるから Q′＝Q

$$\therefore\quad \text{BQ}:\text{QC}=\mathbf{5}:\mathbf{4},\quad \text{AP}:\text{PQ}=\mathbf{3}:\mathbf{1}$$

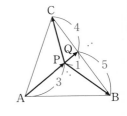

(ii) △ABC＝S とすると，

$$\triangle\text{PBC}=\frac{1}{4}S$$

$$\triangle\text{PCA}=\frac{3}{4}\triangle\text{AQC}=\frac{3}{4}\cdot\frac{4}{9}S=\frac{1}{3}S$$

$$\triangle\text{PAB}=\frac{3}{4}\triangle\text{AQB}=\frac{3}{4}\cdot\frac{5}{9}S=\frac{5}{12}S$$

$$\therefore\quad \triangle\text{PBC}:\triangle\text{PCA}:\triangle\text{PAB}$$

$$=\frac{1}{4}S:\frac{1}{3}S:\frac{5}{12}S=\mathbf{3}:\mathbf{4}:\mathbf{5}$$

(2) $3\overrightarrow{RA}-4\overrightarrow{RB}+5\overrightarrow{RC}=\vec{0}$ ……（＊＊）

(i)（＊＊）をAを始点として変形すると，

$$3(-\overrightarrow{AR})-4(\overrightarrow{AB}-\overrightarrow{AR})+5(\overrightarrow{AC}-\overrightarrow{AR})=\vec{0}$$

$$-4\overrightarrow{AR}=4\overrightarrow{AB}-5\overrightarrow{AC}$$

$$\therefore\quad \overrightarrow{AR}=-\overrightarrow{AB}+\frac{5}{4}\overrightarrow{AC}\qquad ……③$$

$$=\frac{1}{4}\cdot\frac{-4\overrightarrow{AB}+5\overrightarrow{AC}}{5-4}\qquad ……④$$

④において，$\dfrac{-4}{1}+\dfrac{5}{1}=1$ であるから，外

分点の公式により

$$\overrightarrow{AT}=-4\overrightarrow{AB}+5\overrightarrow{AC},\quad \overrightarrow{AR}=\frac{1}{4}\overrightarrow{AT}$$

である.

$$\therefore\quad \text{BT}:\text{TC}=\mathbf{5}:\mathbf{4},\quad \text{AR}:\text{RT}=\mathbf{1}:\mathbf{3}$$

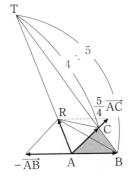

(ii) ③の「分解」に注意して△RAB について，

辺 AB を底辺として考えると高さは△ABC

の $\dfrac{5}{4}$ 倍であり，$\triangle\text{RAB}=\dfrac{5}{4}S$. 同様に

$$\triangle\text{RCA}=S$$

さらに $\triangle$RBC を，辺 BC を底辺として考

え，④に注意すると高さは $1-\dfrac{1}{4}=\dfrac{3}{4}$ 倍で，　　$\leftarrow$ 高さ方向 $\overrightarrow{TR}=\dfrac{3}{4}\overrightarrow{TA}$

$$\triangle RBC=\dfrac{3}{4}S$$

$$\therefore\quad \triangle RBC:\triangle RCA:\triangle RAB$$

$$=\dfrac{3}{4}S:S:\dfrac{5}{4}S=\mathbf{3}:\mathbf{4}:\mathbf{5}$$

[別解]　(i)　(＊＊)を R を始点として変形すると，

$$4\overrightarrow{RB}-5\overrightarrow{RC}=3\overrightarrow{RA}$$

$$\overrightarrow{AR}=\dfrac{1}{3}\cdot\dfrac{-4\overrightarrow{RB}+5\overrightarrow{RC}}{5-4}$$

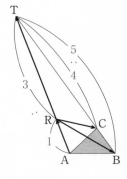

$$\overrightarrow{RT'}=-4\overrightarrow{RB}+5\overrightarrow{RC},\quad \overrightarrow{AR}=\dfrac{1}{3}\overrightarrow{RT'}$$

とおくと，A, R, T′ は一直線上にあり，かつ
$-4+5=1$ であるから　T′＝T

$$\therefore\quad BT:TC=\mathbf{5}:\mathbf{4},\ AR:RT=\mathbf{1}:\mathbf{3}$$

(ii)　$\triangle RBC=\dfrac{3}{4}S$　（底辺＝BC）

$$\triangle RCA=\dfrac{1}{4}\triangle ATC=\dfrac{1}{4}\cdot 4S=S$$

$$\triangle RAB=\dfrac{1}{4}\triangle ATB=\dfrac{1}{4}\cdot 5S=\dfrac{5}{4}S$$

$$\therefore\quad \triangle RBC:\triangle RCA:\triangle RAB$$

$$=\dfrac{3}{4}S:S:\dfrac{5}{4}S=\mathbf{3}:\mathbf{4}:\mathbf{5}$$

講究　三角形の面積比について **9** の一般化を考えよう．$\triangle$ABC に対して点 P が

$$a\overrightarrow{PA}+b\overrightarrow{PB}+c\overrightarrow{PC}=\vec{0}\quad(abc\neq 0)$$

をみたしているとする．

まず，$a>0$，$b>0$，$c>0$ のときを考えると，

$$\overrightarrow{PA}=-\dfrac{b+c}{a}\cdot\dfrac{b\overrightarrow{PB}+c\overrightarrow{PC}}{b+c}$$

と変形できて，点 Q を

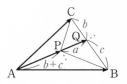

$$\overrightarrow{PQ}=\dfrac{b\overrightarrow{PB}+c\overrightarrow{PC}}{b+c},\quad \overrightarrow{AP}=\dfrac{b+c}{a}\overrightarrow{PQ}$$

をみたす点とすれば，Q は BC を $c:b$ に内分する点，
P は AQ を $(b+c):a$ に内分する点である（右図）．

よって，$\triangle ABC = S$ とすると，

$$\triangle PBC = \frac{a}{a+b+c}S,$$

$$\triangle PCA = \frac{b+c}{a+b+c}\triangle AQC = \frac{b+c}{a+b+c}\cdot\frac{b}{b+c}S = \frac{b}{a+b+c}S$$

$$\triangle PAB = \frac{b+c}{a+b+c}\triangle AQB = \frac{b+c}{a+b+c}\cdot\frac{c}{b+c}S = \frac{c}{a+b+c}S$$

$$\therefore \quad \triangle PBC : \triangle PCA : \triangle PAB$$

$$= \frac{a}{a+b+c}S : \frac{b}{a+b+c}S : \frac{c}{a+b+c}S = a : b : c$$

次に，$a<0$，$b>0$，$c>0$ のときを考えると，上と同様に

$$\overrightarrow{PA} = -\frac{b+c}{a}\cdot\frac{b\overrightarrow{PB}+c\overrightarrow{PC}}{b+c}$$

と変形できて，BC を $c:b$ に内分する点を Q とすれば

$$\overrightarrow{PQ} = \frac{b\overrightarrow{PB}+c\overrightarrow{PC}}{b+c}, \quad \overrightarrow{PA} = \frac{b+c}{-a}\overrightarrow{PQ}$$

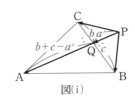

図(i)

となるが $\dfrac{b+c}{-a}>0$ であるから $a'=-a\,(>0)$ と

すると，

$$\frac{b+c}{a'}>1 \Longleftrightarrow a'<b+c \text{ のとき図(i)}$$

$$\frac{b+c}{a'}<1 \Longleftrightarrow a'>b+c \text{ のとき図(ii)}$$

を得る．$\triangle ABC = S$ として，(i)のとき，

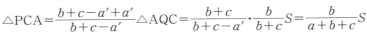

図(ii)

$$\triangle PBC = \frac{a'}{b+c-a'}S = \frac{-a}{a+b+c}S$$

$$\triangle PCA = \frac{b+c-a'+a'}{b+c-a'}\triangle AQC = \frac{b+c}{b+c-a'}\cdot\frac{b}{b+c}S = \frac{b}{a+b+c}S$$

$$\triangle PAB = \frac{b+c-a'+a'}{b+c-a'}\triangle AQB = \frac{b+c}{b+c-a'}\cdot\frac{c}{b+c}S = \frac{c}{a+b+c}S$$

$$\therefore \quad \triangle PBC : \triangle PCA : \triangle PAB = (-a) : b : c$$

(ii)のとき，

$$\triangle PBC = \frac{b+c+a'-b-c}{a'-b-c}S = \frac{-a}{-a-b-c}S$$

$$\triangle PCA = \frac{b+c}{a'-b-c}\triangle AQC = \frac{b+c}{-a-b-c}\cdot\frac{b}{b+c}S = \frac{b}{-a-b-c}S$$

$$\triangle PAB = \frac{b+c}{a'-b-c}\triangle AQB = \frac{b+c}{-a-b-c}\cdot\frac{c}{b+c}S = \frac{c}{-a-b-c}S$$

$$\therefore \quad \triangle PBC : \triangle PCA : \triangle PAB = (-a) : b : c$$

いずれにしても △PBC：△PCA：△PAB＝$(-a):b:c$

同様にして，

$a>0$，$b<0$，$c>0$ のとき，△PBC：△PCA：△PAB＝$a:(-b):c$

$a>0$，$b>0$，$c<0$ のとき，△PBC：△PCA：△PAB＝$a:b:(-c)$

を得る．

さて，△ABC の向きを左回り（→ **27**）と定めておき，△PBC はその向きが △ABC の向きと等しいときその面積 S_1 を，逆向きすなわち右回りのとき $-S_1$ を表すものとする．△PCA，△PAB についても同様であるとすると，a，b，c の符号にかかわらず

$$a\overrightarrow{\mathrm{PA}}+b\overrightarrow{\mathrm{PB}}+c\overrightarrow{\mathrm{PC}}=\vec{0}\ (abc\neq0)\ \text{のとき}$$
$$\triangle\mathrm{PBC}:\triangle\mathrm{PCA}:\triangle\mathrm{PAB}=a:b:c$$

となる．

下図は三角形の向きおよび，3直線 AB，BC，CA で区切られた各領域内（境界は含まない）に点Pがあるときの △PBC，△PCA，△PAB の符号をこの順に記したものである．

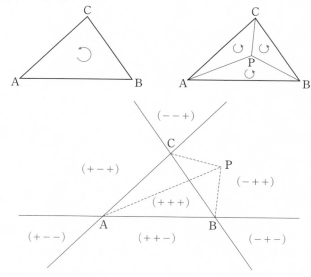

注 $a\overrightarrow{\mathrm{PA}}+b\overrightarrow{\mathrm{PB}}+c\overrightarrow{\mathrm{PC}}=\vec{0} \iff -a\overrightarrow{\mathrm{PA}}-b\overrightarrow{\mathrm{PB}}-c\overrightarrow{\mathrm{PC}}=\vec{0}$ ……（＊）

であるから，たとえば $a<0$，$b<0$，$c>0$ のときは，$a'=-a$，$b'=-b$，$c'=-c$ として

$$(*) \iff a'\overrightarrow{\mathrm{PA}}+b'\overrightarrow{\mathrm{PB}}+c'\overrightarrow{\mathrm{PC}}=\vec{0}\quad(a'>0,\ b'>0,\ c'<0)$$

を考えればよい．

10 角の2等分

三角形 ABC の3辺の長さを，BC$=p$，CA$=q$，AB$=r$ とする．

(1) 辺 BC 上の点Dについて次のことを示せ．

$$「∠DAB=∠DAC \iff BD:DC=r:q」$$

(2) $∠A$，$∠B$ それぞれの2等分線の交点を I とするとき，$\overrightarrow{AI}$ を $\overrightarrow{AB}$ と $\overrightarrow{AC}$ および p, q, r を用いて表せ．また，直線 CI は $∠C$ を2等分することを示せ．この**点 I を三角形 ABC の内心**という．

(3) 任意の点Oに対する3点 A，B，C の位置ベクトルを $\vec{a}$, $\vec{b}$, $\vec{c}$ とすると，

$$\overrightarrow{OI}=\frac{p\vec{a}+q\vec{b}+r\vec{c}}{p+q+r}$$

となることを示せ．

精講　ベクトルを用いて「角の2等分」を扱うには，ひし形の対角線がその内角を2等分することを利用するとよい．たとえば右図ひし形 ABCD において，

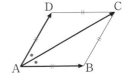

$$△ABC≡△ADC （3辺相等）$$

であるから $∠CAB=∠CAD$，すなわち $\overrightarrow{AC}$ は，$∠A$ を2等分している．ここで，$|\overrightarrow{AB}|=|\overrightarrow{AD}|$ であることが本質的で，問題を解くのに応用する際，ベクトルの大きさを1にそろえる必要はない．下図を参照されたい．

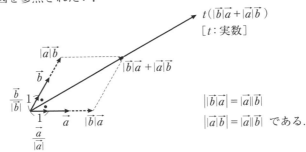

$$|\vec{b}|\vec{a} = |\vec{a}||\vec{b}|$$
$$|\vec{a}|\vec{b} = |\vec{a}||\vec{b}| \quad である．$$

さて，(2)における $∠A$ の2等分線 AI は，2直線 AB，AC への距離が等しい点の軌跡（の一部）でもある．右図 AI 上の点Pから2辺 AB へおろした垂線の足をそれぞれ H，K とすれば，

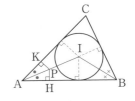

　　　　△PAH≡△PAK　（2角夾辺）
より，PH＝PK である．
　　同様に∠Bの2等分線BI は，2直線 BA，BC への距離が等しい点の軌跡で，
これらの交点 I からは，3辺 AB，BC，CA への距離が等しい．したがってこ
れらの交点 I を中心にこの距離を半径に円を描けばこの円は3辺に接する．こ
の円を △ABC の内接円，その中心 I を内心という．

解　答

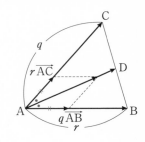

(1)　∠DAB＝∠DAC であるとする．このとき，
$$|q\overrightarrow{AB}|=q|\overrightarrow{AB}|=qr$$
$$|r\overrightarrow{AC}|=r|\overrightarrow{AC}|=rq=qr$$
であるから，
$$\overrightarrow{AD}=t(q\overrightarrow{AB}+r\overrightarrow{AC})\quad[t：実数]$$
とおくことができる（ひし形の対角線）．
　　一方，点Dは辺BC上の点だから，
$$tq+tr=1,\quad t=\frac{1}{q+r}$$
$$\overrightarrow{AD}=\frac{q\overrightarrow{AB}+r\overrightarrow{AC}}{r+q}$$
分点公式により，BD：DC＝r：q である．　　　　←ここまで ⟶) の証明
　　逆に，BD：DC＝r：q であるとする．この　　　←ここから ⟵) の証明
とき，分点公式により，
$$\overrightarrow{AD}=\frac{q\overrightarrow{AB}+r\overrightarrow{AC}}{r+q}$$
である．この式において，
$$|q\overrightarrow{AB}|=q|\overrightarrow{AB}|=qr$$
$$|r\overrightarrow{AC}|=r|\overrightarrow{AC}|=rq=qr$$
であるから，A を始点とするベクトル
$$q\overrightarrow{AB}+r\overrightarrow{AC}$$
　　　　　　　　　　　　　　　　　　　　　　　　←"ひし形の対角線"
は，∠BAC を2等分する向きである．$\overrightarrow{AD}$ は　　←$\frac{1}{r+q}>0$ である．
その正数倍であるから同様に∠BAC を2等分
し，
　　　　∠DAB＝∠DAC
である．
(2)　BD：DC＝r：q であるから
$$BD=\frac{r}{r+q}p$$

BIは∠Bの2等分線だから△BDAに(1)の
結果を用いて,

$$\text{AI} : \text{ID} = \text{BA} : \text{BD} = r : \frac{rp}{r+q}$$

$$= (r+q) : p$$

$$\therefore \quad \overrightarrow{\text{AI}} = \frac{\text{AI}}{\text{AD}}\overrightarrow{\text{AD}} = \frac{r+q}{r+q+p}\overrightarrow{\text{AD}}$$

$$= \frac{q+r}{p+q+r} \cdot \frac{q\overrightarrow{\text{AB}}+r\overrightarrow{\text{AC}}}{r+q}$$

$$= \frac{q\overrightarrow{\text{AB}}+r\overrightarrow{\text{AC}}}{p+q+r} \quad \cdots\cdots (\ast)$$

さらにこの結果を点Cを始点に書き換えると,

$$\overrightarrow{\text{CI}} - \overrightarrow{\text{CA}} = \frac{q(\overrightarrow{\text{CB}}-\overrightarrow{\text{CA}})-r\overrightarrow{\text{CA}}}{p+q+r}$$

$$\therefore \quad \overrightarrow{\text{CI}} = \frac{p\overrightarrow{\text{CA}}+q\overrightarrow{\text{CB}}}{p+q+r}$$

ここで,

$$|p\overrightarrow{\text{CA}}| = p|\overrightarrow{\text{CA}}| = pq = |q\overrightarrow{\text{CB}}|$$

であるから直線CIは∠Cを2等分する.

(3) $(\ast)$を点Oを始点に書き換えると,

$$\overrightarrow{\text{OI}} - \overrightarrow{\text{OA}} = \frac{q(\overrightarrow{\text{OB}}-\overrightarrow{\text{OA}})+r(\overrightarrow{\text{OC}}-\overrightarrow{\text{OA}})}{p+q+r}$$

$$\therefore \quad \overrightarrow{\text{OI}} = \frac{p\vec{a}+q\vec{b}+r\vec{c}}{p+q+r}$$

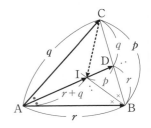

◀ $\overrightarrow{\text{CI}}$ がCを頂点にもつ1つの
ひし形の対角線と同じ向きで
あることを示せばよい.

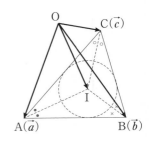

注 (1)(2)で, 三角形ABCの3つの角の2等分線
は1点Iで交わり, $\overrightarrow{\text{AI}}$ が$(\ast)$のように表され
ることが示された. これは, **6** と同様に次の
ようにしてもよい.

∠A, ∠B, ∠Cの2等分線上の点をそれぞ
れP, Q, Rとすると, s, t, u を実数として,

$$\overrightarrow{\text{AP}} = s(q\overrightarrow{\text{AB}}+r\overrightarrow{\text{AC}}) \quad \cdots\cdots ①$$

$$\overrightarrow{\text{BQ}} = t(r\overrightarrow{\text{BC}}+p\overrightarrow{\text{BA}}) \quad \cdots\cdots ②$$

$$\overrightarrow{\text{CR}} = u(p\overrightarrow{\text{CA}}+q\overrightarrow{\text{CB}}) \quad \cdots\cdots ③$$

とおける.

②: $\overrightarrow{\text{AQ}} - \overrightarrow{\text{AB}} = t\{r(\overrightarrow{\text{AC}}-\overrightarrow{\text{AB}})-p\overrightarrow{\text{AB}})\}$

より,

$$\overrightarrow{\text{AQ}} = \{1-t(r+p)\}\overrightarrow{\text{AB}}+tr\overrightarrow{\text{AC}} \cdots\cdots ②'$$

③: $\overrightarrow{\text{AR}} - \overrightarrow{\text{AC}} = u\{-p\overrightarrow{\text{AC}}+q(\overrightarrow{\text{AB}}-\overrightarrow{\text{AC}})\}$

より,
$$\overrightarrow{AR}=uq\overrightarrow{AB}+\{1-u(p+q)\}\overrightarrow{AC} \quad \cdots \text{③}'$$
$\overrightarrow{AB}$ と $\overrightarrow{AC}$ は1次独立であるから①②′③′より,

$$P=Q=R \Longleftrightarrow \begin{cases} sq=1-t(r+p)=uq & \leftarrow \overrightarrow{AB} \text{ の係数} \\ sr=tr=1-u(p+q) & \leftarrow \overrightarrow{AC} \text{ の係数} \end{cases}$$

$s=t=u=\dfrac{1}{p+q+r}$ はこの2式をともにみ

たす.

　よって，△ABC の3つの角の2等分線は1
点 I（=P=Q=R）で交わり,
$$\overrightarrow{AI}=\frac{q\overrightarrow{AB}+r\overrightarrow{AC}}{p+q+r}$$

となる.

講 究　△ABC の1つの内角の2等分線と，他の2頂点における外角の2
　　　　等分線は1点で交わる．この点を △ABC の傍心という．傍心は3
つあり，これら各点を中心として3直線に接する円が存在し，これらを傍接円

という．∠A，∠B，∠C 内の傍心をそ
れぞれ J，K，L として，これらの位置ベ
クトルを求めよう．**注** と同様に，∠A,
∠B の外角，∠C の外角の2等分線上の
点をそれぞれ J_1, J_2, J_3 とすると，k, l,
m を実数として

$$\overrightarrow{AJ_1}=k(q\overrightarrow{AB}+r\overrightarrow{AC}) \quad \cdots\cdots \text{④}$$
$$\overrightarrow{BJ_2}=l(p\overrightarrow{AB}+r\overrightarrow{BC}) \quad \cdots\cdots \text{⑤}$$
$$\overrightarrow{CJ_3}=m(q\overrightarrow{CB}+p\overrightarrow{AC}) \quad \cdots\cdots \text{⑥}$$

とおける.

　⑤：$\overrightarrow{AJ_2}-\overrightarrow{AB}=l\{p\overrightarrow{AB}+r(\overrightarrow{AC}-\overrightarrow{AB})\}$
より,
$$\overrightarrow{AJ_2}=\{1+l(p-r)\}\overrightarrow{AB}+lr\overrightarrow{AC}$$
$$\cdots\cdots \text{⑤}'$$

　⑥：$\overrightarrow{AJ_3}-\overrightarrow{AC}=m\{q(\overrightarrow{AB}-\overrightarrow{AC})+p\overrightarrow{AC}\}$ より,
$$\overrightarrow{AJ_3}=mq\overrightarrow{AB}+\{1+m(p-q)\}\overrightarrow{AC} \quad \cdots\cdots \text{⑥}'$$
$\overrightarrow{AB}$ と $\overrightarrow{AC}$ は1次独立であるから,

$$J_1=J_2=J_3 \Longleftrightarrow \begin{cases} kq=1+l(p-r)=mq & (\overrightarrow{AB} \text{ の係数}) \\ kr=lr=1+m(p-q) & (\overrightarrow{AC} \text{ の係数}) \end{cases}$$

$k=l=m=\dfrac{1}{-p+q+r}$ はこの2式をともにみたす.

よって，∠A の 2 等分線，∠B および ∠C の外角の 2 等分線は 1 点 J
（=J_1=J_2=J_3）で交わり，

$$\overrightarrow{AJ} = \frac{q\overrightarrow{AB} + r\overrightarrow{AC}}{-p+q+r} \qquad (p < q+r)$$

となる．さらに原点 O に関する位置ベクトルを，A($\vec{a}$), B($\vec{b}$), C($\vec{c}$) とすれば

$$\overrightarrow{OJ} - \overrightarrow{OA} = \frac{q(\overrightarrow{OB} - \overrightarrow{OA}) + r(\overrightarrow{OC} - \overrightarrow{OA})}{-p+q+r}$$

$$\therefore \quad \overrightarrow{OJ} = \frac{-p\vec{a} + q\vec{b} + r\vec{c}}{-p+q+r}$$

同様に，$\overrightarrow{OK} = \dfrac{p\vec{a} - q\vec{b} + r\vec{c}}{p-q+r}$, $\overrightarrow{OL} = \dfrac{p\vec{a} + q\vec{b} - r\vec{c}}{p+q-r}$ となる．さらに，

$$(-p+q+r)\overrightarrow{OJ} = -p\vec{a} + q\vec{b} + r\vec{c}$$
$$(p-q+r)\overrightarrow{OK} = p\vec{a} - q\vec{b} + r\vec{c}$$
$$(p+q-r)\overrightarrow{OL} = p\vec{a} + q\vec{b} - r\vec{c}$$

を辺々ごとに加えて，

$$(-p+q+r)\overrightarrow{OJ} + (p-q+r)\overrightarrow{OK} + (p+q-r)\overrightarrow{OL} = p\vec{a} + q\vec{b} + r\vec{c}$$

両辺を $p+q+r$ で割って，

$$\overrightarrow{OI} = \frac{(-p+q+r)\overrightarrow{OJ} + (p-q+r)\overrightarrow{OK} + (p+q-r)\overrightarrow{OL}}{p+q+r}$$

すなわち，内心 I の位置ベクトルが 3 つの傍心の位置ベクトルを用いて表された．

11 斜交座標 (1)

平面上に同一直線上にない3点 O, A, B があり, この平面上の点 P が

$$\overrightarrow{OP}=s\overrightarrow{OA}+t\overrightarrow{OB} \quad [s, \ t : 実数]$$

と表されている. また2点 P_1, P_2 が次のように与えられている.

$$\overrightarrow{OP_1}=9\overrightarrow{OA}-2\overrightarrow{OB}, \quad \overrightarrow{OP_2}=-9\overrightarrow{OA}+10\overrightarrow{OB}$$

(1) 点 P が直線 P_1P_2 上にあるときの s と t の関係式 (直線 P_1P_2 の方程式) を

$$(s と t の 1 次式)=0$$

のなるべく簡単な式で表せ.

(2) 直線 P_1P_2 と2直線 OA, OB との交点をそれぞれ A_1, B_1 とする. 線分比 $P_1A_1 : A_1B_1 : B_1P_2$ を求めよ.

(3) P_2 が直線 AB 上にあることを示し, P_2 が線分 AB をどのような比に分ける点であるかを答えよ. また, 直線 AB と直線 OP_1 の交点を Q とするとき, Q が線分 AB をどのような比に分ける点であるかを答えよ.

精 講　直線 l 上に異なる2点 O, A を固定すると l 上の任意の点 P は,

$$\overrightarrow{OP}=r\overrightarrow{OA} \quad [r : 実数]$$

と表され, **実数 r の値によって l 上の点 P の位置が確定する**. すなわちこの (r) は l 上の座標の役割を果たす. 例として実数直線上で実数 0, 1 が表す点 O, E を固定すると, これらの点の座標は (0), (1) で (x 軸しかないので座標成分は1つである) 実数 x が表す点 P は,

$$\overrightarrow{OP}=x\overrightarrow{OE}$$

と表され, $\overrightarrow{OE}$ の係数 (x) が点 P の座標である.

次に, 平面 α 上においても同一直線上にない3点 O, A, B が与えられると, $\overrightarrow{OA}$ と $\overrightarrow{OB}$ は1次独立だからこの平面上の任意の点 P は,

$$\overrightarrow{OP}=s\overrightarrow{OA}+t\overrightarrow{OB} \quad [s, \ t : 実数]$$

と表され, **実数 s, t の値の組によって α 上の点 P の位置が確定する**. すなわちこの $(s, \ t)$ は α 上の座標の役割を果たす. 直線 OA が s 軸, 直線 OB が t 軸である. 例として, 直交座標平面 (xy 平面) 上で, $E_1(1, 0)$, $E_2(0, 1)$ を固定す

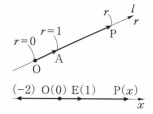

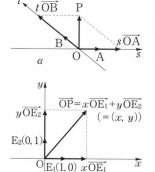

ると点 $P(x, y)$ は,
$$\overrightarrow{OP} = x\overrightarrow{OE_1} + y\overrightarrow{OE_2}$$
と表され, $\overrightarrow{OE_1}$ と $\overrightarrow{OE_2}$ の係数の組 (x, y) が点 P の座標である.

　一般に, 平面 α 上における s 軸 (直線 OA), t 軸 (直線 OB) は必ずしも直交していないので, **座標 (s, t) は斜交座標**と呼ばれる. また基底となっているベクトル $\overrightarrow{OA}$ と $\overrightarrow{OB}$ それぞれの長さも一般には異なる. したがって, 面積や角度について, 座標 (s, t) を通常の直交座標と全く同じように扱うことはできないが, 直線の方程式, 2 直線の交点や平行条件, 線分比, 1 次不等式で表された領域などを扱う分には同様の計算が可能である.

　・斜交座標は, 直交座標の一般化
　・直交座標は, 斜交座標の一つの例
である. なお,
$$|\overrightarrow{OA}| = |\overrightarrow{OB}| = 1, \quad \overrightarrow{OA} \perp \overrightarrow{OB}$$
であるならば (s, t) は通常の直交座標と全く同じに扱ってよい. このとき, $\{O ; \overrightarrow{OA}, \overrightarrow{OB}\}$ を**正規直交基底**という.

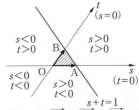

$P(s, t)$ $(\overrightarrow{OP} = s\overrightarrow{OA} + t\overrightarrow{OB})$ が △OAB の周および内部にある条件は,
$$s \geqq 0, \ t \geqq 0, \ s + t \leqq 1$$

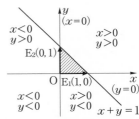

△OE_1E_2 の周および内部を表す不等式は,
$$x \geqq 0, \ y \geqq 0, \ x + y \leqq 1$$

解　答

(1)　直線 P_1P_2 の方程式を
$$as + bt + c = 0 \quad [(a, b) \neq (0, 0)]$$
とおくと, この直線が P_1 を通ることから
$$9a - 2b + c = 0 \quad \cdots\cdots ①$$
P_2 を通ることから
$$-9a + 10b + c = 0 \quad \cdots\cdots ②$$
①＋②：$8b + 2c = 0, \ c = -4b$
①へ代入して,
$$9a - 2b - 4b = 0, \ a = \frac{2}{3}b \ (\neq 0)$$
$$\therefore \quad a : b : c = \frac{2}{3}b : b : (-4b)$$
$$= 2 : 3 : (-12)$$
求める関係式は,

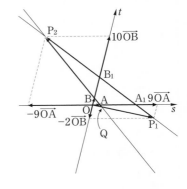

$$2s+3t-12=0 \quad \cdots\cdots (*)$$

(2) 各点の s 座標を考えればよい. P_1 の s 座標は
9, P_2 の s 座標は -9 である. A_1 の s 座標は
($*$) で $t=0$ として $s=6$　　B_1 の s 座標は0

$$\therefore \quad P_1A_1 : A_1B_1 : B_1P_2$$
$$= (9-6) : (6-0) : \{0-(-9)\}$$
$$= 1 : 2 : 3$$

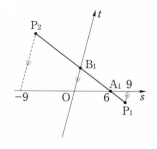

注 もちろん t 座標で考えてもよい. t 座標は,
$P_1\cdots -2$, $A_1\cdots 0$, $B_1\cdots 4$, $P_2\cdots 10$ だから
$$P_1A_1 : A_1B_1 : B_1P_2$$
$$= \{0-(-2)\} : (4-0) : (10-4) = 1 : 2 : 3$$

(3) 点Pが
$$\overrightarrow{OP} = s\overrightarrow{OA} + t\overrightarrow{OB} \quad \cdots\cdots (*)'$$
と表されているとき,
「点Pが直線 AB 上」 $\Longleftrightarrow$ $s+t=1$ $\quad\cdots\cdots$ ③

$\Leftarrow$ (s, t) は
基底 $\{O; \overrightarrow{OA}, \overrightarrow{OB}\}$ における
座標.

であるが
$$\overrightarrow{OP_2} = -9\overrightarrow{OA} + 10\overrightarrow{OB}$$
は, $-9+10=1$ より③をみたすから P_2 は直線
AB 上にある. また,
$$\overrightarrow{OP_2} = \frac{-9\overrightarrow{OA} + 10\overrightarrow{OB}}{10-9}$$

$\Leftarrow$ 分点公式

と書けるから

　　P_2 は線分 AB を 10:9 に外分する点

である. 次に直線 OP_1 は $[(s, t)=]$ $(0, 0)$ と
$(9, -2)$ を通るから, この直線上の点Pが ($*$)'
の形に表されているとき,
$$2s+9t=0 \quad \cdots\cdots ④$$

$\Leftarrow$ $(s, t)=(0, 0)$ と $(9, -2)$ が
みたす s, t の1次方程式.

である. 連立方程式:③④を解くと

$\Leftarrow$ Qの座標 (s, t) を求める.

$$s = \frac{9}{7}, \quad t = -\frac{2}{7}$$

$$\therefore \quad \overrightarrow{OQ} = \frac{9\overrightarrow{OA} - 2\overrightarrow{OB}}{9-2} = \frac{-9\overrightarrow{OA} + 2\overrightarrow{OB}}{2-9}$$

　　Qは線分 AB を 2:9 に外分する点

である.

別解 (1) 直線 P_1P_2 上の点Pは,
$$\overrightarrow{OP} = \overrightarrow{OP_1} + u\overrightarrow{P_1P_2} \quad [u : 実数]$$
$$= (1-u)\overrightarrow{OP_1} + u\overrightarrow{OP_2}$$
$$= (1-u)(9\overrightarrow{OA} - 2\overrightarrow{OB}) + u(-9\overrightarrow{OA} + 10\overrightarrow{OB})$$

$\Leftarrow$ 直線 P_1P_2 のベクトル表示.

$$=(9-18u)\overrightarrow{\text{OA}}+(-2+12u)\overrightarrow{\text{OB}}$$

と書けるから,

$$\overrightarrow{\text{OP}}=s\overrightarrow{\text{OA}}+t\overrightarrow{\text{OB}}$$

のとき, $\overrightarrow{\text{OA}}$ と $\overrightarrow{\text{OB}}$ の1次独立性から,

$$\begin{cases} s=9-18u & \cdots\cdots ⑤ \\ t=-2+12u & \cdots\cdots ⑥ \end{cases}$$

⑤×2+⑥×3 : $2s+3t=12$

求める関係式は, $\boldsymbol{2s+3t-12=0}$

(2) $\text{P}=\text{P}_1$ のとき $u=0$, $\text{P}=\text{P}_2$ のとき $u=1$ で

$\text{P}=\text{A}_1$ のとき, $t=-2+12u=0$ から $u=\dfrac{1}{6}$

$\text{P}=\text{B}_1$ のとき, $s=9-18u=0$ から $u=\dfrac{1}{2}$

である.

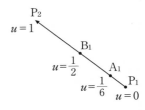

$$\therefore\quad \text{P}_1\text{A}_1:\text{A}_1\text{B}_1:\text{B}_1\text{P}_2$$
$$=\frac{1}{6}:\left(\frac{1}{2}-\frac{1}{6}\right):\left(1-\frac{1}{2}\right)=\boldsymbol{1:2:3}$$

(3) $\overrightarrow{\text{OP}_2}=-9\overrightarrow{\text{OA}}+10\overrightarrow{\text{OB}}=10(\overrightarrow{\text{OB}}-\overrightarrow{\text{OA}})+\overrightarrow{\text{OA}}$
$$=\overrightarrow{\text{OA}}+10\overrightarrow{\text{AB}}$$

◀ 分点公式によらず, パラメーターの意味を考える.

と変形できるから, P_2 は点Aを通って $\overrightarrow{\text{AB}}$ を
方向ベクトルとする直線, すなわち直線 AB 上
にあって,

$$\text{AP}_2:\text{P}_2\text{B}=10:(10-1)=10:9$$

P_2 は線分 AB を 10:9 に外分する点である.

次に,

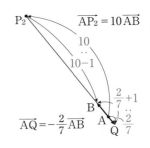

$$\overrightarrow{\text{OQ}}=\overrightarrow{\text{OA}}+w\overrightarrow{\text{AB}}\quad[w:実数]$$
$$=(1-w)\overrightarrow{\text{OA}}+w\overrightarrow{\text{OB}}$$
$$\overrightarrow{\text{OQ}}=k\overrightarrow{\text{OP}_1}\quad[k:実数]$$
$$=k(9\overrightarrow{\text{OA}}-2\overrightarrow{\text{OB}})$$

とおけて, $\overrightarrow{\text{OA}}$ と $\overrightarrow{\text{OB}}$ の1次独立性から

$$\begin{cases} 1-w=9k \\ w=-2k \end{cases}$$

これを解いて

$$k=\frac{1}{7},\quad w=-\frac{2}{7}$$

$$\therefore\quad \text{AQ}:\text{QB}=\frac{2}{7}:\left(1+\frac{2}{7}\right)=2:9$$

Qは線分 AB を 2:9 に外分する点である.

講究 1次独立なベクトル $\overrightarrow{OA}$ と $\overrightarrow{OB}$, すなわち, 基底 $\{O\,;\overrightarrow{OA},\ \overrightarrow{OB}\}$ によって決まる斜交座標 $(s,\ t)$ による直線の方程式:

$$l : as + bt + c = 0 \quad [(a,\ b) \neq (0,\ 0)]$$

を考えよう. s と t は平面 OAB 上の点 P の位置ベクトル $\overrightarrow{OP}$ の係数である:

$$\overrightarrow{OP} = s\overrightarrow{OA} + t\overrightarrow{OB}$$

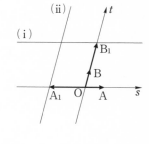

(ⅰ)　$a = 0$ のとき, $b \neq 0$ で,

$$l : bt + c = 0, \quad t = -\frac{c}{b}$$

$$\overrightarrow{OP} = s\overrightarrow{OA} - \frac{c}{b}\overrightarrow{OB} \quad \cdots\cdots ⑦$$

s についての条件はないから s は任意で, このとき l は, $\overrightarrow{OB_1} = -\dfrac{c}{b}\overrightarrow{OB}$ をみたす点 B_1 を通って s 軸 (直線 OA) に平行な直線を表す.

(ⅱ)　$b = 0$ のとき, $a \neq 0$ で,

$$l : as + c = 0, \quad s = -\frac{c}{a}$$

$$\overrightarrow{OP} = -\frac{c}{a}\overrightarrow{OA} + t\overrightarrow{OB} \quad \cdots\cdots ④$$

t についての条件はないから t は任意で, このとき l は, $\overrightarrow{OA_1} = -\dfrac{c}{a}\overrightarrow{OA}$ をみたす点 A_1 を通って t 軸 (直線 OB) に平行な直線を表す.

(ⅲ)　$ab \neq 0$ のとき,

$$l : t = -\frac{a}{b}s - \frac{c}{b}$$

であるから

$$\overrightarrow{OP} = s\overrightarrow{OA} + \left(-\frac{a}{b}s - \frac{c}{b}\right)\overrightarrow{OB}$$

$$= -\frac{c}{b}\overrightarrow{OB} + s\left(\overrightarrow{OA} - \frac{a}{b}\overrightarrow{OB}\right) \quad \cdots\cdots ⑤$$

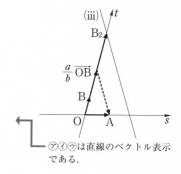

これは, $\overrightarrow{OB_2} = -\dfrac{c}{b}\overrightarrow{OB}$ をみたす点 B_2 を通って, $\overrightarrow{OA} - \dfrac{a}{b}\overrightarrow{OB}$ に平行な直線を表す.

⑦④⑤は直線のベクトル表示である.

　(ⅲ)における方向ベクトル $\overrightarrow{OA} - \dfrac{a}{b}\overrightarrow{OB}$ が "傾き" $-\dfrac{a}{b}$ によって決まることに注意すると, $l_1 : a_1 s + b_1 t + c_1 = 0,\ l_2 : a_2 s + b_2 t + c_2 = 0$ に対して, $l_1 /\!/ l_2 \iff a_1 : b_1 = a_2 : b_2$ である.

12 斜交座標 (2)

平面上に三角形 OAB があり，その面積を S とする．この平面上の点 P が，

$$\overrightarrow{\mathrm{OP}} = s\overrightarrow{\mathrm{OA}} + t\overrightarrow{\mathrm{OB}} \quad [s,\ t：実数]$$

と表されているとき以下の問いに答えよ．

(1) 点 P が不等式：$s \geqq 0,\ t \geqq 0,\ 2s + 3t \leqq 10$

をみたすとき，P の存在範囲を図示し，その面積 S_0 を S を用いて表せ．

(2) 点 P が不等式：$(s-2)(t-2) \geqq 0,\ 10 - k \leqq 2s + 3t \leqq 10 + k \quad [k > 0]$

をみたすとき，P の存在範囲の面積を S_k とする．$S_k = S_0$ となるような k の値を求めよ．

精講 点 P が本問のような形で表されているとき，この平面上の直線は s と t の 1 次方程式

$$as + bt + c = 0 \quad [(a,\ b) \neq (0,\ 0)]$$

で表されることを **11** で見た．ここでは直線を境界にもつ領域を考えよう．

(i) $s > s_0 \quad [s_0：定数] \quad \cdots\cdots ①$

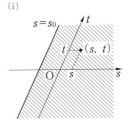

で表される領域は，直線：$s = s_0$ が t 軸に平行な直線であることから点 (s, t) が①をみたすのは，右図において (s, t) が斜線部分（境界は含まない）にあるときである．同様に不等式：$s < s_0$ が表す領域は直線：$s = s_0$ の反対側（左側）である．

(ii) $t > t_0 \quad [t_0：定数] \quad \cdots\cdots ②$

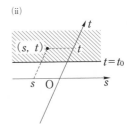

(i)と同様に考えて②で表される領域は右図斜線部分（境界は含まない）である．また，不等式：$t < t_0$ が表す領域は直線：$t = t_0$ の反対側（下側）である．

(iii) $t > ks + l \quad [k,\ l：定数] \quad \cdots\cdots ③$

直線：$t = ks + l$ は t 軸に平行でないからこの直線によってこの平面は（上側）と（下側）に分けられる．点 (s, t) が③をみたすのは，次ページの右図からもわかるように (s, t) がこの直線の（上側）にあるときである．すなわち③で表

される領域は右図斜線部分（境界は含まない）である．同様に不等式：$t<ks+l$ が表す領域は直線 $t=ks+l$ の"下側"である．

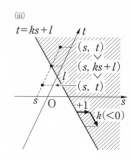

(iii)

注 直線：$as+bt+c=0$ は，$s=s_0$，$t=t_0$，$t=ks+l$ のいずれかの形に変形できるが，第3の式は，$k=0$ のとき $t=l$ となり第2の式の形になる．したがって第2の式の場合は第3の式の場合に含められる．s 軸，t 軸についてはどちらが「縦軸」でどちらが「横軸」かという決まりはない．ここでは s 軸を「横軸」に，t 軸を「縦軸」にとったまでであり，それに従って（左側）とか（上側）とかの表現を用いている．s と t は"対等"であることを意識してあえて3つの場合に分けて説明した．また学校数学では，最初に1次関数のグラフとしての直線 $y=ax+b$ を扱うので直線 $t=ks+l$ の形を取り上げた．要は，1次独立なベクトル $\overrightarrow{OA}$，$\overrightarrow{OB}$ が与えられた平面における斜交座標 (s, t) においても平面は $f(s, t)=as+bt+c$ として，

$$f(s, t)=0, \quad f(s, t)<0, \quad f(s, t)>0$$

の3つの部分に分けられる，ということである．

解 答

(1) 直線 OA の $\overrightarrow{OA}$ を正の向きに s 軸を，直線 OB の $\overrightarrow{OB}$ を正の向きに t 軸を，右図のようにとると，$s\geqq0$ は t 軸の右側，$t\geqq0$ は s 軸の上側を表し，$2s+3t\leqq10$ は原点 $(0, 0)$ が

$$2\cdot0+3\cdot0\leqq10$$

をみたすことから直線：$2s+3t=10$ ……①
の原点を含む側を表す．直線①は，

$$A_0(5, 0), \quad B_0\left(0, \frac{10}{3}\right)$$

を通ることからPの存在範囲は**右図斜線部分（境界を含む）**である．また，

$$S_0=\triangle OA_0B_0=\frac{1}{2}|\overrightarrow{OA_0}||\overrightarrow{OB_0}|\sin\angle AOB$$

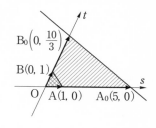

← 直線は2点で決まる．

← $\overrightarrow{OA_0}=5\overrightarrow{OA}$，
$\overrightarrow{OB_0}=\dfrac{10}{3}\overrightarrow{OB}$ である．

$$= \frac{1}{2} \cdot 5|\overrightarrow{\mathrm{OA}}| \cdot \frac{10}{3}|\overrightarrow{\mathrm{OB}}| \sin \angle \mathrm{AOB}$$

$$= \frac{50}{3} \cdot \frac{1}{2}|\overrightarrow{\mathrm{OA}}\|\overrightarrow{\mathrm{OB}}| \sin \angle \mathrm{AOB} = \frac{50}{3}S$$

(2) $(s-2)(t-2) \geqq 0$

$\Longleftrightarrow \begin{cases} s-2 \geqq 0 \\ t-2 \geqq 0 \end{cases}$ または $\begin{cases} s-2 \leqq 0 \\ t-2 \leqq 0 \end{cases}$

$\Longleftrightarrow [s \geqq 2 \text{ かつ } t \geqq 2]$ または
$[s \leqq 2 \text{ かつ } t \leqq 2]$

　これを図示すると右図斜線部分（境界を含む）
となる.

　次に不等式：$10-k \leqq 2s+3t \leqq 10+k$ ……②
で表される領域について考える. 直線
$$2s+3t=u \quad (10-k \leqq u \leqq 10+k)$$
は, 直線：$2s+3t=10$ に平行で, その「s 切片」

は $\dfrac{u}{2}$ $\left(5-\dfrac{k}{2} \leqq \dfrac{u}{2} \leqq 5+\dfrac{k}{2}\right)$ であるから, ②

で表される領域は, 2直線：
$l_{-k} : 2s+3t=10-k, \quad l_k : 2s+3t=10+k$
ではさまれた帯状領域である（境界を含む）.

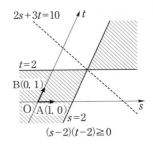

$2s+3t=10$

$t=2$

$\mathrm{B}(0, 1)$　O　$\mathrm{A}(1, 0)$　$s=2$

$(s-2)(t-2) \geqq 0$

$\left[\begin{array}{l} ② \Longleftrightarrow -\dfrac{2}{3}s+\dfrac{10-k}{3} \leqq t \leqq -\dfrac{2}{3}s+\dfrac{10+k}{3} \\ \text{として,} \\ \quad \text{直線：} t=-\dfrac{2}{3}s+\dfrac{10-k}{3} \text{ の上側かつ} \\ \quad \text{直線：} t=-\dfrac{2}{3}s+\dfrac{10+k}{3} \text{ の下側} \\ \text{と考えてもよい.} \end{array}\right.$

　$(s-2)(t-2) \geqq 0$ との共通部分をとってPの
存在範囲は, 右図（青）斜線部分（境界を含む）
すなわち, $\triangle \mathrm{TA}_k\mathrm{B}_k$ および $\triangle \mathrm{TA}_{-k}\mathrm{B}_{-k}$ の周
および内部である. ここに,
A_{-k}, B_{-k} は l_{-k} と 2直線：$t=2$, $s=2$ との交点
A_k, B_k は l_k と 2直線：$t=2$, $s=2$ との交点
である.

　さて, $\triangle \mathrm{TA}_k\mathrm{B}_k \equiv \triangle \mathrm{TA}_{-k}\mathrm{B}_{-k}$
$\quad \triangle \mathrm{TA}_k\mathrm{B}_k \backsim \triangle \mathrm{OA}_0\mathrm{B}_0$ ……（＊）
であり, （＊）の相似比は,

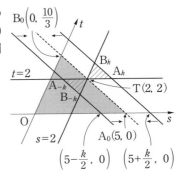

$\mathrm{B}_0\left(0, \dfrac{10}{3}\right)$

B_k　A_k

$t=2$　A_{-k}　$\mathrm{T}(2, 2)$

B_{-k}

O　$s=2$　$\mathrm{A}_0(5, 0)$

$\left(5-\dfrac{k}{2}, 0\right)$　$\left(5+\dfrac{k}{2}, 0\right)$

$$\mathrm{TA}_k : \mathrm{OA}_0 = \frac{k}{2} : 5 = k : 10$$

であるから面積比は $k^2 : 100$

よって，$S_k = 2\triangle \mathrm{TA}_k \mathrm{B}_k = S_0$ となる k は，

$$2k^2 = 100 \quad \text{より，} \quad \boldsymbol{k = 5\sqrt{2}}$$

講 究 (1)を“教科書流”に解くと以下のようになるが，小学生が方程式を用いずに文章題を解くがごとくである．

$\overrightarrow{\mathrm{OP}} = s\overrightarrow{\mathrm{OA}} + t\overrightarrow{\mathrm{OB}}$ $[s,\ t：実数]$ $s \geqq 0,\ t \geqq 0,\ 2s + 3t \leqq 10$

$s = t = 0$ のときは $\mathrm{P} = \mathrm{O}$ である．$(s,\ t) \neq (0,\ 0)$ のとき，$2s + 3t = c$

$(0 < c \leqq 10)$ とおくと，

$$\frac{2}{c}s + \frac{3}{c}t = 1, \quad \frac{2}{c}s \geqq 0, \quad \frac{3}{c}t \geqq 0$$

$$\overrightarrow{\mathrm{OP}} = \frac{2}{c}s \cdot \frac{c}{2}\overrightarrow{\mathrm{OA}} + \frac{3}{c}t \cdot \frac{c}{3}\overrightarrow{\mathrm{OB}}$$

であるから

$$\frac{c}{2}\overrightarrow{\mathrm{OA}} = \overrightarrow{\mathrm{OA}_c}, \quad \frac{c}{3}\overrightarrow{\mathrm{OB}} = \overrightarrow{\mathrm{OB}_c},$$

$$\frac{2}{c}s = u \ (\geqq 0), \quad \frac{3}{c}t = v \ (\geqq 0) \text{ とおくと}$$

$$\overrightarrow{\mathrm{OP}} = u\overrightarrow{\mathrm{OA}_c} + v\overrightarrow{\mathrm{OB}_c} \quad (u + v = 1)$$

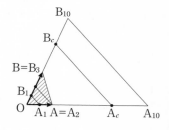

となるからこのとき P は線分 $\mathrm{A}_c\mathrm{B}_c$ 上を動く．
c を $0 < c \leqq 10$ で動かし，点Oをつけ加えて，
P の存在範囲は，$\triangle \mathrm{OA}_{10}\mathrm{B}_{10}$ の周および内部である．

また，

$$S_0 = \frac{1}{2}\mathrm{OA}_{10} \cdot \mathrm{OB}_{10}\sin\angle\mathrm{AOB}$$

$$= \frac{1}{2} \cdot 5 \cdot \mathrm{OA} \cdot \frac{10}{3} \cdot \mathrm{OB}\sin\angle\mathrm{AOB}$$

$$= \frac{50}{3} \cdot \frac{1}{2}\mathrm{OA} \cdot \mathrm{OB}\sin\angle\mathrm{AOB} = \frac{50}{3}S$$

第
1
章

13　点の移動

平面上に △ABC および A と異なる 2 定点 D，E がある．さらに 3 つの動点 P，Q，R があって，

> P は △ABC の周上を　A→B→C→A　の順に移動し，
> Q は点 P を $\overrightarrow{AD}$ 分平行移動した点，R は点 Q を，点 E を中心に対称移動した点

である．

(1)　点 R は，ある定点 F を中心に △ABC を対称移動した △XYZ の周上を
　　　X→Y→Z→X　の順に移動する．点 X および点 F の位置を求めよ．

(2)　△XYZ（の周）と △ABC（の周）がただ 1 点を共有するのは点 F が
　　　△ABC のいずれかの頂点の位置であるときに限ることを示せ．

(3)　点 D が辺 BC 上にあり，$3\overrightarrow{AE}=2\overrightarrow{AD}$ であるとき，点 R の存在し得る範
　　　囲を図示し，その面積を △ABC の面積 S を用いて表せ．

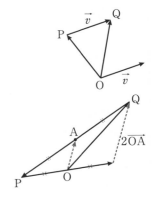

精　講　位置ベクトルの原点 O が定まっている平面上において**点 P を $\vec{v}$ 分平行移動した点 Q の位置ベクトルは，$\overrightarrow{OQ}=\overrightarrow{OP}+\vec{v}$** である．

　また，**点 P を定点 A を中心に対称移動した点を Q とすると，**

$$\overrightarrow{AQ}=-\overrightarrow{AP} \rightleftharpoons \overrightarrow{PQ}=2\overrightarrow{PA}$$
$$\rightleftharpoons \overrightarrow{OQ}=2\overrightarrow{OA}-\overrightarrow{OP}$$

である．この結果は，点 Q が，点 P を原点 O を中心に対称移動し，さらに $2\overrightarrow{OA}$ 分平行移動した点であることを示している．

解　答

(1)　与えられた条件から

$$\overrightarrow{AQ}=\overrightarrow{AP}+\overrightarrow{AD} \quad \cdots\cdots ①$$
$$\overrightarrow{ER}=-\overrightarrow{EQ} \quad \cdots\cdots ②$$

であるから，② より

$$\overrightarrow{AR}-\overrightarrow{AE}=-(\overrightarrow{AQ}-\overrightarrow{AE})$$
$$\therefore \quad \overrightarrow{AR}=2\overrightarrow{AE}-\overrightarrow{AQ}$$

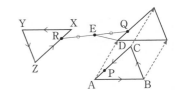

$$=2\overrightarrow{AE}-(\overrightarrow{AP}+\overrightarrow{AD})$$
$$=-\overrightarrow{AP}+2\overrightarrow{AE}-\overrightarrow{AD}$$

ここで,

$$\overrightarrow{AG}=2\overrightarrow{AE}-\overrightarrow{AD}=\frac{-\overrightarrow{AD}+2\overrightarrow{AE}}{2-1}$$

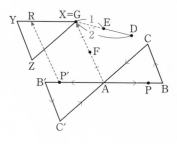

← D, E は定点, P は動点である.

とおくと, G は線分 DE を 2:1 に外分する点で,

$$\overrightarrow{AR}=-\overrightarrow{AP}+\overrightarrow{AG} \quad\cdots\cdots③$$

となる. $-\overrightarrow{AP}$ の終点 P′ は △ABC を点 A を中心に対称移動した △AB′C′ 上を A→B′→C′→A の順に動き, R は P′ を $\overrightarrow{AG}$ 分平行移動した点である. よって求める**点 X は G, すなわち線分 DE を 2:1 に外分する点**である(右図参照). 次に,

「点 R と P が点 F について対称」
$$\Longleftrightarrow \overrightarrow{FR}=-\overrightarrow{FP}$$

であるから, これを書き換えると

$$\overrightarrow{AR}-\overrightarrow{AF}=-(\overrightarrow{AP}-\overrightarrow{AF})$$
$$\overrightarrow{AR}=-\overrightarrow{AP}+2\overrightarrow{AF}$$

③と比べて,

$$2\overrightarrow{AF}=\overrightarrow{AG}, \quad \overrightarrow{AF}=\frac{1}{2}\overrightarrow{AG}$$

すなわち, **AG の中点を F**(G=A のときは F=A)とすれば △XYZ は △ABC と点 F について対称である.

← X=G であるから点 F の存在を認めればこの結果は明らかであろう.

(2) △ABC 上の点 P の点 F に関する対称点が R であるとき③が成り立ち, R は △XYZ 上の点である. この R が △ABC 上の点でもあるとき, すなわち △ABC と △XYZ の共有点であるとき, R=P_0(P_0 は △ABC 上の点)と書くと,

$$③: \quad \overrightarrow{AP_0}=-\overrightarrow{AP}+2\overrightarrow{AF}$$
$$\Longleftrightarrow \overrightarrow{AP}=-\overrightarrow{AP_0}+2\overrightarrow{AF}$$
$$\left(\Longleftrightarrow \overrightarrow{AF}=\frac{\overrightarrow{AP_0}+\overrightarrow{AP}}{2}\right)$$

← 点 F が D, E の位置によってではなく, DE を 2:1 に外分する点の位置によって決まることに注目.

← P は △ABC 上の点 P_0 の F に関する対称点.

となるから点 P も 2 つの三角形の共有点である. したがって共有点がただ 1 点のとき, P=P_0 で

$$\overrightarrow{AF}=\overrightarrow{AP} \quad \therefore \quad F=P$$

となり対称の中心 F は △ABC(の周)上にある. この F がいずれかの辺上頂点以外の点であれば,

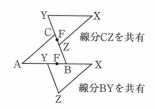

線分 CZ を共有

線分 BY を共有

△ABC と △XYZ はこの辺上のある線分を共有し，共有点は無数にある．一方，F が A，B，C のいずれかであれば 2 つの三角形は 1 点 F のみを共有する．たとえば F＝B のとき，B を通って AC に平行な直線を引けば，2 つの三角形はこの直線の反対側にある．以上から △ABC と △XYZ がただ 1 点を共有するのは点 F が 3 頂点 A，B，C のいずれかに一致するときである．

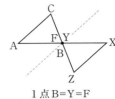

1 点 B＝Y＝F のみを共有

注 $\overrightarrow{AX}=2\overrightarrow{AF}$，
$\overrightarrow{AY}=\overrightarrow{AB}+2\overrightarrow{BF}$，
$\overrightarrow{AZ}=\overrightarrow{AC}+2\overrightarrow{CF}$

であるから，

$$\overrightarrow{XY}=\overrightarrow{AY}-\overrightarrow{AX}=\overrightarrow{AB}+2(\overrightarrow{AF}-\overrightarrow{AB})-2\overrightarrow{AF}$$
$$=-\overrightarrow{AB}$$
$$\overrightarrow{YZ}=\overrightarrow{AZ}-\overrightarrow{AY}=\overrightarrow{AC}+2(\overrightarrow{AF}-\overrightarrow{AC})$$
$$-\{\overrightarrow{AB}+2(\overrightarrow{AF}-\overrightarrow{AB})\}$$
$$=\overrightarrow{AB}-\overrightarrow{AC}=-\overrightarrow{BC}$$
$$\overrightarrow{ZX}=\overrightarrow{AX}-\overrightarrow{AZ}=2\overrightarrow{AF}-\{\overrightarrow{AC}+2(\overrightarrow{AF}-\overrightarrow{AC})\}$$
$$=-\overrightarrow{CA}$$

となっている．

← △ABC と △XYZ は点 F を中心として対称であるからもちろん合同だが，さらに対応する各辺は"逆向きに平行"である．このことから(2)の主張は直感的には明らかである．

(3) $\overrightarrow{AE}=\dfrac{2}{3}\overrightarrow{AD}$ であるから③における $\overrightarrow{AG}$ は，

$$\overrightarrow{AG}=2\overrightarrow{AE}-\overrightarrow{AD}=\dfrac{4}{3}\overrightarrow{AD}-\overrightarrow{AD}=\dfrac{1}{3}\overrightarrow{AD}$$

$$\overrightarrow{AR}=-\overrightarrow{AP}+\dfrac{1}{3}\overrightarrow{AD}$$

← R は $-\overrightarrow{AP}$ の終点を $\dfrac{1}{3}\overrightarrow{AD}$ 平行移動した点．

となる．今点 D は辺 BC 上にあるから，AB，AC をそれぞれ 1：2 に内分する点を K，L とすれば，G は線分 KL 上を，R は(1)の △AB′C′ の頂点 A が線分 KL 上にくるように平行移動した三角形の周上を動く．**R が存在する範囲は右図斜線部分（境界を含む）である**．また右図において，

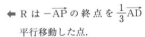

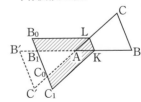

$$\triangle LB_0C_0=\triangle KB_1C_1=\triangle AB'C'=S$$

$$\triangle ALK=\left(\dfrac{1}{3}\right)^2S,\qquad \triangle AB_1C_0=\left(\dfrac{2}{3}\right)^2S$$

であるから求める面積は，

$$2\left(S-\dfrac{4}{9}S\right)+\dfrac{1}{9}S=\dfrac{11}{9}S$$

講究　1°　対称の中心 F が辺 AB 上の A と B 以外の点であるとき，辺 AB と対応する辺 XY が，辺 AB 上のある線分を共有し，AB と XY の共有点が無数にあることは"明らか"としたが，これを厳密に示すと次のようになる．

$$\overrightarrow{AF}=t_0\overrightarrow{AB}\quad(0<t_0<1)$$

とおける．辺 AB 上の点 P を

$$\overrightarrow{AP}=t\overrightarrow{AB}\quad(0\leqq t\leqq1)$$

と書くと，P の F に関する対称点 R は(1)の計算から

$$\overrightarrow{AR}=-\overrightarrow{AP}+2\overrightarrow{AF}=(2t_0-t)\overrightarrow{AB}$$

となる．この R が辺 AB 上にある条件は，

$$0\leqq2t_0-t\leqq1,\quad 2t_0-1\leqq t\leqq2t_0\quad\cdots\cdots(*)$$

であるが，

$$0<t_0\leqq\frac{1}{2}\ \text{のとき，}\ -1<2t_0-1\leqq0,\ 0<2t_0\leqq1$$

であるから $0\leqq t\leqq1$ と $(*)$ から，$0\leqq t\leqq2t_0\ (\leqq1)$

よって，$\overrightarrow{AP_1}=2t_0\overrightarrow{AB}$ とすれば，P_1 は辺 AB 上の A 以外の点で AB と XY は線分 AP_1 を共有する．また，

$$\frac{1}{2}\leqq t_0<1\ \text{のとき，}\ 0\leqq2t_0-1<1,\ 1\leqq2t_0<2$$

であるから上と同様にして $(0\leqq)\ 2t_0-1\leqq t\leqq1$

よって，$\overrightarrow{AP_2}=(2t_0-1)\overrightarrow{AB}$ とすれば P_2 は辺 AB 上の B 以外の点で AB と XY は線分 P_2B を共有する．

2°　本問では，「平行移動のち点対称移動」が点対称移動となることを見たが，さらに「点対称移動のち点対称移動」が平行移動となることを計算で示そう．

D，E を定点とし，点 P を点 D を中心に対称移動した点を Q，点 Q を点 E を中心に対称移動した点を R とする．位置ベクトルの原点を O とすると，

$$\overrightarrow{DP}=-\overrightarrow{DQ}\ \text{より，}\ \overrightarrow{OP}-\overrightarrow{OD}=\overrightarrow{OD}-\overrightarrow{OQ},\ \overrightarrow{OQ}=2\overrightarrow{OD}-\overrightarrow{OP}$$
$$\overrightarrow{EQ}=-\overrightarrow{ER}\ \text{より，}\ \overrightarrow{OQ}-\overrightarrow{OE}=\overrightarrow{OE}-\overrightarrow{OR},\ \overrightarrow{OR}=2\overrightarrow{OE}-\overrightarrow{OQ}$$

$$\therefore\quad \overrightarrow{OR}=2\overrightarrow{OE}-(2\overrightarrow{OD}-\overrightarrow{OP})$$
$$=\overrightarrow{OP}+2\overrightarrow{DE}$$

したがって R は点 P を $2\overrightarrow{DE}$ 分平行移動した点である．

右図は点 P を △ABC 上の動点として図式化したものである．

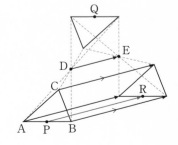

14　内　積

　右図において，点Cは点Aを直線OB に関して対
称移動した点，OA＝8，OB＝5，AB＝7 である．
以下で・はベクトルの内積を表す．

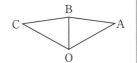

(1)　∠AOB および $\overrightarrow{\mathrm{OA}}\cdot\overrightarrow{\mathrm{OB}}$ を求めよ．

(2)　$\overrightarrow{\mathrm{OA}}\cdot\overrightarrow{\mathrm{OC}}$，$\overrightarrow{\mathrm{OB}}\cdot\overrightarrow{\mathrm{CA}}$，$\overrightarrow{\mathrm{OA}}\cdot\overrightarrow{\mathrm{CA}}$ を求めよ．

(3)　$\overrightarrow{\mathrm{AB}}\cdot\overrightarrow{\mathrm{AC}}$，$\overrightarrow{\mathrm{BA}}\cdot\overrightarrow{\mathrm{BC}}$ および $\cos\angle\mathrm{ABC}$ を求めよ．

精｜講　　$\vec{a}$ と $\vec{b}$ がいずれも $\vec{0}$ でなく，これら
　　　　　　のなす角が $\theta\ (0\leqq\theta\leqq\pi)$ のとき，
$\vec{a}$ と $\vec{b}$ の内積 $\vec{a}\cdot\vec{b}$ を

$$\vec{a}\cdot\vec{b}=|\vec{a}||\vec{b}|\cos\theta$$

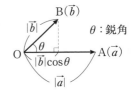

と定める．ただし，$\vec{a}$ と $\vec{b}$ のなす角とは，
$\vec{a}=\overrightarrow{\mathrm{OA}}$，$\vec{b}=\overrightarrow{\mathrm{OB}}$ としたときの ∠AOB
のことであり，特に，

　　　$\theta=0$ のとき，$\vec{a}$ と $\vec{b}$ は同じ向きで，
　　　$\vec{a}\cdot\vec{b}=|\vec{a}||\vec{b}|\cos 0=|\vec{a}||\vec{b}|$

　　　$\theta=\pi$ のとき，$\vec{a}$ と $\vec{b}$ は反対向きで，
　　　$\vec{a}\cdot\vec{b}=|\vec{a}||\vec{b}|\cos\pi=-|\vec{a}||\vec{b}|$

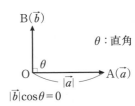

となる．したがって，

　　　$\vec{a}/\!/\vec{b}\ \rightleftarrows\ \vec{a}\cdot\vec{b}=\pm|\vec{a}||\vec{b}|$

である．
　また，$\vec{a}=\vec{0}$ または $\vec{b}=\vec{0}$ のときは，
　　　$\vec{a}\cdot\vec{b}=0$

と定める．**内積は，2つのベクトルの積が実数
となる演算である．**$\vec{a}\neq\vec{0}$，$\vec{b}\neq\vec{0}$，$\vec{a}\times\vec{b}$ のとき，

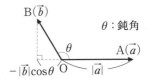

　　　$\vec{a}\cdot\vec{b}>0\ \rightleftarrows\ \cos\theta>0\ \rightleftarrows\ \theta$ は鋭角
　　　$\vec{a}\cdot\vec{b}=0\ \rightleftarrows\ \cos\theta=0\ \rightleftarrows\ \theta$ は直角
　　　$\vec{a}\cdot\vec{b}<0\ \rightleftarrows\ \cos\theta<0\ \rightleftarrows\ \theta$ は鈍角

である．

解 答

(1) △OAB で余弦定理を用いると，

$$AB^2 = 7^2 = 8^2 + 5^2 - 2 \cdot 8 \cdot 5 \cos \angle AOB$$

$$\therefore \quad \cos \angle AOB = \frac{64 + 25 - 49}{2 \cdot 8 \cdot 5} = \frac{1}{2}$$

$$\therefore \quad \angle AOB = \frac{\pi}{3}$$

$$\overrightarrow{OA} \cdot \overrightarrow{OB} = 8 \cdot 5 \cdot \cos \frac{\pi}{3} = \boldsymbol{20}$$

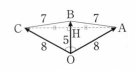

(2) 点 C は点 A を直線 OB について対称移動した点だから，$\angle AOB = \angle COB = \dfrac{\pi}{3}$，$\overrightarrow{OB} \perp \overrightarrow{CA}$

$$\therefore \quad \overrightarrow{OA} \cdot \overrightarrow{OC} = 8 \cdot 8 \cos \frac{2\pi}{3} = \boldsymbol{-32}$$

$$\overrightarrow{OB} \cdot \overrightarrow{CA} = \boldsymbol{0}$$

また，右図で直角三角形 OAH を考えて

$$|\overrightarrow{CA}| = 2AH = 2 \times 8 \cdot \frac{\sqrt{3}}{2} = 8\sqrt{3}$$

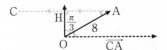

$\overrightarrow{CA}$ と $\overrightarrow{OA}$ のなす角は，$\dfrac{\pi}{2} - \dfrac{\pi}{3} = \dfrac{\pi}{6}$

だから

$$\overrightarrow{OA} \cdot \overrightarrow{CA} = 8 \cdot 8\sqrt{3} \cos \frac{\pi}{6} = \boldsymbol{96}$$

← △OAH は，
HO : OA : AH = 1 : 2 : $\sqrt{3}$
の直角三角形，したがって，
HO=4，AH=$4\sqrt{3}$，
BH=5−4=1 である．

(3) $\overrightarrow{AB} \cdot \overrightarrow{AC} = |\overrightarrow{AC}| \times |\overrightarrow{AB}| \cos \angle BAC$

$$= 2AH \times AH = 2AH^2$$

$$= 2(4\sqrt{3})^2 = \boldsymbol{96}$$

さらに △ABC で余弦定理を用いると，

$$AC^2 = (2AH)^2 = (8\sqrt{3})^2$$

$$= 7^2 + 7^2 - 2BA \cdot BC \cdot \cos \angle ABC$$

$$= 98 - 2\overrightarrow{BA} \cdot \overrightarrow{BC}$$

$$\therefore \quad \overrightarrow{BA} \cdot \overrightarrow{BC} = \frac{98 - 192}{2} = \boldsymbol{-47}$$

$$\cos \angle ABC = \frac{\overrightarrow{BA} \cdot \overrightarrow{BC}}{|\overrightarrow{BA}\| \overrightarrow{BC}|} = \frac{-47}{7^2} = \boldsymbol{-\frac{47}{49}}$$

← $\overrightarrow{CA} \cdot \overrightarrow{OA} = \overrightarrow{AB} \cdot \overrightarrow{AC} = 96$ となっているのは，
$|\overrightarrow{CA}| = |\overrightarrow{AC}|$ かつ
$OA \cos \dfrac{\pi}{6} = AB \cos \angle BAC$
$= AH \ (= 4\sqrt{3})$
だからである．

← BA=BC=7 だから，先に
$\cos \angle ABC$ を求めてから
$\overrightarrow{BA} \cdot \overrightarrow{BC}$ を計算してもよい．

1° $\vec{a}\neq\vec{0}$, $\vec{b}\neq\vec{0}$ とする. 解答から もわかるようにベクトルの内積は 図形的には「余弦定理」である:

$$|\overrightarrow{AB}|^2=|\vec{b}-\vec{a}|^2=|\vec{b}|^2+|\vec{a}|^2-2|\vec{a}||\vec{b}|\cos\theta$$
$$=|\vec{b}|^2+|\vec{a}|^2-2\vec{a}\cdot\vec{b}$$

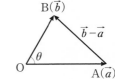

したがって, 内積をベクトルの大きさだけで 表すこともできる:

$$\vec{a}\cdot\vec{b}=\frac{1}{2}(|\vec{a}|^2+|\vec{b}|^2-|\vec{b}-\vec{a}|^2)$$

2° $\vec{a}\cdot\vec{b}=|\vec{a}|\times|\vec{b}|\cos\theta$ の右辺の「×」は, O を 原点とし, $\vec{a}$ の向きが正の方向となるように x 軸をとり, B を x 軸上に正射影した点を B′ と するとき, 右図のように,

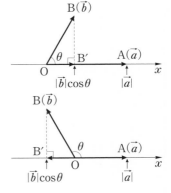

$\overrightarrow{OB'}$ と $\vec{a}$ が同じ向きなら
　点 B′ は, 正の数 OB′$=|\vec{b}|\cos\theta$ を,

B′=O なら
　点 B′ は, 零 0 を,

$\overrightarrow{OB'}$ と $\vec{a}$ が反対向きなら
　点 B′ は, 負の数 $-$OB′$=|\vec{b}|\cos\theta$ を

それぞれ表すものとしてこの x 軸を「数直線」 とみなしたときの正の数 $|\vec{a}|$ と実数 $|\vec{b}|\cos\theta$ の 積と考えることができる (→ **15**).

3° 物理的には, ある物体に力 $\vec{F}$ が作用して物体 が $\vec{s}$ だけ移動したときに, この力による仕事が
$$\vec{F}\cdot\vec{s}=|\vec{F}||\vec{s}|\cos\theta$$
である.

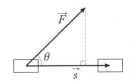

15　内積の性質

(1)　右図1において，OB＝AB＝2，∠AOB＝$\dfrac{\pi}{12}$

である．$\overrightarrow{\mathrm{OA}}\cdot\overrightarrow{\mathrm{OB}}$，$|\overrightarrow{\mathrm{OA}}|$ および $\cos\dfrac{\pi}{12}$ を内積の

計算から求めよ．

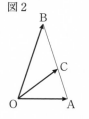
図1

(2)　右図2において，AO＝OC＝CB＝2，∠OBA＝θ，
OB＝AB＝a とする．

(ⅰ)　$\overrightarrow{\mathrm{OA}}\cdot\overrightarrow{\mathrm{OB}}$ を求めよ．

(ⅱ)　$\overrightarrow{\mathrm{OA}}\cdot\overrightarrow{\mathrm{OC}}=a$ を示せ．

(ⅲ)　$\overrightarrow{\mathrm{OC}}$ を $\overrightarrow{\mathrm{OA}}$，$\overrightarrow{\mathrm{OB}}$，$a$ を用いて表し，a を求めよ．

(ⅳ)　$\cos\theta$，$\cos 2\theta$ を求めよ．

図2

精│講　ベクトルの内積については次の性質
Ⅰ～Ⅲが成り立つ．

Ⅰ．$\vec{a}\cdot\vec{b}=\vec{b}\cdot\vec{a}$

Ⅱ．$(k\vec{a})\cdot\vec{b}=k(\vec{a}\cdot\vec{b})$　［k：実数］

Ⅲ．$\vec{a}\cdot(\vec{b}+\vec{c})=\vec{a}\cdot\vec{b}+\vec{a}\cdot\vec{c}$

|証明|　いずれかのベクトルが $\vec{0}$ のとき，Ⅰ～Ⅲ
は明らかに成立するから，どのベクトルも $\vec{0}$ でな
い場合について証明する．

Ⅰ）$\vec{a}$ と $\vec{b}$ のなす角と $\vec{b}$ と $\vec{a}$ のなす角は等しい
からそれを θ（$0\leqq\theta\leqq\pi$）とすれば，
$$\vec{a}\cdot\vec{b}=|\vec{a}||\vec{b}|\cos\theta=|\vec{b}||\vec{a}|\cos\theta=\vec{b}\cdot\vec{a}$$

Ⅱ）$k=0$ のときは両辺とも 0 で等号が成り立つ．
$k>0$ のとき，
$\vec{a}$ と $\vec{b}$ のなす角と $k\vec{a}$ と $\vec{b}$ のなす角は等しい
からそれを θ（$0\leqq\theta\leqq\pi$）とすれば，
$$(k\vec{a})\cdot\vec{b}=|k\vec{a}||\vec{b}|\cos\theta=k|\vec{a}||\vec{b}|\cos\theta$$
$$=k(\vec{a}\cdot\vec{b})$$

$k<0$ のとき，
$\vec{a}$ と $\vec{b}$ のなす角を θ（$0\leqq\theta\leqq\pi$）とすると，
$$(k\vec{a})\cdot\vec{b}=|k\vec{a}||\vec{b}|\cos(\pi-\theta)$$
$$=-k|\vec{a}||\vec{b}|(-\cos\theta)$$
$$=k|\vec{a}||\vec{b}|\cos\theta=k(\vec{a}\cdot\vec{b})$$

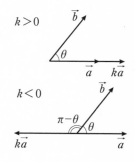

注）Ⅰと合わせれば，
$$\vec{a}\cdot(k\vec{b})=(k\vec{b})\cdot\vec{a}=k(\vec{b}\cdot\vec{a})=k(\vec{a}\cdot\vec{b})$$
となるから，
$$(k\vec{a})\cdot\vec{b}=\vec{a}\cdot(k\vec{b})=k(\vec{a}\cdot\vec{b})$$
である.

Ⅲ）内積を $\boxed{14}$ 講 究 2° の見方に従って証明する.
数直線上では，向きが2つ（正または負）しか
ないので，原点 O(0) の定められた数直線上に
おけるベクトル $\vec{r}$ に対し，$\vec{r}=\overrightarrow{OR}$ とすれば点
Rが表す実数 r がただ1つ定まる.

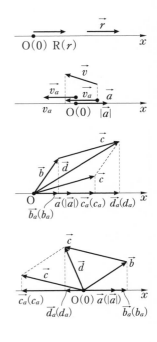

今，$\vec{a}\,(\neq\vec{0})$ に対し，$\vec{a}$ の始点，終点がそれ
ぞれ，0，$|\vec{a}|\,(>0)$ となるように x 軸を定め，
平面上のベクトル $\vec{v}$ を x 軸上に正射影したベ
クトルを $\vec{v_a}$（$\boxed{14}$ 講 究 2° の記述に従うと，
$\overrightarrow{OB}=\vec{v}$ に対して $\overrightarrow{OB'}=\vec{v_a}$），$\vec{v_a}$ が定める実数
を v_a とすると，$\vec{a}\cdot\vec{v}=|\vec{a}|v_a$ である.

この平面上のベクトル $\vec{b}$，$\vec{c}$ に対し，
$\vec{d}=\vec{b}+\vec{c}$ とおくと，$\vec{d_a}=\vec{b_a}+\vec{c_a}$
したがって $d_a=b_a+c_a$ となっているから，
実数の演算における分配法則により，
$$\vec{a}\cdot(\vec{b}+\vec{c})=\vec{a}\cdot\vec{d}=|\vec{a}|d_a=|\vec{a}|(b_a+c_a)$$
$$=|\vec{a}|b_a+|\vec{a}|c_a=\vec{a}\cdot\vec{b}+\vec{a}\cdot\vec{c}$$

注）Ⅰと合わせれば，
$$(\vec{a}+\vec{b})\cdot\vec{c}=\vec{c}\cdot(\vec{a}+\vec{b})=\vec{c}\cdot\vec{a}+\vec{c}\cdot\vec{b}$$
$$=\vec{a}\cdot\vec{c}+\vec{b}\cdot\vec{c}$$

も成り立つ.

さて，$\vec{a}\,(\neq\vec{0})$ に対して，$\vec{a}$ と $\vec{a}$ のなす角は
0であるから
$$\vec{a}\cdot\vec{a}=|\vec{a}||\vec{a}|\cos 0=|\vec{a}|^2$$
すなわち，

Ⅳ. $|\vec{a}|^2=\vec{a}\cdot\vec{a}$

が成り立つ. Ⅳは $\vec{a}=\vec{0}$ でも成り立つ.

Ⅰ～Ⅳから得られる次の(ⅰ)～(ⅲ)は公式としてよいだろう.

(ⅰ) $|\vec{a}+\vec{b}|^2=|\vec{a}|^2+2\vec{a}\cdot\vec{b}+|\vec{b}|^2$

(ⅱ) $|\vec{a}-\vec{b}|^2=|\vec{a}|^2-2\vec{a}\cdot\vec{b}+|\vec{b}|^2$

(ⅲ) $(\vec{a}+\vec{b})\cdot(\vec{a}-\vec{b})=|\vec{a}|^2-|\vec{b}|^2$

$\because$) (ⅰ) $|\vec{a}+\vec{b}|^2=(\vec{a}+\vec{b})\cdot(\vec{a}+\vec{b})=(\vec{a}+\vec{b})\cdot\vec{a}+(\vec{a}+\vec{b})\cdot\vec{b}$
$\qquad=\vec{a}\cdot\vec{a}+\vec{b}\cdot\vec{a}+\vec{a}\cdot\vec{b}+\vec{b}\cdot\vec{b}=|\vec{a}|^2+2\vec{a}\cdot\vec{b}+|\vec{b}|^2$

(ⅱ) $|\vec{a}-\vec{b}|^2=(\vec{a}+(-\vec{b}))\cdot(\vec{a}+(-\vec{b}))=|\vec{a}|^2+2\vec{a}\cdot(-\vec{b})+|-\vec{b}|^2$
$\qquad=|\vec{a}|^2-2\vec{a}\cdot\vec{b}+|\vec{b}|^2$

(ⅲ) $(\vec{a}+\vec{b})\cdot(\vec{a}-\vec{b})=\vec{a}\cdot\vec{a}+\vec{a}\cdot(-\vec{b})+\vec{b}\cdot\vec{a}+\vec{b}\cdot(-\vec{b})$
$\qquad=|\vec{a}|^2-\vec{a}\cdot\vec{b}+\vec{a}\cdot\vec{b}-\vec{b}\cdot\vec{b}=|\vec{a}|^2-|\vec{b}|^2$

解　答

(1) OB＝AB（＝2）であるから △OAB は二等

辺三角形で, $\angle OAB=\dfrac{\pi}{12}$, $\overrightarrow{OB}$ と $\overrightarrow{BA}$ のなす

角は, $\dfrac{\pi}{12}\times2=\dfrac{\pi}{6}$ である.

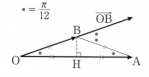

$\qquad \therefore\quad \overrightarrow{OA}\cdot\overrightarrow{OB}=(\overrightarrow{OB}+\overrightarrow{BA})\cdot\overrightarrow{OB}$

$\qquad\qquad\qquad =|\overrightarrow{OB}|^2+\overrightarrow{BA}\cdot\overrightarrow{OB}$

$\qquad\qquad\qquad =2^2+2\cdot2\cdot\cos\dfrac{\pi}{6}$

$\qquad\qquad\qquad =4+2\sqrt{3}$

次に, B から OA におろした垂線の足をHと

すれば,

$\qquad \overrightarrow{OA}\cdot\overrightarrow{OB}=|\overrightarrow{OA}||\overrightarrow{OB}|\cos\angle HOB$

$\qquad\qquad\qquad =|\overrightarrow{OA}|\cdot OH$

$\qquad\qquad\qquad =\dfrac{1}{2}|\overrightarrow{OA}|^2=4+2\sqrt{3}$

$\qquad \therefore\quad |\overrightarrow{OA}|=\sqrt{2(4+2\sqrt{3})}$

$\qquad\qquad\qquad =\sqrt{2}\sqrt{(\sqrt{3}+1)^2}$

$\qquad\qquad\qquad =\sqrt{2}(\sqrt{3}+1)$

$\qquad\qquad\qquad =\sqrt{6}+\sqrt{2}$

← 余弦定理:
$|\overrightarrow{OA}|^2=|\overrightarrow{BA}-\overrightarrow{BO}|^2$
あるいは,
$|\overrightarrow{OA}|^2=|\overrightarrow{OB}+\overrightarrow{BA}|^2$
を計算してもよい.

これらから

$$\overrightarrow{\text{OA}}\cdot\overrightarrow{\text{OB}}=|\overrightarrow{\text{OA}}|\,|\overrightarrow{\text{OB}}|\cos\frac{\pi}{12}$$

$$=2(\sqrt{6}+\sqrt{2})\cos\frac{\pi}{12}=4+2\sqrt{3}$$

$$\therefore\ \ \cos\frac{\pi}{12}=\frac{2(\sqrt{3}+2)}{2\sqrt{2}(\sqrt{3}+1)}$$

$$=\frac{\sqrt{2}(\sqrt{3}+2)(\sqrt{3}-1)}{2(3-1)}$$

$$=\boldsymbol{\frac{\sqrt{6}+\sqrt{2}}{4}}$$

(2) (i) BO＝BA（＝a）より，B から OA へおろした垂線の足をHとすると，

$$\text{OH}=\text{HA}=\frac{\text{OA}}{2}=\frac{2}{2}=1$$

$$\therefore\ \ \overrightarrow{\text{OA}}\cdot\overrightarrow{\text{OB}}=|\overrightarrow{\text{OA}}|\,|\overrightarrow{\text{OB}}|\cos\angle\text{AOB}$$

$$=|\overrightarrow{\text{OA}}|\cdot\text{OH}=2\cdot1=\boldsymbol{2}$$

(ii) CO＝CB（＝2）より，C から OB へおろした垂線の足をLとすると，

$$\text{OL}=\text{LB}=\frac{\text{OB}}{2}=\frac{a}{2}$$

一方，$\angle\text{COB}=\angle\text{CBO}=\theta$,
$\angle\text{OCA}=\angle\text{COB}+\angle\text{CBO}=2\theta$ より，

$$\angle\text{OAC}=\angle\text{OCA}=2\theta$$

$\angle\text{BOA}=\angle\text{BAO}=\angle\text{OAC}=2\theta$ だから

$$\angle\text{AOC}=\angle\text{AOB}-\angle\text{COB}$$

$$=2\theta-\theta=\theta$$

よって，C から OA へおろした垂線の足をKとすれば，

$$\triangle\text{OCL}\equiv\triangle\text{OCK}$$

$$\therefore\ \ \overrightarrow{\text{OA}}\cdot\overrightarrow{\text{OC}}=|\overrightarrow{\text{OA}}|\,|\overrightarrow{\text{OC}}|\cos\theta$$

$$=2\cdot\text{OL}=\boldsymbol{a}$$

(iii) OC は $\angle\text{AOB}$ の二等分線だから，

$$\text{AC}:\text{CB}=\text{OA}:\text{OB}=2:a$$

よって，分点公式により，

$$\boldsymbol{\overrightarrow{\text{OC}}=\frac{a\overrightarrow{\text{OA}}+2\overrightarrow{\text{OB}}}{2+a}}$$

← 三角関数の計算によれば

$$\cos^2\frac{\pi}{12}=\frac{1}{2}\Bigl(1+\cos\frac{\pi}{6}\Bigr)$$

$$=\frac{2+\sqrt{3}}{4}$$

$$\therefore\ \ \cos\frac{\pi}{12}=\frac{1}{2}\sqrt{\frac{4+2\sqrt{3}}{2}}$$

$$=\frac{1}{2}\sqrt{\frac{(\sqrt{3}+1)^2}{2}}$$

$$=\frac{\sqrt{6}+\sqrt{2}}{4}$$

あるいは図形的に

$$\cos\frac{\pi}{12}=\frac{\text{OH}}{\text{OB}}=\frac{\text{OA}}{2\cdot\text{OB}}$$

$$=\frac{\sqrt{6}+\sqrt{2}}{2\cdot2}=\frac{\sqrt{6}+\sqrt{2}}{4}$$

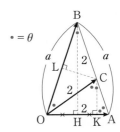

与えられた三角形は一辺の長さが 2 の正五角形の中に存在する（→ **4**）.

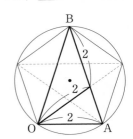

(i)の結果を用いて

$$\overrightarrow{OA} \cdot \overrightarrow{OC} = \overrightarrow{OA} \cdot \frac{a\overrightarrow{OA} + 2\overrightarrow{OB}}{2+a}$$

$$= \frac{1}{2+a}(a|\overrightarrow{OA}|^2 + 2\overrightarrow{OA} \cdot \overrightarrow{OB})$$

$$= \frac{4a+4}{2+a}$$

(ii)の結果と合わせて,

$$\frac{4a+4}{2+a} = a, \qquad a^2 - 2a - 4 = 0$$

$$\therefore \quad a = 1 + \sqrt{5}$$

(iv)　(ii)(iii)より,

$$\overrightarrow{OA} \cdot \overrightarrow{OC} = 2 \cdot 2\cos\theta = 1 + \sqrt{5} \ (= a)$$

$$\therefore \quad \cos\theta = \frac{1+\sqrt{5}}{4}$$

(i)(iii)より,

$$\overrightarrow{OA} \cdot \overrightarrow{OB} = 2(1+\sqrt{5})\cos 2\theta = 2$$

$$\therefore \quad \cos 2\theta = \frac{1}{1+\sqrt{5}} = \frac{\sqrt{5}-1}{4}$$

← △OAB の内角の和は,
$$\theta + 2\theta + 2\theta = 5\theta = \pi$$
であるから
$$\theta = \frac{\pi}{5} = 36°$$
$$2\theta = \frac{2\pi}{5} = 72°$$
である. $\cos\theta$ の値は,
$3\theta = \pi - 2\theta$ より
$\sin 3\theta = \sin 2\theta$
$3\sin\theta - 4\sin^3\theta = 2\sin\theta\cos\theta$
$3 - 4(1-\cos^2\theta) - 2\cos\theta = 0$
$4\cos^2\theta - 2\cos\theta - 1 = 0$
を解いても得られる. また
$\cos 2\theta = 2\cos^2\theta - 1$ より
$\cos 2\theta$ の値も求まる.

講究　多くの本では内積の分配法則Ⅲを成分計算(→ **23**)によって「代数的」に証明しているが, ここでは内積を図形的に定義したからには成分計算を用いずに「幾何的」な証明を与えた. その際, 実数直線上の点, すなわち実数を位置ベクトルと同一視した.

5 の**講究**でも注意したように, ベクトルとスカラー(実数)は明確に区別されなければならないが同一視, すなわち, 数直線上で実数 r を表す点を R, $\overrightarrow{OR} = \vec{r}$ とするとき, $r \longleftrightarrow \vec{r}$ として,

$$a+b \longleftrightarrow \vec{a}+\vec{b}$$
$$a-b \longleftrightarrow \vec{a}-\vec{b}$$
$$ab \longleftrightarrow \vec{a} \cdot \vec{b} \longleftrightarrow a\vec{b} \longleftrightarrow b\vec{a}$$

$$(\cdot \text{は内積})$$

と考えることもできる.

三角不等式：$|\vec{a}+\vec{b}|\leqq|\vec{a}|+|\vec{b}|$ ……（＊）

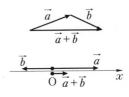

は「三角形の2辺の長さの和は他の一辺より長い」ということであるが，$\vec{a}\neq\vec{0}$，$\vec{b}\neq\vec{0}$ のときこれらのなす角を θ（$0\leqq\theta\leqq\pi$）とし，両辺が正であることに注意すれば，次のように示される.

$$(|\vec{a}|+|\vec{b}|)^2-|\vec{a}+\vec{b}|^2$$
$$=|\vec{a}|^2+2|\vec{a}||\vec{b}|+|\vec{b}|^2-(|\vec{a}|^2+2\vec{a}\cdot\vec{b}+|\vec{b}|^2)$$
$$=2|\vec{a}||\vec{b}|(1-\cos\theta)\geqq0$$

等号は，$\cos\theta=1$ のときで，$\theta=0$，すなわち $\vec{a}$ と $\vec{b}$ が同じ向きのときに成り立つ. また，$\vec{a}=\vec{0}$ または $\vec{b}=\vec{0}$ のときも（＊）で等号が成り立つ. そして（＊）は $\vec{a}$，$\vec{b}$ が数直線上のベクトルでもよく，実数 a，b に対して，

$$|a+b|\leqq|a|+|b|$$

が成り立ち，等号は a と b が同符号または $a=0$ または $b=0$ のときに成り立つ.

もう1つ，重要な**中線定理**がベクトルを用いて次のように表されることを注意しておこう.

$$|\vec{a}+\vec{b}|^2+|\vec{a}-\vec{b}|^2=2(|\vec{a}|^2+|\vec{b}|^2)$$

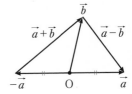

証明は展開公式より明らかであろう.

16 三角形の面積公式

(1) 三角形 ABC の面積を S とすると次の公式が成り立つことを示せ.

$$S=\frac{1}{2}\sqrt{|\overrightarrow{\mathrm{AB}}|^2|\overrightarrow{\mathrm{AC}}|^2-(\overrightarrow{\mathrm{AB}}\cdot\overrightarrow{\mathrm{AC}})^2} \quad \cdots\cdots(*)$$

(2) 三辺の長さが OA＝3, OB＝6, AB＝7 の三角形 OAB に対して,

$$\overrightarrow{\mathrm{OA}}=\vec{a}, \quad \overrightarrow{\mathrm{OB}}=\vec{b}, \quad \overrightarrow{\mathrm{OP}}=3\vec{a}+2\vec{b}$$

とする. △OAB および △PAB の面積を求めよ.

精 講 公式 $(*)$ はベクトルで表されている. これは三角形の面積が"平行移動で不変"であることを意味し, その点で重要である. 本来これは $\overrightarrow{\mathrm{AB}}$, $\overrightarrow{\mathrm{AC}}$ を隣り合う 2 辺とする平行四辺形の面積 $S'=2S$ の公式で, **7** の**講究**における記号を用いると,

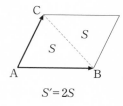

$$S'=\sqrt{\begin{vmatrix} \overrightarrow{\mathrm{AB}}\cdot\overrightarrow{\mathrm{AB}} & \overrightarrow{\mathrm{AB}}\cdot\overrightarrow{\mathrm{AC}} \\ \overrightarrow{\mathrm{AC}}\cdot\overrightarrow{\mathrm{AB}} & \overrightarrow{\mathrm{AC}}\cdot\overrightarrow{\mathrm{AC}} \end{vmatrix}}$$

$S'=2S$

と書くことができる.

右図三角形の面積 S は,

$$S=\frac{1}{2}bc\sin A$$

で与えられるが,

$$(底辺＝c)\times(高さ＝b\sin A)\div 2$$

であることを留意しておこう.

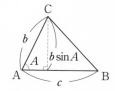

解 答

(1) **証明1)** 点 C から直線 AB におろした垂線の足を H, $\overrightarrow{\mathrm{AB}}$ と同じ向きの単位ベクトルを $\vec{e}$, すなわち $\vec{e}=\dfrac{\overrightarrow{\mathrm{AB}}}{|\overrightarrow{\mathrm{AB}}|}$ とすると, $\overrightarrow{\mathrm{AH}}=(\overrightarrow{\mathrm{AC}}\cdot\vec{e})\vec{e}$

であるから

$$|\overrightarrow{\mathrm{AH}}|=|\overrightarrow{\mathrm{AC}}\cdot\vec{e}|$$

$$\mathrm{CH}=\sqrt{|\overrightarrow{\mathrm{AC}}|^2-|\overrightarrow{\mathrm{AH}}|^2}$$

であるから

$$S=\frac{1}{2}|\overrightarrow{\mathrm{AB}}|\cdot\mathrm{CH}$$

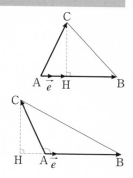

$$= \frac{1}{2}|\overrightarrow{AB}|\sqrt{|\overrightarrow{AC}|^2 - \left|\overrightarrow{AC} \cdot \frac{\overrightarrow{AB}}{|\overrightarrow{AB}|}\right|^2}$$

$$= \frac{1}{2}\sqrt{|\overrightarrow{AB}|^2|\overrightarrow{AC}|^2 - (\overrightarrow{AB} \cdot \overrightarrow{AC})^2}$$

← $\overrightarrow{AC} \cdot \dfrac{\overrightarrow{AB}}{|\overrightarrow{AB}|}$ は内積, したがって実数であるからその絶対値の 2 乗は, この内積の 2 乗に等しい.

証明 2) $\quad S = \dfrac{1}{2}|\overrightarrow{AB}||\overrightarrow{AC}|\sin A$

$$= \frac{1}{2}\sqrt{|\overrightarrow{AB}|^2|\overrightarrow{AC}|^2(1 - \cos^2 A)}$$

$$= \frac{1}{2}\sqrt{|\overrightarrow{AB}|^2|\overrightarrow{AC}|^2 - (|\overrightarrow{AB}||\overrightarrow{AC}|\cos A)^2}$$

$$= \frac{1}{2}\sqrt{|\overrightarrow{AB}|^2|\overrightarrow{AC}|^2 - (\overrightarrow{AB} \cdot \overrightarrow{AC})^2}$$

(2) 余弦定理:
$$7^2 = 3^2 + 6^2 - 2\vec{a} \cdot \vec{b}$$

より, $\vec{a} \cdot \vec{b} = \dfrac{9 + 36 - 49}{2} = -2$

よって, △OAB の面積 S は, (1)より,

$$S = \frac{1}{2}\sqrt{|\vec{a}|^2|\vec{b}|^2 - (\vec{a} \cdot \vec{b})^2}$$

$$= \frac{1}{2}\sqrt{3^2 \cdot 6^2 - 4} = \frac{1}{2}\sqrt{2^2(81 - 1)} = 4\sqrt{5}$$

また, △PAB の面積 S_1 は,

$$S_1 = \frac{1}{2}\sqrt{|\overrightarrow{PA}|^2|\overrightarrow{PB}|^2 - (\overrightarrow{PA} \cdot \overrightarrow{PB})^2}$$

であり,

$$|\overrightarrow{PA}|^2 = |\overrightarrow{OA} - \overrightarrow{OP}|^2 = |\vec{a} - (3\vec{a} + 2\vec{b})|^2$$
$$= 4|\vec{a} + \vec{b}|^2 = 4(|\vec{a}|^2 + 2\vec{a} \cdot \vec{b} + |\vec{b}|^2)$$
$$= 4(3^2 - 2 \cdot 2 + 6^2) = 4 \cdot 41$$

$$|\overrightarrow{PB}|^2 = |\overrightarrow{OB} - \overrightarrow{OP}|^2 = |\vec{b} - (3\vec{a} + 2\vec{b})|^2$$
$$= |-3\vec{a} - \vec{b}|^2 = 9|\vec{a}|^2 + 6\vec{a} \cdot \vec{b} + |\vec{b}|^2$$
$$= 9 \cdot 9 - 6 \cdot 2 + 6^2 = 105$$

$$\overrightarrow{PA} \cdot \overrightarrow{PB} = (-2\vec{a} - 2\vec{b}) \cdot (-3\vec{a} - \vec{b})$$
$$= 6|\vec{a}|^2 + 8\vec{a} \cdot \vec{b} + 2|\vec{b}|^2$$
$$= 6 \cdot 9 - 8 \cdot 2 + 2 \cdot 36 = 110$$

$$\therefore \quad S_1 = \frac{1}{2}\sqrt{4 \cdot 41 \cdot 3 \cdot 5 \cdot 7 - (2 \cdot 5 \cdot 11)^2}$$

$$= \frac{1}{2}\sqrt{4 \cdot 5(41 \cdot 21 - 5 \cdot 11^2)} = \frac{1}{2}\sqrt{4 \cdot 5 \cdot 16^2}$$

← できるだけ共通因数をくくり出して計算しよう.

$$= 16\sqrt{5}$$

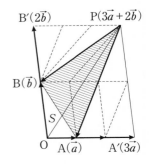

別解 P($3\vec{a}+2\vec{b}$), A′($3\vec{a}$), B′($2\vec{b}$)
とすると四角形 OA′PB′ は,
$$OA'=3|\vec{a}|,\ \ OB'=2|\vec{b}|$$
← 斜交座標のイメージ.
を2辺とする平行四辺形で，その面積は
$$2S\times(3\cdot2)=12S$$
△PAB は，前ページの図の斜線部分でその面
積は,
$$4S=4\cdot4\sqrt{5}=\mathbf{16\sqrt{5}}$$

 △ABC において3辺の長さを
$$BC=a,\ \ CA=b,\ \ AB=c$$
とすると，余弦定理：
$$a^2=b^2+c^2-2\overrightarrow{AB}\cdot\overrightarrow{AC}$$
より，$\overrightarrow{AB}\cdot\overrightarrow{AC}=\dfrac{b^2+c^2-a^2}{2}$

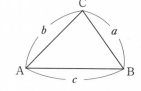

$$\therefore\ \ \triangle ABC=\frac{1}{2}\sqrt{|\overrightarrow{AB}|^2|\overrightarrow{AC}|^2-(\overrightarrow{AB}\cdot\overrightarrow{AC})^2}=\frac{1}{2}\sqrt{c^2b^2-\left(\frac{b^2+c^2-a^2}{2}\right)^2}$$
$$=\frac{1}{2}\sqrt{\frac{2bc+b^2+c^2-a^2}{2}\cdot\frac{2bc-b^2-c^2+a^2}{2}}$$
$$=\frac{1}{4}\sqrt{\{(b+c)^2-a^2\}\{a^2-(b-c)^2\}}$$
$$=\frac{1}{4}\sqrt{(a+b+c)(-a+b+c)(a-b+c)(a+b-c)}$$

これを **Heron の公式**という．この公式は応用の広いものではないが，3辺
の長さだけから面積が求まるということでは意味がある．本問の △OAB で，
$a=7$, $b=6$, $c=3$ として適用すると,
$$S=\frac{1}{4}\sqrt{(7+6+3)(-7+6+3)(7-6+3)(7+6-3)}$$
$$=\frac{1}{4}\sqrt{16\cdot2\cdot4\cdot10}=4\sqrt{5}$$

17　直線・円のベクトル方程式

位置ベクトルの原点Oが定められた平面上に，Oと異なる点A($\vec{a}$)を中心とし点Oを通る円Cと，点K($k\vec{a}$)　[k：実数] を通る直線 l があって，$\vec{a}$ と l の法線ベクトル $\vec{n}$ のなす角を θ とするとき，$\cos\theta = \dfrac{3}{5}$，$|\vec{n}|=1$ である.

このとき，

(1)　円Cおよび直線 l のベクトル方程式を $\vec{a}$，$\vec{n}$，k を用いて表せ. ただし，動点Pを $\overrightarrow{\mathrm{OP}}=\vec{p}$ とする.

(2)　C と l が共有点をもつような k の範囲を求めよ.

(3)　(2)における k の最大値を m，$m\vec{a}$ で表される点を M とする. 線分 AM を直径とする円 C_1 および，C と C_1 の2交点を通る直線 l_1 をベクトル方程式で表せ.

精　講　原点Oの定められた平面上で，
$$\mathrm{A}(\vec{a}),\ \mathrm{B}(\vec{b})$$
とするとき，この2点間の距離は，
$$\mathrm{AB}=|\vec{b}-\vec{a}|$$
である. この平面上で，「未知ベクトル」 $\vec{p}=\overrightarrow{\mathrm{OP}}$ と一定なベクトルの和，差，実数倍および内積を含む等式が与えられ，それが何らかの図形を表すとき，その等式をその図形のベクトル方程式という.

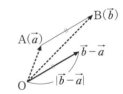

1°　直線のベクトル方程式

平面上の直線は通る1点と垂直方向で決まるから，**点 $\mathrm{P}_0(\vec{p_0})$ を通って，$\vec{n}$ ($\neq \vec{0}$) に垂直な直線 l は**，
　　　ベクトル方程式：$\vec{n}\cdot(\vec{p}-\vec{p_0})=0$
で表される. $\vec{n}$ を l の**法線ベクトル**という.

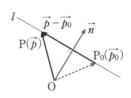

このとき，平面上の**点 $\mathrm{P}_1(\vec{p_1})$ から l へおろした垂線の足を H**，$d=\mathrm{P}_1\mathrm{H}$ とすれば，

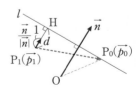

$$\mathrm{P}_1\mathrm{H}=\mathrm{P}_0\mathrm{P}_1|\cos\angle\mathrm{P}_0\mathrm{P}_1\mathrm{H}|$$

$$\therefore\ d=\left|(\vec{p_0}-\vec{p_1})\cdot\dfrac{\vec{n}}{|\vec{n}|}\right|=\dfrac{|\vec{n}\cdot(\vec{p_1}-\vec{p_0})|}{|\vec{n}|}$$

を得る (**点と直線の距離の公式**).

2° 円のベクトル方程式

（ⅰ）**中心 A($\vec{a}$)，半径 $r\,(>0)$ の円 C は，**

　　ベクトル方程式：$|\overrightarrow{\mathrm{AP}}|=r$，$|\vec{p}-\vec{a}|=r$

で表される．

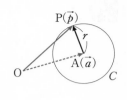

（ⅱ）**K($\vec{k}$)，L($\vec{l}$) を直径の両端点とする円 C_1 は**

　　ベクトル方程式：$\overrightarrow{\mathrm{PK}}\cdot\overrightarrow{\mathrm{PL}}=0$，$(\vec{p}-\vec{k})\cdot(\vec{p}-\vec{l})=0$

で表される．このとき

　　中心を表す位置ベクトルは $\dfrac{\vec{k}+\vec{l}}{2}$

　　半径は $\dfrac{|\vec{l}-\vec{k}|}{2}$

である．

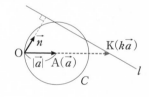

解　答

（1）　C は中心 A($\vec{a}$)，半径 $|\vec{a}|$ の円だから

　　$C：|\vec{p}-\vec{a}|=|\vec{a}|$

l は K($k\vec{a}$) を通って $\vec{n}$ に垂直な直線だから

　　$l：\vec{n}\cdot(\vec{p}-k\vec{a})=0$

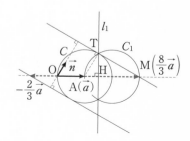

（2）　C の中心 A($\vec{a}$) と直線 l との距離を d とする
と，$|\vec{n}|=1$ に注意して，

$$d=|\vec{n}\cdot(\vec{a}-k\vec{a})|=|(1-k)\vec{n}\cdot\vec{a}|$$
$$=|(1-k)\|\vec{n}\|\vec{a}|\cos\theta=\frac{3}{5}|1-k\|\vec{a}|$$

　　C と l が共有点をもつ条件は，

$d\leqq|\vec{a}|$（C の半径）であり，$\dfrac{3}{5}|1-k\|\vec{a}|\leqq|\vec{a}|$

よって，$|1-k|\leqq\dfrac{5}{3}$，$-\dfrac{5}{3}\leqq1-k\leqq\dfrac{5}{3}$

求める k の範囲は，

　　$-\dfrac{2}{3}\leqq k\leqq\dfrac{8}{3}$

(3) $m=\dfrac{8}{3}$ である．C_1 は $\mathrm{A}(\vec{a})$, $\mathrm{M}\left(\dfrac{8}{3}\vec{a}\right)$ を直径

の両端点とする円であるから，

$$C_1 : (\vec{p}-\vec{a})\cdot\left(\vec{p}-\dfrac{8}{3}\vec{a}\right)=0$$

$C_1 : |\vec{p}|^2-\dfrac{11}{3}\vec{a}\cdot\vec{p}+\dfrac{8}{3}|\vec{a}|^2=0$ …… ① と，

$C : |\vec{p}|^2-2\vec{a}\cdot\vec{p}+|\vec{a}|^2=|\vec{a}|^2$ …… ② は 2 交点を

もち，この 2 交点を通る直線が l_1 だから，

← $|\vec{p}-\vec{a}|=|\vec{a}|$
$\Longleftrightarrow |\vec{p}-\vec{a}|^2=|\vec{a}|^2$

$$②-① : \dfrac{5}{3}\vec{a}\cdot\vec{p}-\dfrac{5}{3}|\vec{a}|^2=|\vec{a}|^2$$

$$\Longleftrightarrow \vec{a}\cdot\vec{p}-\dfrac{8}{5}|\vec{a}|^2=0$$

$$\therefore\ l_1 : \vec{a}\cdot\left(\vec{p}-\dfrac{8}{5}\vec{a}\right)=0$$

[別解] C_1 の中心の位置ベクトルは，

$$\dfrac{1}{2}\left(\vec{a}+\dfrac{8}{3}\vec{a}\right)=\dfrac{11}{6}\vec{a}$$

半径は，

$$\dfrac{1}{2}\left|\dfrac{8}{3}\vec{a}-\vec{a}\right|=\dfrac{5}{6}|\vec{a}|$$

であるから

$$C_1 : \left|\vec{p}-\dfrac{11}{6}\vec{a}\right|=\dfrac{5}{6}|\vec{a}|$$

← ①を“平方完成”すると
$\left|\vec{p}-\dfrac{11}{6}\vec{a}\right|^2-\dfrac{121}{36}|\vec{a}|^2$
$\qquad +\dfrac{8}{3}|\vec{a}|^2=0$
$\left|\vec{p}-\dfrac{11}{6}\vec{a}\right|^2=\dfrac{25}{36}|\vec{a}|^2$
$\therefore\ \left|\vec{p}-\dfrac{11}{6}\vec{a}\right|=\dfrac{5}{6}|\vec{a}|$

次に，$m=\dfrac{8}{3}$ のとき l と C は接するから接点

を T，T から直線 OA へおろした垂線の足を H と

する，

← T は，1 次独立な 2 つのベクトル $\vec{a}$ と $\vec{n}$ を用いて
$\overrightarrow{\mathrm{OT}}=\vec{a}+|\vec{a}|\vec{n}$
と表される．

$$\mathrm{AH}=\mathrm{AT}\cos\angle\mathrm{HAT}=|\vec{a}|\cos\theta=\dfrac{3}{5}|\vec{a}|$$

よって，H の位置ベクトルは，$\vec{a}+\dfrac{3}{5}\vec{a}=\dfrac{8}{5}\vec{a}$

l_1 は H を通って $\vec{a}$ に垂直な直線だから

$$l_1 : \vec{a}\cdot\left(\vec{p}-\dfrac{8}{5}\vec{a}\right)=0$$

直線のベクトル方程式：
$\vec{n}\cdot(\vec{p}-\vec{a})=0$ $(\vec{n}\neq\vec{0})$ を変形すると，

$$\vec{n}\cdot\vec{p}-\vec{n}\cdot\vec{a}=0$$

となり，これは "$\vec{p}$ の1次式" $=0$ の形である．では一般に "$\vec{p}$ の1次式" $=0$ の形のベクトル方程式：

$$\vec{n}\cdot\vec{p}+b=0 \quad (b\text{ は実数の定数}) \cdots\cdots ①$$

は直線を表すだろうか？ この式が

$$\vec{n}\cdot\vec{p}-\vec{n}\cdot\vec{a}=0 \quad \cdots\cdots ②$$

と変形できる $\vec{a}$ があれば①は，$A(\vec{a})$ を通って $\vec{n}$ に垂直な直線を表すことになるが，
$\vec{a}=-b\dfrac{\vec{n}}{|\vec{n}|^2}$ とすれば $-\vec{n}\cdot\vec{a}=b$ となりそれは可能である．よって，①の形の

$$\text{"}\vec{p}\text{ の1次式"}=0$$

の形のベクトル方程式は直線を表す．

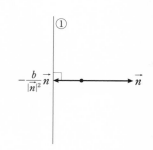

例：原点Oを中心とする半径 r の円上の点Tにおける接線

次に(3)の解答の①②のように円のベクトル方程式は，"$\vec{p}$ の2次式" $=0$ の形に変形できるが "$\vec{p}$ の2次式" $=0$ の形のベクトル方程式：

$$|\vec{p}|^2-\vec{a}\cdot\vec{p}+b=0 \quad [b：\text{実数の定数}] \quad \cdots\cdots ③$$

は円を表すであろうか？ ③の左辺を "平方完成" すると，

$$\left|\vec{p}-\frac{1}{2}\vec{a}\right|^2-\frac{1}{4}|\vec{a}|^2+b=0,\quad \left|\vec{p}-\frac{1}{2}\vec{a}\right|^2=\frac{|\vec{a}|^2-4b}{4} \quad \cdots\cdots ④$$

したがって③は，

$|\vec{a}|^2-4b>0 \rightleftarrows b<\dfrac{|\vec{a}|^2}{4}$ のとき，中心 $A\left(\dfrac{1}{2}\vec{a}\right)$，半径 $\dfrac{\sqrt{|\vec{a}|^2-4b}}{2}$ の円

$|\vec{a}|^2-4b=0 \rightleftarrows b=\dfrac{|\vec{a}|^2}{4}$ のとき，1点 $A\left(\dfrac{1}{2}\vec{a}\right)$

を表し，

$|\vec{a}|^2-4b<0 \rightleftarrows b>\dfrac{|\vec{a}|^2}{4}$ のとき，③を表す図形はない．

さて，ベクトル方程式を用いて"Apollonius の円"を導いてみよう：

2 定点 $A(\vec{a})$，$B(\vec{b})$ からの距離の比が $m：n$ である点 $P(\vec{p})$ の軌跡は，

(i) $m=n$ のとき，線分 AB の垂直二等分線

(ii) $m \neq n$ のとき，線分 AB を $m：n$ に内分する点 $K(\vec{k})$，外分する点 $L(\vec{l})$ を直径の両端点とする円

である.

| 証明 |

(i) $m=n$ のとき，

$$AP=BP \Longleftrightarrow |\vec{p}-\vec{a}|=|\vec{p}-\vec{b}|$$
$$\Longleftrightarrow |\vec{p}-\vec{a}|^2=|\vec{p}-\vec{b}|^2$$

より，$|\vec{p}|^2-2\vec{a}\cdot\vec{p}+|\vec{a}|^2=|\vec{p}|^2-2\vec{b}\cdot\vec{p}+|\vec{b}|^2$

$$2(\vec{b}-\vec{a})\cdot\vec{p}-(\vec{b}-\vec{a})\cdot(\vec{b}+\vec{a})=0 \quad \therefore \quad (\vec{b}-\vec{a})\cdot\left(\vec{p}-\frac{\vec{a}+\vec{b}}{2}\right)=0$$

これは AB の中点を通って，$\vec{b}-\vec{a}=\overrightarrow{AB}$ に垂直な直線，すなわち線分 AB の垂直二等分線を表す.

(ii) $m \neq n$ のとき，

$$AP：BP=m：n \Longleftrightarrow mBP=nAP$$
$$\Longleftrightarrow m|\vec{p}-\vec{b}|=n|\vec{p}-\vec{a}|, \ m^2|\vec{p}-\vec{b}|^2=n^2|\vec{p}-\vec{a}|^2$$

より，$m^2(|\vec{p}|^2-2\vec{b}\cdot\vec{p}+|\vec{b}|^2)=n^2(|\vec{p}|^2-2\vec{a}\cdot\vec{p}+|\vec{a}|^2)$

$$(m^2-n^2)|\vec{p}|^2-2(m^2\vec{b}-n^2\vec{a})\cdot\vec{p}+m^2|\vec{b}|^2-n^2|\vec{a}|^2=0$$

$$|\vec{p}|^2-2\frac{m^2\vec{b}-n^2\vec{a}}{m^2-n^2}\cdot\vec{p}+\frac{m^2|\vec{b}|^2-n^2|\vec{a}|^2}{m^2-n^2}=0$$

$$\therefore \ \left(\vec{p}-\frac{n\vec{a}+m\vec{b}}{m+n}\right)\cdot\left(\vec{p}-\frac{-n\vec{a}+m\vec{b}}{m-n}\right)=0$$

$$\vec{k}=\frac{n\vec{a}+m\vec{b}}{m+n}, \ \vec{l}=\frac{-n\vec{a}+m\vec{b}}{m-n}$$

であるからこれは KL を直径とする円である.

18 外心と垂心

平面上に三角形 ABC があり，BC$=a$，CA$=b$，AB$=c$ とする.

(1) この平面上に，AE$=$BE$=$CE をみたす点Eが存在することを示せ.

[この**点Eを△ABCの外心**という]

(2) 位置ベクトルの原点をOとして，A($\vec{a}$)，B($\vec{b}$)，C($\vec{c}$) とする. また，

$$\overrightarrow{AB}\cdot\overrightarrow{AC}=u, \quad \overrightarrow{BC}\cdot\overrightarrow{BA}=v, \quad \overrightarrow{CA}\cdot\overrightarrow{CB}=w$$

とおき，△ABC の面積をSとする. このとき，

(i) $a^2=v+w$，$b^2=w+u$，$c^2=u+v$ となることを示せ.

(ii) $\overrightarrow{AE}=\beta\overrightarrow{AB}+\gamma\overrightarrow{AC}$ [β, γ：実数] と表すとき，β, γ を u, v, w と S を用いて表せ.

(iii) $\overrightarrow{OE}=\dfrac{1}{8S^2}\{u(v+w)\vec{a}+v(w+u)\vec{b}+w(u+v)\vec{c}\}$

となることを示せ.

精 講 平面上において2定点 A, B から等距離にある点Pの軌跡は線分 AB の垂直2等分線で，位置ベクトルを用いると

$$(\vec{b}-\vec{a})\cdot\left(\vec{p}-\frac{\vec{a}+\vec{b}}{2}\right)=0 \quad \cdots\cdots①$$

と表された.（→ **17** 精 講）

同様に線分 AC の垂直2等分線は，

$$(\vec{c}-\vec{a})\cdot\left(\vec{p}-\frac{\vec{c}+\vec{a}}{2}\right)=0 \quad \cdots\cdots②$$

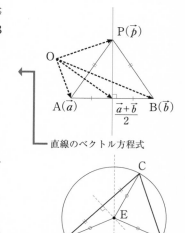

直線のベクトル方程式

と表される. △ABC においては $\overrightarrow{AB} \not\!/\, \overrightarrow{AC}$ であるから①②を同時にみたす点 P$=$E ($\vec{p}=\overrightarrow{OP}$) がただ1点決まるが，①②から $\vec{p}$ を $\vec{a}$, $\vec{b}$, $\vec{c}$ を用いて表すのは容易ではない. ベクトル方程式は図形全体を捉える表現として意味あるものであるが，図形上の点を具体的に求める（位置ベクトルを決定する，あるいは1次独立なベクトルの係数すなわち座標を決定する）には便利とは言えない. "位置の決定"には，ベクトル表示が有用である（→ **8**，**18** の 講 究，**19**）. 本問では，(2)(ii)をみたす β, γ が一意的

に存在することを利用，内積を用いて連立方程
式を解く．

解 答

(1) 2点 A，B から等距離にある点の軌跡 l は線
分 AB の垂直2等分線である．同様に2点 A，
C から等距離にある点の軌跡 m は線分 AC の
垂直2等分線である．AB∦AC だから $l ∦ m$
で l と m は1点Eで交わる．このEについて，
$$AE＝BE \quad かつ \quad AE＝CE$$
であるから
$$AE＝BE＝CE$$
となる．

(2)(i) $a^2＝|\overrightarrow{BC}|^2＝\overrightarrow{BC}\cdot\overrightarrow{BC}$
$\quad＝\overrightarrow{BC}\cdot(\overrightarrow{AC}-\overrightarrow{AB})＝\overrightarrow{CA}\cdot\overrightarrow{CB}+\overrightarrow{BC}\cdot\overrightarrow{BA}$
$\quad＝v+w$
$b^2＝|\overrightarrow{CA}|^2＝\overrightarrow{CA}\cdot(\overrightarrow{BA}-\overrightarrow{BC})$
$\quad＝\overrightarrow{AB}\cdot\overrightarrow{AC}+\overrightarrow{CA}\cdot\overrightarrow{CB}＝w+u$
$c^2＝|\overrightarrow{AB}|^2＝\overrightarrow{AB}\cdot(\overrightarrow{CB}-\overrightarrow{CA})$
$\quad＝\overrightarrow{BC}\cdot\overrightarrow{BA}+\overrightarrow{AB}\cdot\overrightarrow{AC}＝u+v$

(ii) AB，AC の中点をそれぞれ，K，L とすると，
$$\overrightarrow{EK}＝\overrightarrow{AK}-\overrightarrow{AE}＝\left(\frac{1}{2}-\beta\right)\overrightarrow{AB}-\gamma\overrightarrow{AC}$$
$$\overrightarrow{EL}＝\overrightarrow{AL}-\overrightarrow{AE}＝-\beta\overrightarrow{AB}+\left(\frac{1}{2}-\gamma\right)\overrightarrow{AC}$$
$$\overrightarrow{EK}\perp\overrightarrow{AB}, \quad \overrightarrow{EL}\perp\overrightarrow{AC}$$
であるから
$$\overrightarrow{EK}\cdot\overrightarrow{AB}＝\left(\frac{1}{2}-\beta\right)c^2-\gamma u＝0 \quad \cdots\cdots①$$
$$\overrightarrow{EL}\cdot\overrightarrow{AC}＝-\beta u+\left(\frac{1}{2}-\gamma\right)b^2＝0 \quad \cdots\cdots②$$
$$①\times b^2 : \left(\frac{1}{2}-\beta\right)b^2c^2-\gamma ub^2＝0 \quad \cdots\cdots③$$
$$②\times u : -\beta u^2+\left(\frac{1}{2}-\gamma\right)ub^2 \quad \cdots\cdots④$$
$$④-③ : (b^2c^2-u^2)\beta-\frac{1}{2}b^2c^2+\frac{1}{2}ub^2＝0$$

← ベクトル方程式で書くと AB
の垂直2等分線：
$$|\vec{p}-\vec{a}|＝|\vec{p}-\vec{b}|$$
AC の垂直2等分線：
$$|\vec{p}-\vec{a}|＝|\vec{p}-\vec{c}|$$
に対し，$\vec{p}＝\vec{e}$ [E($\vec{e}$)] はこれ
らをみたすから BC の垂直2
等分線：
$$|\vec{p}-\vec{b}|＝|\vec{p}-\vec{c}|$$
もみたす．すなわち，
△ABC の3本の垂直2等分
線は1点で交わる．

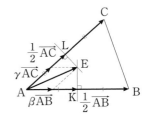

ここで
$$b^2c^2-u^2=|\overrightarrow{AB}|^2|\overrightarrow{AC}|^2-(\overrightarrow{AB}\cdot\overrightarrow{AC})^2$$
$$=4S^2>0$$

$$\frac{1}{2}b^2c^2-\frac{1}{2}ub^2=\frac{1}{2}b^2(c^2-u)=\frac{1}{2}v(w+u)$$

$\leftarrow S=\dfrac{1}{2}\sqrt{|\overrightarrow{AB}|^2|\overrightarrow{AC}|^2-(\overrightarrow{AB}\cdot\overrightarrow{AC})^2}$

より, $\boldsymbol{\beta=\dfrac{v(w+u)}{8S^2}}$

①$\times u$: $\left(\dfrac{1}{2}-\beta\right)uc^2-\gamma u^2=0$ ……⑤

②$\times c^2$: $-\beta uc^2+\left(\dfrac{1}{2}-\gamma\right)b^2c^2=0$ ……⑥

⑤－⑥ : $\dfrac{1}{2}uc^2+(b^2c^2-u^2)\gamma-\dfrac{1}{2}b^2c^2=0$

$$b^2c^2-u^2=4S^2$$

$$\frac{1}{2}b^2c^2-\frac{1}{2}uc^2=\frac{1}{2}c^2(b^2-u)=\frac{1}{2}w(u+v)$$

$\leftarrow$ たとえば,
$$w=\overrightarrow{CA}\cdot\overrightarrow{CB}=0$$
すなわち, △ABC が
∠BCA=90° の直角三角形
のとき,
$$4S^2=b^2a^2-w^2=a^2b^2$$
$$v(w+u)=vu=a^2b^2$$
となるから
$$\beta=\frac{1}{2}, \quad \gamma=0$$
$$\therefore \quad \overrightarrow{AE}=\frac{1}{2}\overrightarrow{AB}$$
直角三角形の外心は
斜辺の中点！

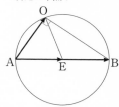

より, $\boldsymbol{\gamma=\dfrac{w(u+v)}{8S^2}}$

(iii) $\overrightarrow{AE}=\beta\overrightarrow{AB}+\gamma\overrightarrow{AC}$

$\rightleftarrows \quad \overrightarrow{OE}-\overrightarrow{OA}=\beta(\overrightarrow{OB}-\overrightarrow{OA})+\gamma(\overrightarrow{OC}-\overrightarrow{OA})$

$\therefore \quad \overrightarrow{OE}=(1-\beta-\gamma)\vec{a}+\beta\vec{b}+\gamma\vec{c}$

$$=\frac{1}{8S^2}\{[8S^2-v(w+u)$$
$$-w(u+v)]\vec{a}+v(w+u)\vec{b}$$
$$+w(u+v)\vec{c}\}$$

ここで,

$$8S^2-v(w+u)-w(u+v)$$
$$=2(b^2c^2-u^2)-uv-2vw-wu$$
$$=2\{(w+u)(u+v)-u^2\}-uv-2vw-wu$$
$$=uv+wu=u(v+w)$$

$\leftarrow 4S^2=b^2c^2-u^2$
$$=c^2a^2-v^2$$
$$=a^2b^2-w^2$$
$$=(w+u)(u+v)-u^2$$
$$=uv+vw+wu$$
この結果,
$$S=\frac{1}{2}\sqrt{uv+vw+wu}$$
と書ける.

$$\therefore \quad \overrightarrow{OE}=\frac{1}{8S^2}\{u(v+w)\vec{a}+v(w+u)\vec{b}$$
$$+w(u+v)\vec{c}\}$$

1° $\overrightarrow{EH}=\overrightarrow{EA}+\overrightarrow{EB}+\overrightarrow{EC}$ ……（＊）

で定まる点Hを考えよう．

$$（＊）\Longleftrightarrow \overrightarrow{EH}-\overrightarrow{EC}=\overrightarrow{EA}+\overrightarrow{EB}$$
$$\Longleftrightarrow \overrightarrow{CH}=\overrightarrow{EA}+\overrightarrow{EB}$$
$$\overrightarrow{CH}\cdot\overrightarrow{AB}=(\overrightarrow{EA}+\overrightarrow{EB})\cdot(\overrightarrow{EB}-\overrightarrow{EA})$$
$$=|\overrightarrow{EB}|^2-|\overrightarrow{EA}|^2=0$$
$$\therefore\quad \overrightarrow{CH}\perp\overrightarrow{AB}$$

同様に，$\overrightarrow{AH}\perp\overrightarrow{BC}$，$\overrightarrow{BH}\perp\overrightarrow{CA}$ を得る．すなわち，**H は △ABC の垂心**（A，B，Cから対辺に垂直に引いた3直線の交点）である．

さて，△ABC の重心をGとすると（＊）から

$$\overrightarrow{EH}=3\cdot\frac{1}{3}(\overrightarrow{EA}+\overrightarrow{EB}+\overrightarrow{EC})=3\overrightarrow{EG}$$

となるから **△ABC の外心，重心，垂心はこの順に一直線上に並び，G は線分 EH を 1：2 に内分する点**である．

2° Hの位置ベクトルを求めよう．（＊）より

$$\overrightarrow{OH}-\overrightarrow{OE}=\overrightarrow{OA}-\overrightarrow{OE}+\overrightarrow{OB}-\overrightarrow{OE}+\overrightarrow{OC}-\overrightarrow{OE}$$
$$\therefore\quad \overrightarrow{OH}=\overrightarrow{OA}+\overrightarrow{OB}+\overrightarrow{OC}-2\overrightarrow{OE}$$
$$=\vec{a}+\vec{b}+\vec{c}$$
$$-2\cdot\frac{1}{8S^2}\{u(v+w)\vec{a}+v(w+u)\vec{b}+w(u+v)\vec{c}\}$$
$$=\frac{1}{4S^2}\{(4S^2-u(v+w))\vec{a}+(4S^2-v(w+u))\vec{b}+(4S^2-w(u+v))\vec{c}\}$$

ここで

$$4S^2-u(v+w)=uv+vw+wu-u(v+w)=vw$$
$$4S^2-v(w+u)=uv+vw+wu-v(w+u)=wu$$
$$4S^2-w(u+v)=uv+vw+wu-w(u+v)=uv$$

となるから

$$\therefore\quad \overrightarrow{OH}=\frac{1}{4S^2}(vw\vec{a}+wu\vec{b}+uv\vec{c})$$

◇注 $$\overrightarrow{OE}=\frac{u(v+w)\vec{a}+v(w+u)\vec{b}+w(u+v)\vec{c}}{2(uv+vw+wu)}$$
$$\overrightarrow{OH}=\frac{vw\vec{a}+wu\vec{b}+uv\vec{c}}{uv+vw+wu}$$

である．

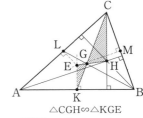

△CGH∽△KGE
相似比　2 ： 1
・$\overrightarrow{EH}=3\overrightarrow{EG}$
・CG：GK＝2：1
・$\overrightarrow{CH}=\overrightarrow{EA}+\overrightarrow{EB}=2\overrightarrow{EK}$

← 重心，内心，傍心（3つ），外心，垂心を三角形の五心という．

← 位置ベクトルの原点Oは任意にとってよい．

← いずれも $\vec{a}$，$\vec{b}$，$\vec{c}$ の係数の和が 1 であることに注意しよう．これは △ABC が空間内にあって，O が平面 ABC 上にないければ $\vec{a}$，$\vec{b}$，$\vec{c}$ が 1 次独立（→ **31**）であることによる．他の三心についても同様である．

第1章

3° (2)(ii)を直線のベクトル表示を用いて求めてみ
よう．そのためには2辺 AB, AC の垂直2等
分線の方向ベクトルを求めておく必要がある．
これまでも実質的には使ってきたことであるが，
1次独立なベクトル $\vec{a}$ と $\vec{b}$ が与えられたとき
$\vec{a}$ と垂直なベクトルを作る方法 (Schmidt の直
交化) を整理しておこう．

$\vec{e}$ を $\vec{a}$ と同じ向きの単位ベクトル，すなわち
$\vec{e}=\dfrac{\vec{a}}{|\vec{a}|}$, $\vec{a}$ と $\vec{b}$ のなす角を $\theta\ (0\leqq\theta\leqq\pi)$ とす
れば $\vec{b}$ の $\vec{a}$ を含む直線 l 上への正射影の長さ
は

$$|\vec{b}|\|\cos\theta|=|\vec{b}||\vec{e}|\|\cos\theta|=|\vec{b}\cdot\vec{e}|$$

であるから $\vec{b}$ の終点から l へおろした点の位
置ベクトル (これを $\vec{b}$ の l 上への正射影ベクト
ルという) は，

$$(\vec{b}\cdot\vec{e})\vec{e}=\dfrac{\vec{a}\cdot\vec{b}}{|\vec{a}|^2}\vec{a}$$

で与えられる．よって，$\vec{n}=\vec{b}-\dfrac{\vec{a}\cdot\vec{b}}{|\vec{a}|^2}\vec{a}$ とすれ
ば $\vec{n}\perp\vec{a}$ である．

さて，ここで $\vec{a}=\overrightarrow{\mathrm{AB}}$, $\vec{b}=\overrightarrow{\mathrm{AC}}$ とし
$\overrightarrow{\mathrm{AB}}\cdot\overrightarrow{\mathrm{AC}}=u$, $|\overrightarrow{\mathrm{AB}}|^2=c^2$ であったことに注意
して，$\vec{n_1}=\overrightarrow{\mathrm{AC}}-\dfrac{u}{c^2}\overrightarrow{\mathrm{AB}}$ とすると，$\vec{n_1}\perp\overrightarrow{\mathrm{AB}}$ で，
AB の垂直2等分線上の点Pは，

$$\overrightarrow{\mathrm{AP}}=\dfrac{1}{2}\overrightarrow{\mathrm{AB}}+s\vec{n_1}\quad[s:\text{実数}]$$

$$=\left(\dfrac{1}{2}-\dfrac{u}{c^2}s\right)\overrightarrow{\mathrm{AB}}+s\overrightarrow{\mathrm{AC}}\quad\cdots\cdots①$$

と表される．同様に，$\vec{n_2}=\overrightarrow{\mathrm{AB}}-\dfrac{u}{b^2}\overrightarrow{\mathrm{AC}}$ とする
と，$\vec{n_2}\perp\overrightarrow{\mathrm{AC}}$ で，AC の垂直2等分線上の点Q
は，

$$\overrightarrow{\mathrm{AQ}}=\dfrac{1}{2}\overrightarrow{\mathrm{AC}}+t\vec{n_2}\quad(t:\text{実数})$$

$$=t\overrightarrow{\mathrm{AB}}+\left(\dfrac{1}{2}-\dfrac{u}{b^2}t\right)\overrightarrow{\mathrm{AC}}\quad\cdots\cdots②$$

と表される．2直線①②の交点において，

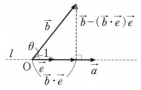

← 外心 E は，2辺 AB, AC の
垂直2等分線の交点であった．

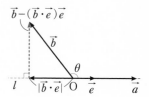

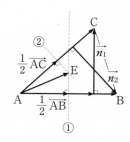

P=Q（=E）であり，$\overrightarrow{AB}$ と $\overrightarrow{AC}$ は 1 次独立だから，

$$\frac{1}{2}-\frac{u}{c^2}s=t \quad \cdots\cdots ③, \qquad \frac{1}{2}-\frac{u}{b^2}t=s \quad \cdots\cdots ④$$

③を④へ代入して，

$$\frac{1}{2}-\frac{u}{b^2}\left(\frac{1}{2}-\frac{u}{c^2}s\right)=s, \quad \left(\frac{u^2}{b^2c^2}-1\right)s=\frac{u-b^2}{2b^2}$$

$$\therefore \quad \gamma=s=\frac{u-b^2}{2b^2}\cdot\frac{b^2c^2}{u^2-b^2c^2}=\frac{c^2(b^2-u)}{2(b^2c^2-u^2)}=\frac{w(u+v)}{8S^2}$$

$$\beta=t=\frac{1}{2}-\frac{u}{c^2}\cdot\frac{c^2(b^2-u)}{2(b^2c^2-u^2)}=\frac{b^2c^2-u^2-u(b^2-u)}{2(b^2c^2-u^2)}=\frac{v(w+u)}{8S^2}$$

となって(2)(ii)の結果を得る．

垂心Hに対しても

$$\overrightarrow{AH}=\overrightarrow{AC}+k\overrightarrow{n_1}=-\frac{u}{c^2}k\overrightarrow{AB}+(1+k)\overrightarrow{AC} \quad [k：実数]$$

$$=\overrightarrow{AB}+l\overrightarrow{n_2}=(1+l)\overrightarrow{AB}-\frac{u}{b^2}l\overrightarrow{AC} \quad [l：実数]$$

から，$k=-\dfrac{c^2w}{4S^2}$，$l=-\dfrac{b^2v}{4S^2}$

したがって，

$$\overrightarrow{AH}=\frac{1}{4S^2}(wu\overrightarrow{AB}+uv\overrightarrow{AC})$$

を得る．

なお，垂心Hについては，唐突に（∗）で導入したが，

△ABC において，各頂点を通って対辺に垂直な直線が 1 点で交わることは次のように示される：

A，B からそれぞれの対辺に垂直に引いた直線の交点を H，各点の位置ベクトルを

A($\vec{a}$)，B($\vec{b}$)，C($\vec{c}$)，H($\vec{h}$)

とすると，

$\overrightarrow{AH}\perp\overrightarrow{BC}$ より，$(\vec{h}-\vec{a})\cdot(\vec{c}-\vec{b})=0$

$\overrightarrow{BH}\perp\overrightarrow{CA}$ より，$(\vec{h}-\vec{b})\cdot(\vec{a}-\vec{c})=0$

2 式を展開してから辺々ごとに加えると，

$\vec{h}\cdot(\vec{a}-\vec{b})-\vec{c}\cdot(\vec{a}-\vec{b})=0$

$\therefore \quad (\vec{h}-\vec{c})\cdot(\vec{b}-\vec{a})=0$

$\therefore \quad \overrightarrow{CH}\perp\overrightarrow{AB}$

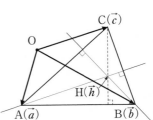

19　正規直交基底と円

三辺の長さが OA＝6, OB＝8, AB＝10 の三角形 OAB の外心を E, 外接円をCとする. また, $\overrightarrow{OA}=\vec{a}$, $\overrightarrow{OB}=\vec{b}$ とし, C 上の点 P に対し $\overrightarrow{OP}=\vec{p}$, $\vec{a}$ の向きから $\overrightarrow{EP}$ の向きへ左回りに (正の向きに) 測った角を $\theta\,(0\leqq\theta<2\pi)$ とする. ただし, 三角形 OAB は左回りに O, A, B とする. このとき,

(1) $\overrightarrow{OP}=u\vec{a}+v\vec{b}$ [u, v：実数] と表すとき, u, v をそれぞれ θ を用いて表せ. また, u, v のとり得る値の範囲を求めよ.

(2) P＝A となるときの θ を α として, $\cos\alpha$, $\sin\alpha$ を求めよ.

(3) C 上の点 K, L を四角形 AKBL が正方形となるようにとる. このとき, $\overrightarrow{OK}$, $\overrightarrow{OL}$ を $\vec{a}$, $\vec{b}$ を用いて表せ. ただし, A, K, B, L は左回りに存在するものとする.

精　講　原点 O と 1 次独立なベクトル $\vec{a}$, $\vec{b}$ が与えられた平面上では, 任意の点 P が,

$$\overrightarrow{OP}=s\vec{a}+t\vec{b}\quad[s,\ t：実数]$$

と, ただ 1 通りに表され, $(s,\ t)$ はこの平面上の座標の役割を果たし (→ **11**, **12**), 直線および, 直線で仕切られた図形に関する限り $(s,\ t)$ は通常の xy 平面における座標 $(x,\ y)$ と同様に扱ってもよいのであった. しかし, 距離の比ではなく距離そのものや円や放物線などを (rigid に, Euclid 的合同のレベルで) 扱うには不都合である. このような図形をも同様に扱うには次に定義する正規直交系が必要となる.

1 次独立なベクトル $\vec{e}$ と $\vec{f}$ は,

$$|\vec{e}|=|\vec{f}|=1,\quad \vec{e}\perp\vec{f}$$

をみたすとき, **正規直交**であるといい, 原点を O とする平面上の点 P を

$$\overrightarrow{OP}=x\vec{e}+y\vec{f}\quad(x,\ y：実数)$$

と表すとき, $(x,\ y)$ を正規直交基底 $\{O；\vec{e},\ \vec{f}\}$ による**座標**であるという.

この座標 $(x,\ y)$ は通常の xy 平面における座標と全く同様に扱ってよく, さらにベクトル

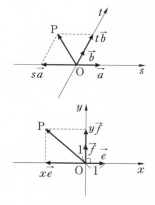

たとえば,
$$\overrightarrow{OP_1}=x_1\vec{e}+y_1\vec{f}$$
⬅　$$\overrightarrow{OP_2}=x_2\vec{e}+y_2\vec{f}$$
のとき,
$$P_1P_2{}^2=|\overrightarrow{P_1P_2}|^2$$
$$=|\overrightarrow{OP_2}-\overrightarrow{OP_1}|^2$$
$$=|(x_2-x_1)\vec{e}+(y_2-y_1)\vec{f}|^2$$
$$=(x_2-x_1)^2|\vec{e}|^2$$
$$\quad+2(x_2-x_1)(y_2-y_1)\vec{e}\cdot\vec{f}$$
$$\quad+(y_2-y_1)^2|\vec{f}|^2$$
$$=(x_2-x_1)^2+(y_2-y_1)^2$$
$$[\because\ |\vec{e}|=|\vec{f}|=1,\ \vec{e}\cdot\vec{f}=0]$$
$$\therefore\ P_1P_2=\sqrt{(x_2-x_1)^2+(y_2-y_1)^2}$$

は位置に依存しない（平行移動可）のでより便利に扱うことができる.

直線のベクトル表示（→ **8** ）のように円をベクトル表示してみよう.

原点Oを中心とする半径rの円C_0上の点Pは,

$$\overrightarrow{OP}=(r\cos\theta)\vec{e}+(r\sin\theta)\vec{f}\quad[\theta:実数]$$

点$A(\vec{a})$を中心とする半径rの円C_1上の点Pは

$$\overrightarrow{OP}=\vec{a}+(r\cos\theta)\vec{e}+(r\sin\theta)\vec{f}\quad[\theta:実数]$$

と表される. いずれも, θをたとえば$0\leqq\theta<2\pi$の範囲に限れば, 円周上の点とθが1対1に対応し, θの値を1つ決めれば円周上の点が1つ決まる. これらを円C_0, C_1のベクトル表示, θをその媒介変数, またはパラメーターという.

必ずしも正規直交でない1次独立なベクトル$\vec{a}$と$\vec{b}$が与えられたとき

$$\vec{n}=\vec{b}-\frac{\vec{a}\cdot\vec{b}}{|\vec{a}|^2}\vec{a}$$

とすれば, $\vec{n}\perp\vec{a}$ であったから（→ **18** **講究**）

$$\vec{e}=\frac{\vec{a}}{|\vec{a}|},\quad \vec{f}=\frac{\vec{n}}{|\vec{n}|}$$

とおけば, $\vec{e}$と$\vec{f}$は正規直交となることを注意しておく.

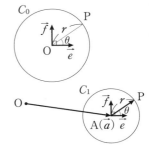

第1章

解 答

(1) $OA^2=6^2=36$, $OB^2=8^2=64$, $AB^2=10^2=100$ より, $OA^2+OB^2=AB^2$ であり, $\triangle OAB$ は ABが斜辺, $\angle AOB=\dfrac{\pi}{2}$ の直角三角形である. したがってその外接円Cの中心EはABの中点で,

$$\overrightarrow{OE}=\frac{1}{2}\vec{a}+\frac{1}{2}\vec{b}$$

Cの半径は, $\dfrac{AB}{2}=\dfrac{10}{2}=5$ である.

一方, $\vec{a}\perp\vec{b}$, $|\vec{a}|=OA=6$, $|\vec{b}|=OB=8$ であ

← 3辺の長さの比が3:4:5の直角三角形.

← 直角三角形の外心は斜辺の中点.

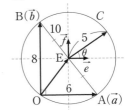

るから，$\vec{e}=\dfrac{1}{6}\vec{a}$，$\vec{f}=\dfrac{1}{8}\vec{b}$ とすれば，

$|\vec{e}|=|\vec{f}|=1$，$\vec{e}\perp\vec{f}$ より，　　　　　　　　← $\vec{e}$ と $\vec{f}$ は，正規直交.

$$\overrightarrow{\mathrm{EP}}=(5\cos\theta)\vec{e}+(5\sin\theta)\vec{f}$$

と表される.

$$\therefore\ \overrightarrow{\mathrm{OP}}=\overrightarrow{\mathrm{OE}}+\overrightarrow{\mathrm{EP}}$$

$$=\dfrac{1}{2}(\vec{a}+\vec{b})+(5\cos\theta)\vec{e}+(5\sin\theta)\vec{f}$$

$$=\dfrac{1}{2}(\vec{a}+\vec{b})+5\cos\theta\cdot\dfrac{1}{6}\vec{a}+5\sin\theta\cdot\dfrac{1}{8}\vec{b}$$

$$=\left(\dfrac{1}{2}+\dfrac{5}{6}\cos\theta\right)\vec{a}+\left(\dfrac{1}{2}+\dfrac{5}{8}\sin\theta\right)\vec{b}$$

$\vec{a}$ と $\vec{b}$ は1次独立だから

$$u=\dfrac{1}{2}+\dfrac{5}{6}\cos\theta,\qquad v=\dfrac{1}{2}+\dfrac{5}{8}\sin\theta$$

また，$-1\le\cos\theta\le1$，$-1\le\sin\theta\le1$ であるから

$$-\dfrac{1}{3}\le u\le\dfrac{4}{3},\qquad -\dfrac{1}{8}\le v\le\dfrac{9}{8}$$

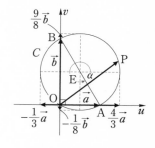

<注> この結果を図示すると右図のとおりである.

(2) Aは △OAB の外接円上の点だから(1)の
P＝A となる点Pがある. このときの θ が α
だから

$$\overrightarrow{\mathrm{OA}}=\left(\dfrac{1}{2}+\dfrac{5}{6}\cos\alpha\right)\vec{a}+\left(\dfrac{1}{2}+\dfrac{5}{8}\sin\alpha\right)\vec{b}$$

$$=1\vec{a}+0\vec{b}$$

←α は上図のような角で，
$2\pi-\alpha=\angle\mathrm{OAB}$
$\therefore\ \cos\alpha=\cos(2\pi-\angle\mathrm{OAB})$
$\qquad\qquad=\cos\angle\mathrm{OAB}=\dfrac{3}{5}$
$\sin\alpha=-\sin\angle\mathrm{OAB}$
$\qquad\quad=-\dfrac{4}{5}$

$$\therefore\ \dfrac{1}{2}+\dfrac{5}{6}\cos\alpha=1,\ \dfrac{1}{2}+\dfrac{5}{8}\sin\alpha=0$$

$$\therefore\ \cos\alpha=\dfrac{3}{5},\ \sin\alpha=-\dfrac{4}{5}$$

(3) 四角形 AKBL がこの順に左回りに正方形と
なるとき，(1)で

$$\mathrm{P}=\mathrm{K}\ \Longleftrightarrow\ \theta=\alpha+\dfrac{\pi}{2}\quad\left(\text{または } \alpha-\dfrac{3\pi}{2}\right)$$

$$\mathrm{P}=\mathrm{L}\ \Longleftrightarrow\ \theta=\alpha-\dfrac{\pi}{2}$$

である.

$$\cos\left(\alpha+\dfrac{\pi}{2}\right)=\cos\left(\alpha-\dfrac{3\pi}{2}\right)=-\sin\alpha=\dfrac{4}{5}$$

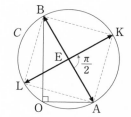

$$\sin\left(\alpha+\frac{\pi}{2}\right)=\sin\left(\alpha-\frac{3\pi}{2}\right)=\cos\alpha=\frac{3}{5}$$

となるから

$$\overrightarrow{\mathrm{OK}}=\left(\frac{1}{2}+\frac{5}{6}\cos\left(\alpha+\frac{\pi}{2}\right)\right)\vec{a}+\left(\frac{1}{2}+\frac{5}{8}\sin\left(\alpha+\frac{\pi}{2}\right)\right)\vec{b}$$

$$=\left(\frac{1}{2}+\frac{5}{6}\cdot\frac{4}{5}\right)\vec{a}+\left(\frac{1}{2}+\frac{5}{8}\cdot\frac{3}{5}\right)\vec{b}$$

$$=\frac{7}{6}\vec{a}+\frac{7}{8}\vec{b}$$

$\vec{e}=\frac{1}{6}\vec{a}$, $\vec{f}=\frac{1}{8}\vec{b}$ であったから

$$\overrightarrow{\mathrm{OK}}=7(\vec{e}+\vec{f})$$
$$\overrightarrow{\mathrm{OL}}=-\vec{e}+\vec{f}$$

とも表され，

$$\angle\mathrm{AOK}=\frac{\pi}{4}$$
$$\angle\mathrm{AOL}=\frac{3\pi}{4}$$

を得る．

また，

$$\cos\left(\alpha-\frac{\pi}{2}\right)=\sin\alpha=-\frac{4}{5}$$

$$\sin\left(\alpha-\frac{\pi}{2}\right)=-\cos\alpha=-\frac{3}{5}$$

より，

$$\overrightarrow{\mathrm{OL}}=\left(\frac{1}{2}+\frac{5}{6}\left(-\frac{4}{5}\right)\right)\vec{a}+\left(\frac{1}{2}+\frac{5}{8}\left(-\frac{3}{5}\right)\right)\vec{b}=-\frac{1}{6}\vec{a}+\frac{1}{8}\vec{b}$$

講 究 本問のように「回転」を考える際には，回転の向きや三角形の向き
を明確にしておく必要がある．一般に，△OAB と書いたとき，O，
A，B が左回りに存在するか，右回りに存在するかは任意である（下図）．しか
し，本問で

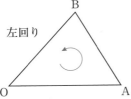 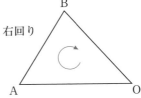

左回り　　　　　　　　　　　右回り

「$\vec{a}$ の向きから $\overrightarrow{\mathrm{EP}}$ の向きへ左回りに測った角 θ」はそのままにして，
△OAB を右回りで考えてしまうと右下図のようになり，たとえば，α は鋭角
で

$$\cos\alpha=\frac{3}{5},\ \sin\alpha=\frac{4}{5}$$

となり，本問の正解とは異なるものとなってしまう．

　普段あまり意識しないかもしれないが，x 軸（実数
直線），xy 平面，xyz 空間の座標軸のとり方にもそれ
ぞれの向きが関わっている．すなわち通常は，x 軸で
は，右向きを正の向きに，xy 平面では，x 軸を上記の
ようにとった上で，x 軸を原点を中心に左回りに $\frac{\pi}{2}$ 回転したものを（向きも含

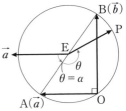

めて) y 軸に，xyz 空間では，xy 平面を上記のようにとった上で，原点を通る x 軸に垂直な平面上で y 軸を原点を中心に左回りに $\dfrac{\pi}{2}$ 回転したものを (向きも含めて) z 軸にとって考えている．これら，直線の向き，平面の向き，空間の向きについて上記のように「正の向き」を定めることに理論的根拠はないが，特に回転などが関わる問題では，特に断らない限り各座標軸の向きが上記のように定められているものと意識することが重要である．

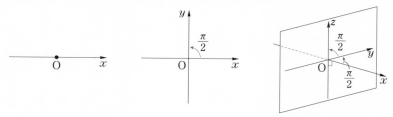

20 円と直線

平面上の三角形 OAB (O, A, B の順に左回りとする) は, $\angle AOB = \dfrac{\pi}{3}$,

OA=3, OB=2 をみたしている. $\overrightarrow{OA}=\vec{a}$, $\overrightarrow{OB}=\vec{b}$ として以下の問いに答えよ.

(1) $\vec{a}$ と同じ向きの単位ベクトルを $\vec{e}$, $\vec{e}$ と垂直で $\vec{b}$ とのなす角が鋭角の単位ベクトルを $\vec{f}$ とする. $\vec{e}$ と $\vec{f}$ をそれぞれ $\vec{a}$ と $\vec{b}$ を用いて表せ.

(2) 点 C を $\overrightarrow{OC}=2\vec{b}$ によって定まる点とし, C を中心とする半径 2 の円を S, S 上の点を P とする. さらに $\vec{a}$ の向きから $\overrightarrow{CP}$ の向きへ左回りに測った角を θ ($0 \le \theta < 2\pi$) とする. このとき, $\overrightarrow{OP}$ を $\vec{a}$, $\vec{b}$, θ を用いて表せ.

(3) 円 S と直線 AB は 2 点 D, E で交わる. D で $\theta = \alpha$, E で $\theta = \beta$ ($0 \le \alpha < \beta < 2\pi$) とするとき, $(\cos\alpha, \sin\alpha)$, $(\cos\beta, \sin\beta)$ を求めよ.

(4) 円弧 $\overparen{DE}$ の長さを α を用いて表せ. また, D は線分 AB をどのような比に分ける点か答えよ.

解 答

(1) $|\vec{a}|=OA=3$ であるから $\vec{e}=\dfrac{1}{3}\vec{a}$

また, $\vec{f}$ と $\vec{b}$ のなす角は $\dfrac{\pi}{2}-\dfrac{\pi}{3}=\dfrac{\pi}{6}$ である

から

$$\vec{f}=k\vec{a}+l\vec{b} \quad [k<0, \ l>0]$$

とすれば, $|k\vec{a}|=\dfrac{1}{\sqrt{3}}$, $|l\vec{b}|=\dfrac{2}{\sqrt{3}}$ (右図) で

ある. $|\vec{b}|=2$ にも注意して,

$$\vec{f}=-\dfrac{1}{\sqrt{3}}\vec{e}+\dfrac{2}{\sqrt{3}}\cdot\dfrac{1}{2}\vec{b}$$

$$=-\dfrac{1}{3\sqrt{3}}\vec{a}+\dfrac{1}{\sqrt{3}}\vec{b}$$

(2) $\vec{e}$ と $\vec{f}$ は正規直交, S の半径は 2 であるから,

$$\overrightarrow{OP}=\overrightarrow{OC}+\overrightarrow{CP}$$

$$=2\vec{b}+(2\cos\theta)\vec{e}+(2\sin\theta)\vec{f}$$

$$=2\vec{b}+(2\cos\theta)\cdot\dfrac{1}{3}\vec{a}+(2\sin\theta)\left(-\dfrac{1}{3\sqrt{3}}\vec{a}+\dfrac{1}{\sqrt{3}}\vec{b}\right)$$

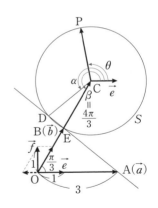

$$= \frac{2}{3\sqrt{3}}(\sqrt{3}\cos\theta - \sin\theta)\vec{a}$$

$$+ \frac{2}{\sqrt{3}}(\sin\theta + \sqrt{3})\vec{b} \quad \cdots\cdots (*)$$

(3)　S 上の点 P が直線 AB 上にあるとき，(2)より，

$$\frac{2}{3\sqrt{3}}(\sqrt{3}\cos\theta - \sin\theta) + \frac{2}{\sqrt{3}}(\sin\theta + \sqrt{3}) = 1$$

$$2(\sqrt{3}\cos\theta - \sin\theta) + 6(\sin\theta + \sqrt{3}) = 3\sqrt{3}$$

$$\sin\theta = -\frac{\sqrt{3}}{4}(2\cos\theta + 3)$$

$\cos^2\theta + \sin^2\theta = 1$ に代入して

$$\cos^2\theta + \frac{3}{16}(2\cos\theta + 3)^2 = 1$$

$$28\cos^2\theta + 36\cos\theta + 11 = 0$$

$$(2\cos\theta + 1)(14\cos\theta + 11) = 0$$

$$\therefore \quad \cos\theta = -\frac{1}{2}, \quad -\frac{11}{14}$$

$\cos\theta = -\dfrac{1}{2}$ のとき，（このとき E＝B である）

$$\sin\theta = -\frac{\sqrt{3}}{4}(-1 + 3) = -\frac{\sqrt{3}}{2}$$

$\cos\theta = -\dfrac{11}{14}$ のとき，

$$\sin\theta = -\frac{\sqrt{3}}{4}\left(-\frac{11}{7} + 3\right) = -\frac{5\sqrt{3}}{14}$$

$$\therefore \quad (\cos\alpha, \ \sin\alpha) = \left(-\frac{11}{14}, \ -\frac{5\sqrt{3}}{14}\right)$$

$$(\cos\beta, \ \sin\beta) = \left(-\frac{1}{2}, \ -\frac{\sqrt{3}}{2}\right)$$

(4)　(3)より $\beta = \dfrac{4\pi}{3}$ で $\angle DCE = \dfrac{4\pi}{3} - \alpha$，$S$ の半

径は 2 であるから，$\overarc{DE} = 2\left(\dfrac{4\pi}{3} - \alpha\right)$

また，

$$\overrightarrow{OD} = \frac{2}{3\sqrt{3}}(\sqrt{3}\cos\alpha - \sin\alpha)\vec{a}$$

$$+ \frac{2}{\sqrt{3}}(\sin\alpha + \sqrt{3})\vec{b}$$

$$= \frac{2}{3\sqrt{3}}\left(-\frac{11\sqrt{3}}{14} + \frac{5\sqrt{3}}{14}\right)\vec{a}$$

← 求められているのは cos，sin の値である．合成するのではなく，
$\cos^2\theta + \sin^2\theta = 1$
を使う．

← S の半径，CB はいずれも 2 だから S と直線 AB が点 B で交わることは明らかである．
P＝B のとき $\theta = \dfrac{4\pi}{3}$
$\cos\dfrac{4\pi}{3} = -\dfrac{1}{2}$ に注意すれば因数分解は容易である．

← 得られた $(\cos\theta, \ \sin\theta)$ は第 3 象限の角だから α と β $(\alpha < \beta)$ の判定ができる．

← 弧度法の定義

$$+\frac{2}{\sqrt{3}}\left(-\frac{5\sqrt{3}}{14}+\sqrt{3}\right)\vec{b}$$

$$=-\frac{2}{7}\vec{a}+\frac{9}{7}\vec{b}$$

$$=\frac{(-2)\vec{a}+9\vec{b}}{9+(-2)}$$

外分点の公式により，**点Dは線分AB を**
9：2 に外分する点である．

→ 直線 AB 上の点Pは，
　P＝A，P＝B，
　線分 AB の内分点，
　線分 AB の外分点
のいずれかである．

[別解] (3) S 上の点Pは，$\overrightarrow{OP}=\vec{p}$ として，

$$|\overrightarrow{CP}|=2 より，|\vec{p}-2\vec{b}|=2 \quad \cdots\cdots ①$$

と表され，直線 AB 上の点P（$\overrightarrow{OP}=\vec{p}$）は，

$$\overrightarrow{OP}=\overrightarrow{OA}+t\overrightarrow{AB} \quad [t：実数]$$

より，$\vec{p}=\vec{a}+t(\vec{b}-\vec{a}) \quad \cdots\cdots ②$

と表されるから②を①へ代入すると，

$$|\vec{a}+t(\vec{b}-\vec{a})-2\vec{b}|=2$$

$$|t(\vec{b}-\vec{a})+\vec{a}-2\vec{b}|^2=4$$

$$|\vec{b}-\vec{a}|^2t^2+2(\vec{b}-\vec{a})\cdot(\vec{a}-2\vec{b})t+|\vec{a}-2\vec{b}|^2-4=0$$

ここで，$|\vec{a}|=3$, $|\vec{b}|=2$, $\vec{a}\cdot\vec{b}=3\cdot2\cos\dfrac{\pi}{3}=3$

より

$$|\vec{b}-\vec{a}|^2=|\vec{b}|^2-2\vec{b}\cdot\vec{a}+|\vec{a}|^2=4-6+9=7$$

$$(\vec{b}-\vec{a})\cdot(\vec{a}-2\vec{b})=-|\vec{a}|^2+3\vec{a}\cdot\vec{b}-2|\vec{b}|^2$$

$$=-9+9-8=-8$$

$$|\vec{a}-2\vec{b}|^2=|\vec{a}|^2-4\vec{a}\cdot\vec{b}+4|\vec{b}|^2$$

$$=9-12+16=13$$

を代入すると，

$$7t^2-16t+9=0, \quad (t-1)(7t-9)=0$$

$$\therefore \quad t=1, \frac{9}{7}$$

$1<\dfrac{9}{7}$ であるから，$t=\dfrac{9}{7}$ のとき $\theta=\alpha$，

$t=1$ のとき $\theta=\beta$ である．

$t=\dfrac{9}{7}$ のとき②（＊）より，

$$-\frac{2}{7}\vec{a}+\frac{9}{7}\vec{b}=\left(\frac{2}{3}\cos\alpha-\frac{2}{3\sqrt{3}}\sin\alpha\right)\vec{a}$$

$$+\left(\frac{2}{\sqrt{3}}\sin\alpha+2\right)\vec{b}$$

→ 本解では S と直線 AB の交点を "S 上の点" として先に決定したが，ここでは逆に "直線 AB 上の点" として先に決定することを考える．

→ ベクトルの大きさそのものは扱いが悪い．平方して内積の計算に持ち込む．

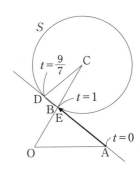

「2直線の交点」でなく「円と直線の交点」だが，やはり $\vec{a}$ と $\vec{b}$ の1次独立性すなわち任意の点Qが
$$\overrightarrow{OQ}=x\vec{a}+y\vec{b}$$
→ の形にただ1通りに表されることから "係数比較" が可能となる．

$\vec{a}$ と $\vec{b}$ は1次独立だから

$$\begin{cases} \dfrac{2}{3}\cos\alpha - \dfrac{2}{3\sqrt{3}}\sin\alpha = -\dfrac{2}{7} \\[2mm] \dfrac{2}{\sqrt{3}}\sin\alpha + 2 = \dfrac{9}{7} \end{cases}$$

これを解いて

$$(\cos\alpha,\ \sin\alpha) = \left(-\frac{11}{14},\ -\frac{5\sqrt{3}}{14}\right)$$

同様に $t=1$ のとき

$$\vec{b} = \left(\frac{2}{3}\cos\beta - \frac{2}{3\sqrt{3}}\sin\beta\right)\vec{a}$$
$$+ \left(\frac{2}{\sqrt{3}}\sin\beta + 2\right)\vec{b}$$

$$\begin{cases} \dfrac{2}{3}\cos\beta - \dfrac{2}{3\sqrt{3}}\sin\beta = 0 \\[2mm] \dfrac{2}{\sqrt{3}}\sin\beta + 2 = 1 \end{cases}$$

$$\therefore\quad (\cos\beta,\ \sin\beta) = \left(-\frac{1}{2},\ -\frac{\sqrt{3}}{2}\right)$$

(4) (3)より, $\beta = \dfrac{4\pi}{3}$ であるから, S の半径:2 より

$$\overset{\frown}{\mathrm{DE}} = 2\left(\frac{4\pi}{3} - \alpha\right)$$

D は線分 AB を, $\dfrac{9}{7} : \left(\dfrac{9}{7} - 1\right) = 9 : 2$ に外分

する点である.

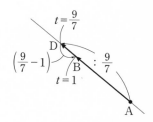

🔸 本解ではいわゆる共線条件（係数の和が1）を用いたが，それは②と（＊）を t のまま（ t に具体的な数値を代入せずに）係数比較したことに他ならない.

第 **2** 章　座標平面上のベクトル

21　ベクトルの成分

座標平面上に 4 つの点 A(2, 3), B(5, 4), C(6, 8), D があり, 四角形 ABCD は平行四辺形である.

(1)　点 D の座標を求めよ.

(2)　平行四辺形 ABCD を頂点 A が原点 O(0, 0) にくるように平行移動し, その平行四辺形を OPQR とする. すなわち, A → O, B → P, C → Q, D → R である. このとき, P, Q, R の座標を求めよ.

(3)　点 A は平行四辺形 OPQR の内部にあることを示せ.

(4)　平行四辺形 ABCD の面積を S, 平行四辺形 ABCD と OPQR の共通部分の面積を T とするとき, $\dfrac{T}{S}$ を求めよ.

精　講　座標平面 (xy 平面) 上において, 原点 O(0, 0) を始点, 点 A(a_1, a_2) を終点とする有向線分が表すベクトルを

$$\overrightarrow{OA} = (a_1,\ a_2)\quad または\quad \vec{a} = (a_1,\ a_2)$$

などと書いて, $(a_1,\ a_2)$ をこのベクトルの成分表示, または数ベクトルといい, a_1 を x 成分, a_2 を y 成分とよぶ.

第 0 章, **第 1 章**で説明したベクトルの演算についての性質や公式・定理などは当然座標平面上のベクトルに対しても成立するが, 次に示す基本ベクトル $\vec{e_1}$, $\vec{e_2}$ を用いた表示を利用することでより形式的 (代数的) な扱いが可能になる:

点 A(a_1, a_2) から x 軸, y 軸におろした垂線の足をそれぞれ H, K とすると, 四角形 OHAK は長方形だから

$$\overrightarrow{OA} = \overrightarrow{OH} + \overrightarrow{OK}$$

であり, $\vec{e_1} = (1,\ 0)$, $\vec{e_2} = (0,\ 1)$ とおくと

$$\overrightarrow{OH} = a_1\vec{e_1} = (a_1,\ 0),\quad \overrightarrow{OK} = a_2\vec{e_2} = (0,\ a_2)$$

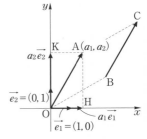

$$\overrightarrow{OA} = \overrightarrow{BC} = (a_1,\ a_2)$$
$$= a_1\vec{e_1} + a_2\vec{e_2}$$

・上の図からもわかるように座標平面上における $\overrightarrow{BC}$ の成分とは,

有向線分 $\overrightarrow{BC}$ を, B が原点となるように平行移動したときの終点の座標である.

$$\overrightarrow{OA}=a_1\overrightarrow{e_1}+a_2\overrightarrow{e_2}$$
$$(\Longleftrightarrow (a_1,\ a_2)=(a_1,\ 0)+(0,\ a_2))$$

となる.

・ベクトルの成分計算

$$(a_1,\ a_2)+(b_1,\ b_2)=(a_1+b_1,\ a_2+b_2)$$
$$(a_1,\ a_2)-(b_1,\ b_2)=(a_1-b_1,\ a_2-b_2)$$
$$k(a_1,\ a_2)=(ka_1,\ ka_2)\quad [k：実数]$$

∵)　$\overrightarrow{e_1}=(1,\ 0),\ \overrightarrow{e_2}=(0,\ 1)$ として,

$$(a_1,\ a_2)\pm(b_1,\ b_2)$$
$$=a_1\overrightarrow{e_1}+a_2\overrightarrow{e_2}\pm(b_1\overrightarrow{e_1}+b_2\overrightarrow{e_2})$$
$$=(a_1\pm b_1)\overrightarrow{e_1}+(a_2\pm b_2)\overrightarrow{e_2}$$
$$=(a_1\pm b_1,\ a_2\pm b_2)\quad (複号同順)$$
$$k(a_1,\ a_2)=k(a_1\overrightarrow{e_1}+a_2\overrightarrow{e_2})$$
$$=ka_1\overrightarrow{e_1}+ka_2\overrightarrow{e_2}$$
$$=(ka_1,\ ka_2)$$

・成分表示におけるベクトルの大きさ

$\overrightarrow{OA}=(a_1,\ a_2)$ のとき

$$|\overrightarrow{OA}|=\sqrt{a_1{}^2+a_2{}^2}$$

したがって,

$$\overrightarrow{BC}=\overrightarrow{OC}-\overrightarrow{OB}=(c_1,\ c_2)-(b_1,\ b_2)$$
$$=(c_1-b_1,\ c_2-b_2)$$
$$|\overrightarrow{BC}|=\sqrt{(c_1-b_1)^2+(c_2-b_2)^2}$$

← **2**, **3** で説明したベクトルの和・差, 実数倍の性質を用いている. また, これらの性質は下図により, 図形的にも理解できるだろう.

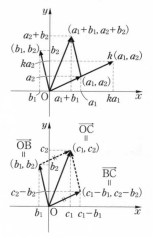

解　答

(1)　四角形 ABCD が平行四辺形

$$\Longleftrightarrow \overrightarrow{AD}=\overrightarrow{BC}\Longleftrightarrow \overrightarrow{OD}-\overrightarrow{OA}=\overrightarrow{OC}-\overrightarrow{OB}$$

であるから,

$$\overrightarrow{OD}=\overrightarrow{OA}-\overrightarrow{OB}+\overrightarrow{OC}$$
$$=(2,\ 3)-(5,\ 4)+(6,\ 8)=(3,\ 7)$$
$$\therefore\ \mathbf{D(3,\ 7)}$$

(2)　$\overrightarrow{OP}=\overrightarrow{AB}=\overrightarrow{OB}-\overrightarrow{OA}$
$$=(5,\ 4)-(2,\ 3)=(3,\ 1)$$
$$\overrightarrow{OQ}=\overrightarrow{AC}=\overrightarrow{OC}-\overrightarrow{OA}$$
$$=(6,\ 8)-(2,\ 3)=(4,\ 5)$$

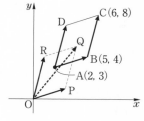

←
$$\overrightarrow{OQ}=\overrightarrow{OP}+\overrightarrow{PQ}$$
$$=\overrightarrow{OP}+\overrightarrow{BC}$$
$$=(3,\ 1)+(6,\ 8)-(5,\ 4)$$
$$=(4,\ 5)$$
などと計算してもよい.

$\overrightarrow{OR}=\overrightarrow{AD}=\overrightarrow{OD}-\overrightarrow{OA}$

$\qquad =(3,\ 7)-(2,\ 3)=(1,\ 4)$

$\qquad \therefore\quad \mathbf{P(3,\ 1),\ Q(4,\ 5),\ R(1,\ 4)}$

(3) $\overrightarrow{OA}=s\overrightarrow{OP}+t\overrightarrow{OR}$ [$s,\ t$：実数]

とすると，

$\qquad (2,\ 3)=s(3,\ 1)+t(1,\ 4)\ \Longleftrightarrow\ \begin{cases}3s+t=2\\ s+4t=3\end{cases}$

これを解くと，$s=\dfrac{5}{11},\ t=\dfrac{7}{11}$

$\qquad 0<s=\dfrac{5}{11}<1\ $ かつ $\ 0<t=\dfrac{7}{11}<1$

となっているから，点Aは平行四辺形 OPQR
の内部にある．

(4) 線分 AB と PQ の交点を K，線分 AD と RQ
の交点を L とすると，T は平行四辺形 AKQL
の面積である．

$\qquad \overrightarrow{AQ}=u\overrightarrow{AB}+v\overrightarrow{AD}$ [$u,\ v$：実数]

$\qquad (u\overrightarrow{AB}=\overrightarrow{AK},\ v\overrightarrow{AD}=\overrightarrow{AL})$ とすると，

$\qquad\qquad \overrightarrow{AQ}=\overrightarrow{OQ}-\overrightarrow{OA}=(4,\ 5)-(2,\ 3)=(2,\ 2)$

$\qquad\qquad \overrightarrow{AB}=\overrightarrow{OP}=(3,\ 1),\ \overrightarrow{AD}=\overrightarrow{OR}=(1,\ 4)$

であるから

$\qquad (2,\ 2)=u(3,\ 1)+v(1,\ 4)\ \Longleftrightarrow\ \begin{cases}3u+v=2\\ u+4v=2\end{cases}$

これを解いて，$u=\dfrac{6}{11},\ v=\dfrac{4}{11}$

よって，$\angle\mathrm{BAD}=\theta$ とすると，

$\qquad T=\mathrm{AK\cdot AL}\sin\theta=u\mathrm{AB}\cdot v\mathrm{AC}\sin\theta$

$\qquad\quad =uv\mathrm{AB\cdot AC}\sin\theta=\dfrac{6}{11}\cdot\dfrac{4}{11}S=\dfrac{24}{121}S$

$\qquad \therefore\quad \dfrac{T}{S}=\dfrac{\mathbf{24}}{\mathbf{121}}$

注 ここでは面積そのものは計算していない．面
積比だけを問題にしている．面積そのもの計算
については **23** で扱う．

← $\overrightarrow{OP}=(3,\ 1)$ ……① と
P(3, 1) ……② は同じこと
である．①では位置ベクトル
を，②では座標を意識してい
る．

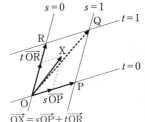

$\overrightarrow{OX}=s\overrightarrow{OP}+t\overrightarrow{OR}$

$\qquad\qquad\qquad (s,\ t$：実数$)$

と表された点Xは，

Xが直線 OR 上…… $s=0$

Xが直線 OP 上…… $t=0$

Xが直線 PQ 上…… $s=1$

Xが直線 RQ 上…… $t=1$

である．斜交座標（→ **11** ）
を意識しよう．

← $\overrightarrow{OQ'}=\overrightarrow{OQ}+\overrightarrow{AO}$

$\qquad =\overrightarrow{OQ}-\overrightarrow{OA}=\overrightarrow{AQ}$

$\qquad$（$\overrightarrow{AO}$ 分の平行移動）

とすれば，$\overrightarrow{OQ'}=(2,\ 2)$ で，
この式は，

$\qquad \overrightarrow{OQ'}=u\overrightarrow{OP}+v\overrightarrow{OR}$

の成分表示である．

第2章

講 究

精講 傍注で触れたように，座標平面上における $\vec{AB}(=\vec{OB}-\vec{OA})$ の成分とは，$\vec{AB}=\vec{OC}$ としたときの点Cの座標であった．このことは **5** の 講究 で説明した，実数を実数直線（1次元）上の位置ベクトルとみなしたときの引き算の2次元版である．そこで，ここでは複素数を xy 平面（2次元）上の位置ベクトルと捉えることを考えよう．複素数の計算などの基本については教科書を参照してもらいたい．

さて，実数 x, y と虚数単位 $i\,(=\sqrt{-1})$ を用いて $z=x+yi$ の形に表される数を複素数というのであった．特に $y=0$ のとき z は実数 x である．複素数 z は

対応：$z=x+yi \longleftrightarrow A(x,\ y)$

によって xy 平面上の点と 1:1 の対応がつく．この対応により，

　複素数の和，差，実数倍は，xy 平面上のベクトルの成分による和，差，実数倍に完全に対応する：

上記の対応のとき，点 $A(x,\ y)$ を $A(z)$ とも書くと

$z=x+yi \longleftrightarrow A(z)$
$w=u+vi \longleftrightarrow B(w)$

$[x,\ y,\ u,\ v：実数]$

のとき，

$z+w=x+u+(y+v)i \longleftrightarrow C(z+w)$
$\Longleftrightarrow \vec{OA}+\vec{OB}=\vec{OC}$
$z-w=x-u+(y-v)i \longleftrightarrow D(z-w)$
$\Longleftrightarrow \vec{OA}-\vec{OB}=\vec{OD}(=\vec{BA})$
$kz=kx+kyi \longleftrightarrow K(kz)\quad (k：実数)$
$\Longleftrightarrow k\vec{OA}=\vec{OK}$

注 複素数が平面上の図形への応用において特に威力を発揮するのは，極形式を通して回転を扱うときである（→ **24** 講究 ）.

← 実数直線上でたとえば，A(3), B(−2) とすれば
$\vec{AB}=\vec{OB}-\vec{OA}=\vec{OC}$
のとき，
$\vec{OC}=(-2)-(3)$
$=(-2-3)=(-5)$
であった．

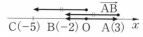

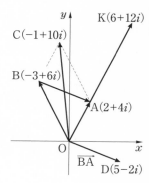

$2+4i-(-3+6i)$
$=5-2i$
は，$\vec{BA}$ の成分に対応する複素数である．

22　重心・内心の座標

座標平面上の三角形 ABC の座標が次のように与えられている：

A(2, 1)，B(7, 1)，C(6, 1+4$\sqrt{3}$)

(1)　△ABC の重心 G の座標を求めよ．

(2)　∠A，∠B の 2 等分線 l，m を次のようにベクトル表示する．

$$l : (x, y) = (2, 1) + s(a, \sqrt{3})\quad [s：実数]$$
$$m : (x, y) = (7, 1) + t(b, \sqrt{3})\quad [t：実数]$$

このとき，定数 a，b の値を求めよ．

(3)　△ABC の内接円の中心 I (内心) の座標と半径 r_0 を求めよ．

(4)　三辺 AB，BC，CA 上の点 P，Q，R を四角形 APQR がひし形になるようにとる．このとき P，Q，R の座標を求めよ．

精講　**8** の直線のベクトル表示，**9** の分点公式をベクトルの成分で表そう．

O(0, 0) を原点とする座標平面上において，$P_0(x_0, y_0)$ を通って，$\vec{d} = (l, m)$ ($\neq \vec{0}$) を方向ベクトルとする直線 L 上の点を P(x, y) とすると，

$$\overrightarrow{OP} = \overrightarrow{OP_0} + s\vec{d}\quad [s：実数]$$
$$\rightleftharpoons (x, y) = (x_0, y_0) + s(l, m)$$
$$= (x_0 + sl, \ y_0 + sm)$$

と表される．

また，A(a_1, a_2)，B(b_1, b_2) とし，線分 AB を $m:n$ に内分する点を P(p_1, p_2) とすると，

$$\overrightarrow{OP} = \frac{n\overrightarrow{OA} + m\overrightarrow{OB}}{m+n}$$
$$\rightleftharpoons (p_1, p_2) = \frac{n}{m+n}(a_1, a_2)$$
$$+ \frac{m}{m+n}(b_1, b_2)$$
$$= \left(\frac{na_1 + mb_1}{m+n}, \ \frac{na_2 + mb_2}{m+n} \right)$$

線分 AB を $m:n$ に外分する点を Q(q_1, q_2) とすると，

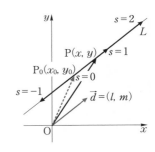

← 得られた結果は座標平面上における分点公式に他ならないのであるが，逆にいえば，ベクトルとしての分点公式さえ覚えておけば，それを "各成分ごとに適用" すれば座標平面上の分点公式が得られる，ということである．空間座標においても同様である．

第2章

$$\overrightarrow{OQ} = \frac{-n\overrightarrow{OA} + m\overrightarrow{OB}}{m-n}$$

$$\Longleftrightarrow (q_1, \ q_2) = \frac{-n}{m-n}(a_1, \ a_2) + \frac{m}{m-n}(b_1, \ b_2)$$

$$= \left(\frac{-na_1 + mb_1}{m-n}, \ \frac{-na_2 + mb_2}{m-n} \right)$$

解 答

(1) $\overrightarrow{OG} = \dfrac{1}{3}(\overrightarrow{OA} + \overrightarrow{OB} + \overrightarrow{OC})$

$= \dfrac{1}{3}\{(2, \ 1) + (7, \ 1) + (6, \ 1+4\sqrt{3})\}$

$= \dfrac{1}{3}(2+7+6, \ 1+1+1+4\sqrt{3})$

$= \left(5, \ \dfrac{3+4\sqrt{3}}{3} \right)$

$\therefore \ \mathbf{G}\left(5, \ \dfrac{3+4\sqrt{3}}{3} \right)$

← 重心の位置ベクトルの公式は分点公式より導かれるから、そのままベクトルの成分に対しても適用される.

(2) $\overrightarrow{AB} = \overrightarrow{OB} - \overrightarrow{OA} = (7, \ 1) - (2, \ 1) = (5, \ 0)$

$\overrightarrow{AC} = \overrightarrow{OC} - \overrightarrow{OA} = (6, \ 1+4\sqrt{3}) - (2, \ 1)$

$= (4, \ 4\sqrt{3}) = 4(1, \ \sqrt{3})$

より, $|\overrightarrow{AB}| = 5$, $|\overrightarrow{AC}| = 4\sqrt{1^2+(\sqrt{3})^2} = 8$

よって, l は,

$8\overrightarrow{AB} + 5\overrightarrow{AC} = 8(5, \ 0) + 5(4, \ 4\sqrt{3})$

$= (60, \ 20\sqrt{3}) = 20(3, \ \sqrt{3})$

に平行である.

$\therefore \ l : (x, \ y) = (2, \ 1) + s(3, \ \sqrt{3})$ [s：実数]

$\therefore \ \boldsymbol{a = 3}$

$\overrightarrow{BA} = -\overrightarrow{AB} = -(5, \ 0) = (-5, \ 0)$

$\overrightarrow{BC} = \overrightarrow{OC} - \overrightarrow{OB} = (6, \ 1+4\sqrt{3}) - (7, \ 1)$

$= (-1, \ 4\sqrt{3})$

より, $|\overrightarrow{BA}| = 5$, $|\overrightarrow{BC}| = \sqrt{(-1)^2+(4\sqrt{3})^2} = 7$

よって, m は,

$5\overrightarrow{BC} + 7\overrightarrow{BA} = 5(-1, \ 4\sqrt{3}) + 7(-5, \ 0)$

$= (-40, \ 20\sqrt{3}) = 20(-2, \ \sqrt{3})$

に平行である.

$\therefore \ m : (x, \ y) = (7, \ 1) + t(-2, \ \sqrt{3})$

← $\overrightarrow{OG}$ の成分と同じであるが、座標ということを意識して答としてはこのように書く.

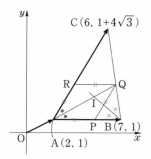

← 直線の方向ベクトルとは、その直線に平行なベクトルのことであり、長さと向きは無視してもよい. l のベクトル表示としては、
$(x, \ y) = (2, \ 1) + u(\sqrt{3}, \ 1)$ や
$(x, \ y) = (2, \ 1) + v(-3, \ -\sqrt{3})$
[u, v：実数]
などでも構わない.

$$\therefore \quad b=-2$$

(3) △ABC の内心 I は 2 直線 l, m の交点であるから

$$(2,\ 1)+s(3,\ \sqrt{3}\,)=(7,\ 1)+t(-2,\ \sqrt{3}\,)$$
$$(2+3s,\ 1+\sqrt{3}\,s)=(7-2t,\ 1+\sqrt{3}\,t)$$
$$\Longleftrightarrow \begin{cases} 2+3s=7-2t \\ 1+\sqrt{3}\,s=1+\sqrt{3}\,t \end{cases}$$

これを解いて，$s=t=1$

$$\therefore \quad \mathbf{I}(5,\ 1+\sqrt{3}\,)$$

半径 r_0 は，I と x 軸に平行な辺 AB との距離に等しく

$$r_0=1+\sqrt{3}\,-1=\sqrt{3}$$

(4) l は ∠BAC の 2 等分線だから，l と辺 BC との交点 Q を，

$$\overrightarrow{AQ}=u\overrightarrow{AB}+v\overrightarrow{AC} \quad [u,\ v：実数]$$
$$\cdots\cdots(*)$$

と表せば，$\overrightarrow{AP}=u\overrightarrow{AB}$, $\overrightarrow{AR}=v\overrightarrow{AC}$ である．l のベクトル表示と $\overrightarrow{AB}$, $\overrightarrow{AC}$ の成分表示から $(*)$ を成分で書くと，

$$s(3,\ \sqrt{3}\,)=u(5,\ 0)+v(4,\ 4\sqrt{3}\,)$$
$$\Longleftrightarrow \begin{cases} 3s=5u+4v & \cdots\cdots① \\ \sqrt{3}\,s=4\sqrt{3}\,v & \cdots\cdots② \end{cases}$$

また，Q は直線 BC 上の点だから

$$u+v=1 \qquad \cdots\cdots③$$
$$s=\frac{20}{13},\ u=\frac{8}{13},\ v=\frac{5}{13}$$
$$\overrightarrow{OP}=\overrightarrow{OA}+u\overrightarrow{AB}$$
$$=(2,\ 1)+\frac{8}{13}(5,\ 0)=\left(\frac{66}{13},\ 1\right)$$
$$\therefore \quad \mathbf{P}\left(\frac{66}{13},\ 1\right)$$
$$\overrightarrow{OR}=\overrightarrow{OA}+v\overrightarrow{AC}$$
$$=(2,\ 1)+\frac{5}{13}(4,\ 4\sqrt{3}\,)$$
$$=\left(\frac{46}{13},\ 1+\frac{20\sqrt{3}}{13}\right)$$
$$\therefore \quad \mathbf{R}\left(\frac{46}{13},\ 1+\frac{20\sqrt{3}}{13}\right)$$

← "ひし形の対角線は角を 2 等分する"．逆に ∠BAC の 2 等分線 l 上の任意の点 P($\neq$A) から AB，AC に平行な直線を引けばひし形ができる．

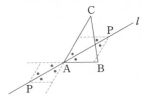

← 共線条件

← AQ は ∠BAC の 2 等分線だから
BQ：QC＝AB：AC
　　　＝5：8
内分点の公式により，
$$\overrightarrow{AQ}=\frac{8}{13}\overrightarrow{AB}+\frac{5}{13}\overrightarrow{AC}$$
$$\overrightarrow{AP}=\frac{8}{13}\overrightarrow{AB}$$
$$\overrightarrow{AR}=\frac{5}{13}\overrightarrow{AC}$$
から $\overrightarrow{OP}$, $\overrightarrow{OQ}$, $\overrightarrow{OR}$ を求めてもよい．

第 2 章

$$\overrightarrow{OQ}=\overrightarrow{OA}+u\overrightarrow{AB}+v\overrightarrow{AC}$$
$$=(2,\ 1)+\frac{8}{13}(5,\ 0)+\frac{5}{13}(4,\ 4\sqrt{3})$$
$$=\left(\frac{86}{13},\ 1+\frac{20\sqrt{3}}{13}\right)$$
$$\therefore\ \ Q\left(\frac{86}{13},\ 1+\frac{20\sqrt{3}}{13}\right)$$

講究 　**10**(3)の結果を適用してＩの座標を求めよう：

　　　位置ベクトルの原点Oの定められた平面上の三角形 ABC の各頂点の位置ベクトルが A($\vec{a}$), B($\vec{b}$), C($\vec{c}$) と与えられていて，各辺の長さを，BC$=p$, CA$=q$, AB$=r$ とするとき，△ABC の内心をＩとすると

$$\overrightarrow{OI}=\frac{p\vec{a}+q\vec{b}+r\vec{c}}{p+q+r}$$

となるのであった.

　本問においては，

$$\vec{a}=\overrightarrow{OA}=(2,\ 1),\ \vec{b}=\overrightarrow{OB}=(7,\ 1),\ \overrightarrow{OC}=(6,\ 1+4\sqrt{3})$$
$$p=|\overrightarrow{BC}|=7,\ q=|\overrightarrow{CA}|=8,\ r=|\overrightarrow{AB}|=5$$

であるから

$$\overrightarrow{OI}=\frac{7\vec{a}+8\vec{b}+5\vec{c}}{7+8+5}$$
$$=\frac{1}{20}\{7(2,\ 1)+8(7,\ 1)+5(6,\ 1+4\sqrt{3})\}$$
$$=\frac{1}{20}(14+56+30,\ 20+20\sqrt{3})=(5,\ 1+\sqrt{3})$$
$$\therefore\ \ I(5,\ 1+\sqrt{3})$$

　さらに，△ABC のそれぞれの角の2等分線が1点で交わる (→ **10**(2)) ことを認めれば，

$$\overrightarrow{CI}=\overrightarrow{OI}-\overrightarrow{OC}=(5,\ 1+\sqrt{3})-(6,\ 1+4\sqrt{3})=(-1,\ -3\sqrt{3})$$
$$=-3\left(\frac{1}{3},\ \sqrt{3}\right)$$

より，$c=\frac{1}{3}$ として∠C の2等分線 n は，

$$(x,\ y)=(6,\ 1+4\sqrt{3})+w(c,\ \sqrt{3})\ \ [w：実数]$$

とベクトル表示される.

23 内積の成分表示

座標平面上に 3 点 A(0, 4), B(4, 1), P(x, 0) [x：実数] がある.

(1) ∠APB の最大値を求めよ. また, そのときの △ABP の面積を求めよ.

(2) ∠PBA $= \dfrac{\pi}{4}$ となるとき, △ABP の面積を求めよ.

(3) ∠BAP $= \theta$ [$0 \leqq \theta \leqq \pi$] とおくとき, $\cos\theta$ のとり得る値の範囲を求めよ.

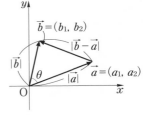

第2章

精 講 ベクトルの内積を成分で表そう.
$$\vec{a} = (a_1, a_2), \quad \vec{b} = (b_1, b_2)$$
とする. **14** **講究** によれば, 余弦定理から
$$\vec{a} \cdot \vec{b} = \frac{1}{2}(|\vec{a}|^2 + |\vec{b}|^2 - |\vec{b} - \vec{a}|^2) \quad \cdots\cdots (*)$$
が得られ, この等式は $\vec{a} = \vec{0}$ または $\vec{b} = \vec{0}$ でも成立した. 今
$$\begin{aligned} \vec{b} - \vec{a} &= (b_1, b_2) - (a_1, a_2) \\ &= (b_1 - a_1, b_2 - a_2) \end{aligned}$$
より,
$$\begin{aligned} |\vec{b} - \vec{a}|^2 &= (b_1 - a_1)^2 + (b_2 - a_2)^2 \\ &= a_1{}^2 + a_2{}^2 + b_1{}^2 + b_2{}^2 - 2(a_1 b_1 + a_2 b_2) \\ &= |\vec{a}|^2 + |\vec{b}|^2 - 2(a_1 b_1 + a_2 b_2) \end{aligned}$$
を ($*$) の右辺に代入すると
$$\vec{a} \cdot \vec{b} = a_1 b_1 + a_2 b_2$$
を得る. これを利用すると, **15** の内積の性質Ⅲ：
$$\vec{a} \cdot (\vec{b} + \vec{c}) = \vec{a} \cdot \vec{b} + \vec{a} \cdot \vec{c} \quad \text{(分配法則)}$$
は次のように代数的に示される：
$\vec{c} = (c_1, c_2)$ とすると $\vec{b} + \vec{c} = (b_1 + c_1, b_2 + c_2)$
となるから
$$\begin{aligned} \vec{a} \cdot (\vec{b} + \vec{c}) &= a_1(b_1 + c_1) + a_2(b_2 + c_2) \\ &= a_1 b_1 + a_2 b_2 + a_1 c_1 + a_2 c_2 \\ &= \vec{a} \cdot \vec{b} + \vec{a} \cdot \vec{c} \end{aligned}$$
さらに **16** の三角形の面積公式：
$$\triangle ABC = \frac{1}{2}\sqrt{|\overrightarrow{AB}|^2 |\overrightarrow{AC}|^2 - (\overrightarrow{AB} \cdot \overrightarrow{AC})^2}$$
を成分表示しよう. ベクトルの成分とは, 始点を原点としたときの終点の座標であり, 面積は平行移動しても不変である.

余弦定理
$|\vec{b} - \vec{a}|^2 = |\vec{a}|^2 + |\vec{b}|^2 - 2\vec{a} \cdot \vec{b}$

← 内積の定義は, $\vec{a}$ と $\vec{b}$ が $\vec{0}$ でないとき, これらのなす角を $\theta (0 \leqq \theta \leqq \pi)$ とするとき,
$\vec{a} \cdot \vec{b} = |\vec{a}||\vec{b}|\cos\theta$
であったが, この成分表示 (右辺) には θ が現れていないことに注意しよう.

$$\overrightarrow{AB}=(a,\ b),\ \overrightarrow{AC}=(c,\ d)$$

とすると,

$$|\overrightarrow{AB}|^2|\overrightarrow{AC}|^2-(\overrightarrow{AB}\cdot\overrightarrow{AC})^2$$
$$=(a^2+b^2)(c^2+d^2)-(ac+bd)^2$$
$$=a^2d^2+b^2c^2-2acbd=(ad-bc)^2$$
$$\therefore\quad \triangle ABC=\frac{1}{2}\sqrt{(ad-bc)^2}$$
$$=\frac{1}{2}|ad-bc|\ \left(=\frac{1}{2}|\varDelta|\right)$$

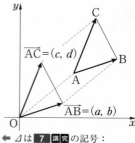

注 もちろんここでは A, B, C は異なる3点で,
「$\varDelta=ad-bc\neq0$

$\Longleftrightarrow$ $\overrightarrow{AB}=(a,\ b)$ と $\overrightarrow{AC}=(c,\ d)$ は1次独立」

であるが, **7** 講究 でみたように

$\varDelta=0\Longleftrightarrow(a,\ b)=\vec{0}$ または $(c,\ d)=\vec{0}$ また

は $(a,\ b)/\!/(c,\ d)$ $(\Longleftrightarrow a:b=c:d)$ である.

← $\varDelta$ は **7** 講究 の記号:
$$\varDelta=\begin{vmatrix}a&b\\c&d\end{vmatrix}=ad-bc$$
| | は絶対値ではないので注意.

解　答

(1)　$\overrightarrow{PA}=\overrightarrow{OA}-\overrightarrow{OP}=(0,\ 4)-(x,\ 0)=(-x,\ 4)$
$\overrightarrow{PB}=\overrightarrow{OB}-\overrightarrow{OP}=(4,\ 1)-(x,\ 0)=(4-x,\ 1)$

より,

$$\overrightarrow{PA}\cdot\overrightarrow{PB}=-x(4-x)+4\cdot1$$
$$=(x-2)^2\geqq0$$

すなわち, $\cos\angle APB\geqq0$ で等号は $x=2$ の

ときに成り立つ. よって, $\angle APB$ の最大値は $\dfrac{\pi}{2}$.

このとき, $\overrightarrow{PA}=(-2,\ 4)$, $\overrightarrow{PB}=(2,\ 1)$ だから

$$\triangle ABP=\frac{1}{2}|-2\cdot1-4\cdot2|=\mathbf{5}$$

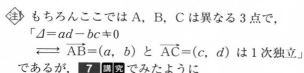

← $\triangle ABP=\dfrac{1}{2}|\overrightarrow{PA}||\overrightarrow{PB}|$
$=\dfrac{1}{2}\sqrt{20}\sqrt{5}=5$
と計算してもよい.

(2)　$\overrightarrow{BA}=(0,\ 4)-(4,\ 1)=(-4,\ 3)$
$\overrightarrow{BP}=(x,\ 0)-(4,\ 1)=(x-4,\ -1)$
$|\overrightarrow{BA}|=\sqrt{(-4)^2+3^2}=5$
$|\overrightarrow{BP}|=\sqrt{(x-4)^2+(-1)^2}=\sqrt{x^2-8x+17}$
$\overrightarrow{BA}\cdot\overrightarrow{BP}=-4(x-4)+3\cdot(-1)=13-4x$

$$\therefore\quad \cos\angle PBA=\frac{\overrightarrow{BA}\cdot\overrightarrow{BP}}{|\overrightarrow{BA}||\overrightarrow{BP}|}$$
$$=\frac{13-4x}{5\sqrt{x^2-8x+17}}$$

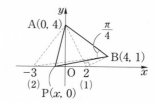

← 図形としての角度は通常0以上π以下の範囲で測る. この範囲の解 θ と $\cos\theta$ [$-1\leqq\cos\theta\leqq1$] は 1対1に対応する.

∠PBA$=\dfrac{\pi}{4}$ のとき,

$$\cos\dfrac{\pi}{4}=\dfrac{1}{\sqrt{2}}=\dfrac{13-4x}{5\sqrt{x^2-8x+17}}$$

$$13-4x>0 \rightleftharpoons x<\dfrac{13}{4} \quad \cdots\cdots ①$$

の下で平方すると,

$$\dfrac{1}{2}=\dfrac{(13-4x)^2}{25(x^2-8x+17)}$$

$$25(x^2-8x+17)=2(16x^2-104x+169)$$

$$7x^2-8x-87=0 \quad (x+3)(7x-29)=0$$

$\dfrac{29}{7}=\dfrac{116}{28}>\dfrac{13}{4}=\dfrac{91}{28}$ だから,①より $x=-3$

このとき,$\overrightarrow{\mathrm{BA}}=(-4,\ 3)$,$\overrightarrow{\mathrm{BP}}=(-7,\ -1)$ だから

$$\triangle\mathrm{ABP}=\dfrac{1}{2}|(-4)\cdot(-1)-3\cdot(-7)|=\dfrac{25}{2}$$

← $x=-3$ のとき
$\overrightarrow{\mathrm{AB}}=(4,\ -3)$,
$\overrightarrow{\mathrm{AP}}=(-3,\ -4)$
$|\overrightarrow{\mathrm{AB}}|=|\overrightarrow{\mathrm{AP}}|=5$,$\overrightarrow{\mathrm{AB}}\cdot\overrightarrow{\mathrm{AP}}=0$
より,$\triangle\mathrm{ABP}$ は ∠PAB が
直角の直角二等辺三角形となっ
ている.(前ページの図)

(3) $\overrightarrow{\mathrm{AB}}=(4,\ -3)$,$\overrightarrow{\mathrm{AP}}=(x,\ -4)$
より,

$$\cos\theta=\dfrac{\overrightarrow{\mathrm{AB}}\cdot\overrightarrow{\mathrm{AP}}}{|\overrightarrow{\mathrm{AB}}||\overrightarrow{\mathrm{AP}}|}=\dfrac{4(x+3)}{5\sqrt{x^2+16}}$$

(ⅰ) $x=-3$ のとき,$\cos\theta=0$

(ⅱ) $-3<x$ のとき,$t=x+3(>0)$ とおくと,

$$\cos\theta=\dfrac{4t}{5\sqrt{(t-3)^2+16}}=\dfrac{4}{5}\cdot\dfrac{t}{\sqrt{t^2-6t+25}}$$

$$=\dfrac{4}{5}\cdot\dfrac{1}{\sqrt{1-\dfrac{6}{t}+\dfrac{25}{t^2}}}$$

$$=\dfrac{4}{5}\cdot\dfrac{1}{\sqrt{25\left(\dfrac{1}{t}-\dfrac{3}{25}\right)^2+\dfrac{16}{25}}}$$

← 分母・分子を $t>0$ で割って
分母の $\sqrt{\ }$ の中を $\dfrac{1}{t}$ の2
次関数となるように変形する.
$$t>0 \longrightarrow \dfrac{\sqrt{A}}{t}=\sqrt{\dfrac{A}{t^2}}$$
である.$(A=t^2-6t+25)$

$t>0$ のとき $\dfrac{1}{t}$ はすべての正の値をとり

得るから

$$25\left(\dfrac{1}{t}-\dfrac{3}{25}\right)^2+\dfrac{16}{25}\geqq\dfrac{16}{25}$$

等号は $t=\dfrac{25}{3}$ のときに成立するから

$$0<\cos\theta\leqq\dfrac{4}{5}\cdot\dfrac{1}{\sqrt{\dfrac{16}{25}}}=1$$

(iii) $x<-3$ のとき $u=-(x+3)\ (>0)$ とおくと，

$$\cos\theta=\frac{-4u}{5\sqrt{(u+3)^2+16}}$$

$$=-\frac{4}{5}\cdot\frac{1}{\sqrt{25\left(\dfrac{1}{u}+\dfrac{3}{25}\right)^2+\dfrac{16}{25}}}$$

$u>0$ のとき $\dfrac{1}{u}$ はすべての正の値をとり

得るから

$$25\left(\frac{1}{u}+\frac{3}{25}\right)^2+\frac{16}{25}>25\left(0+\frac{3}{25}\right)^2+\frac{16}{25}=1$$

よって，このとき，

$$-\frac{4}{5}<\cos\theta<0$$

以上から，求める範囲は，

$$-\frac{4}{5}<\cos\theta\leqq1$$

◀(ii)のときと同様に $t=x+3$ とおいてもよいが，このとき $t<0$ だから

$$\frac{\sqrt{A}}{t}=-\sqrt{\frac{A}{t^2}}$$

として計算しなければならない．$u=-(x+3)>0$ を利用する方が無難であろう．

◀ $f(u)=25\left(\dfrac{1}{u}+\dfrac{3}{25}\right)^2+\dfrac{16}{25}$
$\qquad\qquad\qquad\qquad[u>0]$
とすると，$f(u)$ は単調に減少し，$u\longrightarrow\infty$ のとき，
$$f(u)\longrightarrow25\left(0+\frac{3}{25}\right)^2+\frac{16}{25}=1$$
である．

講 究 (3)の結果を図形的に考えよう．$\theta=\angle$BAP $(0\leqq\theta\leqq\pi)$ であった．

(i)のとき，$\cos\theta=0$ すなわち θ は直角である．

(ii)のとき，$\cos\theta>0$ すなわち θ は鋭角または 0 であり，

$\theta=0$ より，$t=x+3=\dfrac{25}{3}$，つまり $x=\dfrac{16}{3}$ のとき A，B，P は一直線上に並ぶ．

さらに，$x\longrightarrow\infty$ のとき $t\longrightarrow\infty$ で，

$$\cos\theta=\frac{4}{5}\cdot\frac{1}{\sqrt{25\left(\dfrac{1}{t}-\dfrac{3}{25}\right)^2+\dfrac{16}{25}}}\longrightarrow\frac{4}{5}\ \ である．$$

(iii)のとき，$\cos\theta<0$ すなわち θ は鈍角，$x\longrightarrow-\infty$ のとき $u\longrightarrow\infty$ で，

$$\cos\theta=-\frac{4}{5}\cdot\frac{1}{\sqrt{25\left(\dfrac{1}{u}+\dfrac{3}{25}\right)^2+\dfrac{16}{25}}}\longrightarrow-\frac{4}{5}\ \ である．$$

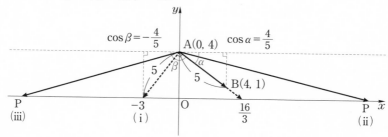

24　ベクトルと座標

座標平面上に 2 つの点 A(2, 0), B(6, 2) が与えられている.

(1) $\overrightarrow{AB}$ と垂直かつ大きさが等しいベクトルを $\vec{v}$ とする. $\vec{v}$ の成分を求めよ.

(2) 線分 AB を一辺とする正方形を ABCD とするとき, C, D の座標を求めよ.

(3) 線分 AB を一辺とする正三角形を ABE とするとき, E の座標を求めよ.

(4) 線分 AB を一辺とする正六角形を ABFGHI とするとき, F, G, H, I の座標を求めよ.

第2章

精 講　　$\vec{r}=(p,\ q)\ (\pm\vec{0})$ と垂直かつ大きさが等しいベクトル $\vec{n}$ の成分は $\pm(-q,\ p)$ で与えられる.

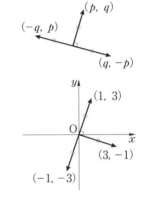

実際, $\vec{n}\cdot\vec{r}=\pm\{p\cdot(-q)+qp\}=0$
$|\vec{n}|=\sqrt{(-q)^2+p^2}=\sqrt{p^2+q^2}=|\vec{r}|$
であり, このことは公式としてもよいだろう. ただし, 互いに反対の 2 つの向きがあることに注意する必要がある. 問題を解く上でどちらを使うかについては, 座標の符号などから図形的に判断できるならばそれでよいが, 次の事実を示しておこう:

$\vec{r}=(p,\ q)\ (\pm\vec{0})$ を $\dfrac{\pi}{2}$ 回転したものが $(-q,\ p)$

$-\dfrac{\pi}{2}$ 回転したものが $(q,\ -p)$

である (回転の中心は常に原点 O(0, 0) である).
ただし, 通常は断りなしに暗黙の了解事項となっていることだが, 直交座標 $(x,\ y)$ について x 軸は右向きに y 軸は上向きに正方向がとられ, 回転の向きは左回り (反時計回り) を正の向きとすることを確認しておく.

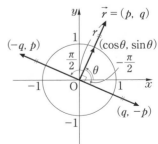

さて, $\vec{r}=(p,\ q)$ は, $r=|\vec{r}|$ と, $\vec{r}$ と x 軸の正方向がなす角 $\theta\ [0\leqq\theta<2\pi]$ を用いて
$\vec{r}=r(\cos\theta,\ \sin\theta)=(r\cos\theta,\ r\sin\theta)$
と書くことができる (右図). これを $\dfrac{\pi}{2}$ 回転す

ると,

$$\left(r\cos\left(\theta+\frac{\pi}{2}\right),\ r\sin\left(\theta+\frac{\pi}{2}\right)\right)$$

$$=(-r\sin\theta,\ r\cos\theta)=(-q,\ p)$$

$-\dfrac{\pi}{2}$ 回転したものはこれの逆ベクトルだから

$$-(-q,\ p)=(q,\ -p)$$

同様に $\vec{r}=(p,\ q)=(r\cos\theta,\ r\sin\theta)$ を角度 φ 回転したベクトルは,

$$(r\cos(\theta+\varphi),\ r\sin(\theta+\varphi))$$

$$=(r(\cos\theta\cos\varphi-\sin\theta\sin\varphi),\ r(\sin\theta\cos\varphi+\cos\theta\sin\varphi))$$

$$=(\cos\varphi\cdot r\cos\theta-\sin\varphi\cdot r\sin\theta,\ \cos\varphi\cdot r\sin\theta+\sin\varphi\cdot r\cos\theta)$$

$$=(\cos\varphi\cdot p-\sin\varphi\cdot q,\ \sin\varphi\cdot p+\cos\varphi\cdot q)\quad\cdots\cdots(*)$$

となる.

解　答

(1) $\overrightarrow{AB}=\overrightarrow{OB}-\overrightarrow{OA}$

$\qquad=(6,\ 2)-(2,\ 0)=(4,\ 2)$

より, $\quad\vec{v}=\pm(-2,\ 4)$

(2) $\overrightarrow{OD}=\overrightarrow{OA}+\vec{v}$

$\qquad=(2,\ 0)\pm(-2,\ 4)$

$\overrightarrow{OC}=\overrightarrow{OA}+\vec{v}+\overrightarrow{AB}$

$\qquad=(2,\ 0)\pm(-2,\ 4)+(4,\ 2)$

$\qquad=(6,\ 2)\pm(-2,\ 4)$　　（複号同順）

よって, $\quad\begin{cases}\mathbf{C(4,\ 6)}\\\mathbf{D(0,\ 4)}\end{cases}$ または $\begin{cases}\mathbf{C(8,\ -2)}\\\mathbf{D(4,\ -4)}\end{cases}$

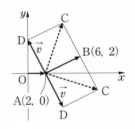

(3) AB の中点を M とすると, EM⊥AB,

$EM=\dfrac{\sqrt{3}}{2}AB$ であるから

$$\overrightarrow{OE}=\overrightarrow{OM}+\frac{\sqrt{3}}{2}\vec{v}$$

$$=\frac{1}{2}\{(2,\ 0)+(6,\ 2)\}+\frac{\sqrt{3}}{2}\{\pm(-2,\ 4)\}$$

$$=(4,\ 1)\pm(-\sqrt{3},\ 2\sqrt{3})\quad\text{（複号同順）}$$

よって,

$\mathbf{E(4-\sqrt{3},\ 1+2\sqrt{3})}$ または $\mathbf{E(4+\sqrt{3},\ 1-2\sqrt{3})}$

(4) $\overrightarrow{AE}=\overrightarrow{OE}-\overrightarrow{OA}$

$\qquad=(4,\ 1)\pm(-\sqrt{3},\ 2\sqrt{3})-(2,\ 0)$

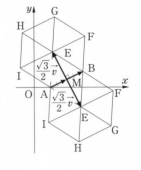

$$=(2,\ 1)\pm(-\sqrt{3},\ 2\sqrt{3})$$

より，
$$\overrightarrow{OF}=\overrightarrow{OB}+\overrightarrow{AE}$$
$$=(6,\ 2)+(2,\ 1)\pm(-\sqrt{3},\ 2\sqrt{3})$$
$$=(8,\ 3)\pm(-\sqrt{3},\ 2\sqrt{3})$$
$$\overrightarrow{OG}=\overrightarrow{OA}+2\overrightarrow{AE}$$
$$=(2,\ 0)+2\{(2,\ 1)\pm(-\sqrt{3},\ 2\sqrt{3})\}$$
$$=(6,\ 2)\pm(-2\sqrt{3},\ 4\sqrt{3})$$
$$\overrightarrow{BE}=\overrightarrow{OE}-\overrightarrow{OB}$$
$$=(4,\ 1)\pm(-\sqrt{3},\ 2\sqrt{3})-(6,\ 2)$$
$$=(-2,\ -1)\pm(-\sqrt{3},\ 2\sqrt{3})$$

より，
$$\overrightarrow{OH}=\overrightarrow{OB}+2\overrightarrow{BE}$$
$$=(6,\ 2)+2\{(-2,\ -1)\pm(-\sqrt{3},\ 2\sqrt{3})\}$$
$$=(2,\ 0)\pm(-2\sqrt{3},\ 4\sqrt{3})$$
$$\overrightarrow{OI}=\overrightarrow{OA}+\overrightarrow{BE}$$
$$=(2,\ 0)+(-2,\ -1)\pm(-\sqrt{3},\ 2\sqrt{3})$$
$$=(0,\ -1)\pm(-\sqrt{3},\ 2\sqrt{3})$$

以上複号同順で，
$$\begin{cases}\mathbf{F}(8-\sqrt{3},\ 3+2\sqrt{3})\\\mathbf{G}(6-2\sqrt{3},\ 2+4\sqrt{3})\\\mathbf{H}(2-2\sqrt{3},\ 4\sqrt{3})\\\mathbf{I}(-\sqrt{3},\ -1+2\sqrt{3})\end{cases}$$ または $$\begin{cases}\mathbf{F}(8+\sqrt{3},\ 3-2\sqrt{3})\\\mathbf{G}(6+2\sqrt{3},\ 2-4\sqrt{3})\\\mathbf{H}(2+2\sqrt{3},\ -4\sqrt{3})\\\mathbf{I}(\sqrt{3},\ -1-2\sqrt{3})\end{cases}$$

◆ ベクトルをつないで各点の位置ベクトルすなわち座標を求める.

◆ ベクトルのつなぎ方はいろいろあり得る. 解答の他に, たとえば
$$\overrightarrow{OF}=\overrightarrow{OE}+\overrightarrow{AB}$$
$$\overrightarrow{OG}=\overrightarrow{OF}+\overrightarrow{BE}$$
$$\overrightarrow{OH}=\overrightarrow{OG}+\overrightarrow{BA}$$
$$\overrightarrow{OI}=\overrightarrow{OH}+\overrightarrow{EA}$$
とつないで計算してもよい.

◆ ベクトルの成分計算は座標を求めるのにとても有効である.

第2章

注 (2)〜(4)はいずれも右回り, 左回りの 2 通りずつある.

講 究　座標平面（xy 平面）を複素数平面と考え回転を利用して本問が求める点に対応する複素数を求めよう. 基本となるのは次の計算（**加法定理**）である.
$$(\cos\alpha+i\sin\alpha)(\cos\beta+i\sin\beta)$$
$$=\cos(\alpha+\beta)+i\sin(\alpha+\beta)$$

一般に, 複素数 z, w を表す点を Z, W, すなわち, $\mathrm{Z}(z)$, $\mathrm{W}(w)$ とし, $\overrightarrow{OZ}$, $\overrightarrow{OW}$ が x 軸（実軸）の正方向となす角をそれぞれ α, β, $|z|=r$, $|w|=s$ とすると,
$$z=r(\cos\alpha+i\sin\alpha)$$
$$w=s(\cos\beta+i\sin\beta)$$
と書けて（極形式），

$$zw = rs(\cos(\alpha+\beta) + i\sin(\alpha+\beta))$$

となり，zw が表す点は，

　点Zを原点Oを中心に角 β 回転し，かつ

　s 倍に相似拡大または縮小した点

である．

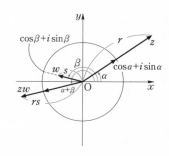

　$z = \cos\varphi + i\sin\varphi$，$w = p + qi$ とすれば

$$zw = (\cos\varphi + i\sin\varphi)(p + qi)$$
$$= \cos\varphi \cdot p - \sin\varphi \cdot q$$
$$+ (\sin\varphi \cdot p + \cos\varphi \cdot q)i$$

は（＊）に対応する複素数である．

　24 で，大文字が表す各点の複素数を対応する小文字で表す．たとえば，$\mathrm{A}(a)$ $(a=2)$，$\mathrm{B}(b)$ $(b=6+2i)$ である．ただし，Iのみ $\mathrm{I}(j)$ とする．このとき，以下複号同順で，DはBをAのまわりに $\pm\dfrac{\pi}{2}$ 回転した点で，

$$d = a + \left\{\cos\left(\pm\frac{\pi}{2}\right) + i\sin\left(\pm\frac{\pi}{2}\right)\right\}(b-a)$$
$$= a \pm i(b-a) = 2 \pm i(6+2i-2)$$
$$= 2 \pm (-2+4i)$$
$$c = a + (b-a) + (d-a) = b - a + d$$
$$= 6 + 2i - 2 + 2 \pm (-2+4i)$$
$$= 6 + 2i \pm (-2+4i)$$

よって，$\begin{cases} c = 4+6i \\ d = 4i \end{cases}$ または $\begin{cases} c = 8-2i \\ d = 4-4i \end{cases}$

← ベクトルの成分計算を複素数の計算として行っている．
掛け算以外は対応：
　$x + yi \longleftrightarrow (x,\ y)$
によるベクトルの成分計算と同じである．

　EはBをAのまわりに $\pm\dfrac{\pi}{3}$ 回転した点で，

$$e = a + \left\{\cos\left(\pm\frac{\pi}{3}\right) + i\sin\left(\pm\frac{\pi}{3}\right)\right\}(b-a)$$
$$= 2 + \left(\frac{1}{2} \pm \frac{\sqrt{3}}{2}i\right)(4+2i)$$
$$= 2 + (1 \pm \sqrt{3}\,i)(2+i)$$
$$= 4 \mp \sqrt{3} + (1 \pm 2\sqrt{3}\,)i$$

← 実際の計算は原点を中心に回転したのち，$\overrightarrow{\mathrm{OA}}$ すなわち a だけ平行移動している．

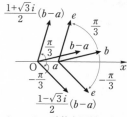

f, g, h の計算も同様である．

　FはAをEのまわりに $\pm\dfrac{2\pi}{3}$ 回転した点で，

$$f = e + \left\{\cos\left(\pm\frac{2\pi}{3}\right) + i\sin\left(\pm\frac{2\pi}{3}\right)\right\}(a-e)$$

$$=\left(\frac{3}{2}\mp\frac{\sqrt{3}}{2}i\right)\{4\mp\sqrt{3}+(1\pm2\sqrt{3})i\}$$
$$+2\left(-\frac{1}{2}\pm\frac{\sqrt{3}}{2}i\right)$$
$$=8\mp\sqrt{3}+(3\pm2\sqrt{3})i$$

GはAをEのまわりに $\pm\pi$ 回転した点で，
$$g=e+\{\cos(\pm\pi)+i\sin(\pm\pi)\}(a-e)$$
$$=2\{4\mp\sqrt{3}+(1\pm2\sqrt{3})i\}-2$$
$$=6\mp2\sqrt{3}+(2\pm4\sqrt{3})i$$

HはAをEのまわりに $\pm\dfrac{4\pi}{3}$ 回転した点で，
$$h=e+\left\{\cos\left(\pm\frac{4\pi}{3}\right)+i\sin\left(\pm\frac{4\pi}{3}\right)\right\}(a-e)$$
$$=\left(\frac{3}{2}\pm\frac{\sqrt{3}}{2}i\right)\{4\mp\sqrt{3}+(1\pm2\sqrt{3})i\}$$
$$+2\left(-\frac{1}{2}\mp\frac{\sqrt{3}}{2}i\right)$$
$$=2\mp2\sqrt{3}\pm4\sqrt{3}\,i$$

IはAをEのまわりに $\pm\dfrac{5\pi}{3}$ 回転した点で，
$$j=e+\left\{\cos\left(\pm\frac{5\pi}{3}\right)+i\sin\left(\pm\frac{5\pi}{3}\right)\right\}(a-e)$$
$$=\left(\frac{1}{2}\pm\frac{\sqrt{3}}{2}i\right)\{4\mp\sqrt{3}+(1\pm2\sqrt{3})i\}+2\left(\frac{1}{2}\mp\frac{\sqrt{3}}{2}i\right)$$
$$=\mp\sqrt{3}+(-1\pm2\sqrt{3})i$$

◆ 複号のまま計算することを煩わしく感じたら，個別に分けて計算するとよい.

◆ 計算の結果，得られた複素数が解答の結果に対応するものとなっていることを確認しよう.

◆ 各複素数の値を求めるには計算がもう少し楽になるような方法もあるが，ここでは敢えて，「EのまわりにAを $\dfrac{\pi}{3}$ ずつ回転する」という方法をとった.

第2章

25 直線の方程式

座標平面上に原点 O(0, 0) と点 A(2, 1) がある。直線 OA を l, A を通って l に垂直な直線を m とする。さらに l に平行で l との距離が $\sqrt{5}$ かつ第2象限を通る直線を l_1, m に平行で m との距離が $\sqrt{5}$ かつ第1象限を通る直線を m_1 とする。

(1) l, m, l_1, m_1 の方程式を $ax+by+c=0$ の形になるべく簡単に表せ。

(2) 4直線 l, m, l_1, m_1 で囲まれた正方形 ABCD (左回り) を K, 点Aを中心とする半径 $\sqrt{5}$ の円を S とする。K の内部にある S 上に点Pを $\angle\mathrm{BAP}=\theta$ $\left[0<\theta<\dfrac{\pi}{2}\right]$ となるようにとり，点Pにおける S の接線を n とする。

　(i) n が K によって切り取られる線分の長さ：$L(\theta)$ を θ で表せ。

　(ii) $L(\theta)$ のとり得る値の範囲を求めよ。

精 講　**17** で説明した直線のベクトル方程式および点と直線の距離の公式をベクトルの成分で表そう。

・点 $\mathrm{P_0}(\overrightarrow{p_0})$ を通って，$\vec{n}(\neq 0)$ に垂直な直線 l 上の点を $\mathrm{P}(\vec{p})$ とすると，この直線のベクトル方程式は，$\vec{n}\cdot(\vec{p}-\overrightarrow{p_0})=0$ ……(*) で与えられた。

今，$\vec{n}=(a, b)$ $(\neq(0, 0))$，$\vec{p}=(x, y)$，$\overrightarrow{p_0}=(x_0, y_0)$ とすると，
$\vec{p}-\overrightarrow{p_0}=(x-x_0, y-y_0)$ であるから

$$(*) \rightleftharpoons a(x-x_0)+b(y-y_0)=0$$

よって，　$ax+by+c=0$ $(c=-ax_0-by_0)$

となる。また，

・点 $\mathrm{P_1}(\overrightarrow{p_1})$ と直線 (*) との距離 d は，

$$d=\frac{|\vec{n}\cdot(\overrightarrow{p_1}-\overrightarrow{p_0})|}{|\vec{n}|}$$

で与えられた。

今，$\vec{n}$, $\overrightarrow{p_0}$ は上記のとおりとし，$\overrightarrow{p_1}=(x_1, y_1)$ とすると，$\overrightarrow{p_1}-\overrightarrow{p_0}=(x_1-x_0, y_1-y_0)$ であるから

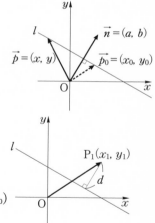

$$d = \frac{|a(x_1 - x_0) + b(y_1 - y_0)|}{\sqrt{a^2 + b^2}}$$

$$= \frac{|ax_1 + by_1 + c|}{\sqrt{a^2 + b^2}}$$

となる.

$(x_1, \ y_1)$ は,
$$ax_1 + by_1 + c = 0$$
$$ax_1 + by_1 + c > 0$$
$$ax_1 + by_1 + c < 0$$
← のいずれかをみたす. これら3式のどれをみたすかがわかっていれば, 分子の絶対値ははずすことができる.

解 答

(1) l は $(0, \ 0)$ と $(2, \ 1)$ を通る直線だから

$$l : x - 2y = 0$$
$$\overrightarrow{OA} = (2, \ 1), \quad |\overrightarrow{OA}| = \sqrt{2^2 + 1^2} = \sqrt{5}$$

$\overrightarrow{OA}(\parallel l)$ と垂直で大きさが $|\overrightarrow{OA}| = \sqrt{5}$ のベクトルの成分は, $\pm(-1, \ 2)$ であるが, l_1 は第2象限を通るから, 点 $(-1, \ 2)$ を通って l に平行な直線で,

$$(x+1) - 2(y-2) = 0$$
$$\therefore \quad l_1 : x - 2y + 5 = 0$$

m は, $A(2, \ 1)$ を通って, $\overrightarrow{OA} = (2, \ 1)$ に垂直な直線だから, $2(x-2) + (y-1) = 0$

$$\therefore \quad m : 2x + y - 5 = 0$$

$2\overrightarrow{OA} = 2(2, \ 1) = (4, \ 2)$ より, m_1 は,点 $(4, \ 2)$ を通って m に平行な直線で,

$$2(x-4) + (y-2) = 0$$
$$\therefore \quad m_1 : 2x + y - 10 = 0$$

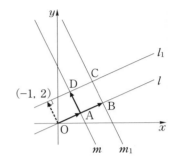

(2)(i) Pにおける接線 n が直線 m_1 および l_1 と交わる点をそれぞれ, Q, R とする.

> m_1 がBにおける S の接線,
> l_1 がDにおける S の接線

になっていることに注意すると, QP=QB,RP=RD であるから, 求める線分の長さ $L(\theta)$ について

$$L(\theta) = QR = QP + RP = QB + RD$$

である.

さて, $\overrightarrow{AB} = \vec{u}$, $\overrightarrow{AD} = \vec{v}$ とすると,

$$|\vec{u}| = |\vec{v}| = \sqrt{5} \quad (S \text{の半径}), \quad \vec{u} \perp \vec{v}$$

であるから

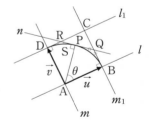

← 円の外の点から円に引いた2接線が2接点とで作る2線分の長さは等しい.

← 実質的に, 基底 $\{A ; \vec{u}, \vec{v}\}$ による座標系を考えている (→ **7**).
これは直交する基底ではあるが正規にはなっていない:
$|\vec{u}| = \sqrt{5} \neq 1$, $|\vec{v}| = \sqrt{5} \neq 1$

$$\overrightarrow{AP} = \cos\theta \cdot \vec{u} + \sin\theta \cdot \vec{v} \quad \left[0 < \theta < \frac{\pi}{2}\right]$$

← 円のベクトル表示 (→ **19**)

と書ける．また，n 上の点 X は，

$$\overrightarrow{AX} = s\vec{u} + t\vec{v} \quad [s,\ t：実数]$$

と表すことができて，

$$\overrightarrow{PX} = \overrightarrow{AX} - \overrightarrow{AP} \perp \overrightarrow{AP}$$

$$\Longleftrightarrow \{(s-\cos\theta)\vec{u} + (t-\sin\theta)\vec{v}\} \perp \{\cos\theta\cdot\vec{u} + \sin\theta\cdot\vec{v}\}$$

であるから，$|\vec{u}| = |\vec{v}| = \sqrt{5}$，$\vec{u}\cdot\vec{v} = 0$ に注意して

$$\overrightarrow{PX}\cdot\overrightarrow{AP}$$

$$= \{(s-\cos\theta)\vec{u} + (t-\sin\theta)\vec{v}\}\cdot\{\cos\theta\cdot\vec{u} + \sin\theta\cdot\vec{v}\}$$

$$= (s-\cos\theta)\cos\theta\cdot 5 + (t-\sin\theta)\sin\theta\cdot 5 = 0$$

$$\therefore \quad (\cos\theta)s + (\sin\theta)t = 1$$

ここで，m_1 上では $s=1$ であるから，Q において，

$$(\sin\theta)t = 1 - \cos\theta \quad \therefore \quad t = \frac{1-\cos\theta}{\sin\theta}$$

また，l_1 上では $t=1$ であるから，R において，

$$(\cos\theta)s = 1 - \sin\theta \quad \therefore \quad s = \frac{1-\sin\theta}{\cos\theta}$$

$$QB = |\overrightarrow{BQ}| = |t\vec{v}| = t|\vec{v}| = \sqrt{5}\,t$$

$$RD = |\overrightarrow{DR}| = |s\vec{u}| = s|\vec{u}| = \sqrt{5}\,s$$

$$\therefore \quad \boldsymbol{L(\theta)} = \sqrt{5}\,(t+s)$$

$$= \sqrt{5}\left(\frac{\boldsymbol{1-\cos\theta}}{\boldsymbol{\sin\theta}} + \frac{\boldsymbol{1-\sin\theta}}{\boldsymbol{\cos\theta}}\right)$$

← これは基底 $\{A；\vec{u},\ \vec{v}\}$ による座標 $(s,\ t)$ を用いた接線 n の方程式！ どこかで見たことのある式？

←
$$t = \frac{(1-\cos\theta)(1+\cos\theta)}{\sin\theta(1+\cos\theta)}$$
$$= \frac{\sin\theta}{1+\cos\theta}$$
$$s = \frac{(1-\sin\theta)(1+\sin\theta)}{\cos\theta(1+\sin\theta)}$$
$$= \frac{\cos\theta}{1+\sin\theta}$$
$0 < \cos\theta < 1$，$0 < \sin\theta < 1$ より，$0 < s < 1$，$0 < t < 1$ である．

(ii)
$$L(\theta) = \sqrt{5}\cdot\frac{\cos\theta(1-\cos\theta) + \sin\theta(1-\sin\theta)}{\sin\theta\cos\theta}$$

$$= \sqrt{5}\cdot\frac{\sin\theta - (1-\cos\theta)}{\sin\theta\cos\theta}$$

$$= \sqrt{5}\cdot\frac{2\sin\dfrac{\theta}{2}\cos\dfrac{\theta}{2} - 2\sin^2\dfrac{\theta}{2}}{2\sin\dfrac{\theta}{2}\cos\dfrac{\theta}{2}\cos\left(2\cdot\dfrac{\theta}{2}\right)}$$

$$= \sqrt{5}\cdot\frac{\cos\dfrac{\theta}{2} - \sin\dfrac{\theta}{2}}{\cos\dfrac{\theta}{2}\left(\cos^2\dfrac{\theta}{2} - \sin^2\dfrac{\theta}{2}\right)}$$

$$= \sqrt{5}\cdot\frac{1}{\cos\dfrac{\theta}{2}\left(\cos\dfrac{\theta}{2} + \sin\dfrac{\theta}{2}\right)}$$

$$= \sqrt{5}\cdot\frac{1}{\dfrac{1}{2}(1+\cos\theta) + \dfrac{1}{2}\sin\theta}$$

← θ で微分すると
$$L'(\theta)$$
$$= \sqrt{5}\left\{\frac{\sin^2\theta - \cos\theta(1-\cos\theta)}{\sin^2\theta}\right.$$
$$\left. + \frac{-\cos^2\theta + \sin\theta(1-\sin\theta)}{\cos^2\theta}\right\}$$
$$= \sqrt{5}\cdot\frac{(1-\cos\theta)\cos^2\theta - (1-\sin\theta)\sin^2\theta}{\sin^2\theta\cos^2\theta}$$
$$= \frac{\sqrt{5}\,(\sin\theta-\cos\theta)(1-\sin\theta)(1-\cos\theta)}{\sin^2\theta\cos^2\theta}$$
より，$L'(\theta)$ の符号は，
$0 < \theta < \dfrac{\pi}{2}$ の範囲において
$\theta = \dfrac{\pi}{4}$ の前後でのみ負から正に変化し，$L(\theta)$ はここで最小値をとる．

$$= \frac{2\sqrt{5}}{1+\sqrt{2}\,\sin\left(\theta+\dfrac{\pi}{4}\right)}$$

今，$0<\theta<\dfrac{\pi}{2}$ であるから $\dfrac{\pi}{4}<\theta+\dfrac{\pi}{4}<\dfrac{3\pi}{4}$

で，$\dfrac{1}{\sqrt{2}}<\sin\left(\theta+\dfrac{\pi}{4}\right)\leqq 1$ となるから，

$$\frac{2\sqrt{5}}{1+\sqrt{2}\cdot 1}\leqq L(\theta)<\frac{2\sqrt{5}}{1+\sqrt{2}\cdot\dfrac{1}{\sqrt{2}}}=\sqrt{5}$$

求める範囲は，
$$2\sqrt{5}\,(\sqrt{2}-1)\leqq L(\theta)<\sqrt{5}$$

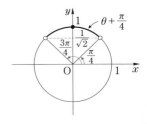

講　究　 $\vec{u_1}=\dfrac{1}{\sqrt{5}}\vec{u}$，$\vec{v_1}=\dfrac{1}{\sqrt{5}}\vec{v}$ とおけば，

$\{\mathrm{A}\,;\vec{u_1},\ \vec{v_1}\}$ は正規直交基底となる．すなわち，
$$|\vec{u_1}|=|\vec{v_1}|=1,\ \ \vec{u_1}\perp\vec{v_1}\ (\vec{u_1}\cdot\vec{v_1}=0)$$

この基底による座標を $(s_1,\ t_1)$ とすれば，これを通常の xy 平面における座標と全く同様に扱ってよく（→ **19**），$S:s_1{}^2+t_1{}^2=5$ であるから，$\mathrm{P}(\sqrt{5}\cos\theta,\ \sqrt{5}\sin\theta)$ における接線 n は，
$$n:(\sqrt{5}\cos\theta)s_1+(\sqrt{5}\sin\theta)t_1=5$$
$$\therefore\ \ (\cos\theta)s_1+(\sin\theta)t_1=\sqrt{5}$$

$m_1:s_1=\sqrt{5}$ より $t_1=\dfrac{\sqrt{5}\,(1-\cos\theta)}{\sin\theta}$

$l_1:t_1=\sqrt{5}$ より $s_1=\dfrac{\sqrt{5}\,(1-\sin\theta)}{\cos\theta}$

$$\therefore\ \ L(\theta)=t_1+s_1$$
$$=\sqrt{5}\left(\frac{1-\cos\theta}{\sin\theta}+\frac{1-\sin\theta}{\cos\theta}\right)$$

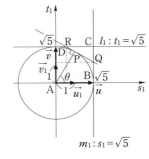

◆ ベクトルの計算をせずに接線の方程式が得られていることに注意．

さて，もともとの座標 $(x,\ y)$ だけを用いると，計算がやや面倒だが次のようになる．

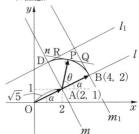

$\overrightarrow{\mathrm{OA}}$ が x 軸の正方向となす角を $\alpha\ \left(0<\alpha<\dfrac{\pi}{2}\right)$ とすると，$\cos\alpha=\dfrac{2}{\sqrt{5}}$，$\sin\alpha=\dfrac{1}{\sqrt{5}}$ であるから，

$$\overrightarrow{\mathrm{AP}}=(\sqrt{5}\cos(\alpha+\theta),\ \sqrt{5}\sin(\alpha+\theta))$$

$$=\left(\sqrt{5}\left(\frac{2}{\sqrt{5}}\cos\theta-\frac{1}{\sqrt{5}}\sin\theta\right),\ \sqrt{5}\left(\frac{1}{\sqrt{5}}\cos\theta+\frac{2}{\sqrt{5}}\sin\theta\right)\right)$$

$$=(2\cos\theta-\sin\theta,\ \cos\theta+2\sin\theta)$$

接線 n 上の点を $X(x,\ y)$ とすると，

$$\overrightarrow{PX}\perp\overrightarrow{AP}$$

より，$\overrightarrow{PX}\cdot\overrightarrow{AP}=(\overrightarrow{AX}-\overrightarrow{AP})\cdot\overrightarrow{AP}$

◀ 1点と法線ベクトル（垂直方向）で直線は決まる．それが基本！

$$=\overrightarrow{AX}\cdot\overrightarrow{AP}-|\overrightarrow{AP}|^2=0$$

$$\overrightarrow{AX}=\overrightarrow{OX}-\overrightarrow{OA}=(x,\ y)-(2,\ 1)=(x-2,\ y-1)$$

$$|\overrightarrow{AP}|^2=(\sqrt{5})^2=5$$

であるから，n の方程式は，

$$(2\cos\theta-\sin\theta)(x-2)$$
$$+(\cos\theta+2\sin\theta)(y-1)-5=0$$

◀ 座標成分（ベクトルの成分）を用いて方程式を書く場合にも，ある程度ベクトルのままで計算したあとで代入する方がよい．

$m_1 : 2x+y-10=0\ (y=-2x+10)$ と連立すると，Q の座標は，

$$Q\left(4-\frac{1-\cos\theta}{\sin\theta},\ 2+2\cdot\frac{1-\cos\theta}{\sin\theta}\right)$$

$l_1 : x-2y+5=0\ (x=2y-5)$ と連立すると，R の座標は，

$$R\left(1+2\cdot\frac{1-\sin\theta}{\cos\theta},\ 3+\frac{1-\sin\theta}{\cos\theta}\right)$$

$0<\theta<\dfrac{\pi}{2}$ より，$\dfrac{1-\cos\theta}{\sin\theta}>0,\ \dfrac{1-\sin\theta}{\cos\theta}>0$

$$\overrightarrow{OB}=2\overrightarrow{OA}=2(2,\ 1)=(4,\ 2)$$

$$\overrightarrow{OD}=\overrightarrow{OA}+(-1,\ 2)=(2,\ 1)+(-1,\ 2)=(1,\ 3)$$

に注意して，

$$L(\theta)=QB+RD=|\overrightarrow{QB}|+|\overrightarrow{RD}|$$
$$=\sqrt{(1+4)\left(\frac{1-\cos\theta}{\sin\theta}\right)^2}+\sqrt{(4+1)\left(\frac{1-\sin\theta}{\cos\theta}\right)^2}$$
$$=\sqrt{5}\left(\frac{1-\cos\theta}{\sin\theta}+\frac{1-\sin\theta}{\cos\theta}\right)$$

26　回転・対称移動

xy 平面において，原点Oを通り x 軸の正方向とのなす角が $\alpha\left[-\dfrac{\pi}{2}\leqq\alpha\leqq\dfrac{\pi}{2}\right]$ である直線を l_α とする．

(1)　l_α の方程式を $ax+by=0$ $(0\leqq b\leqq1)$ の形に表せ．

(2)　点 $(x,\ y)$ の直線 l_α に関する対称点を $(x_1,\ y_1)$ とすると，次の関係式が成り立つことを示せ：

$$\begin{cases} x_1=(\cos2\alpha)x+(\sin2\alpha)y \\ y_1=(\sin2\alpha)x-(\cos2\alpha)y \end{cases}$$

(3)　点 $(x,\ y)$ を原点のまわりに角 θ 回転した点を $(x',\ y')$ とすると，次の関係式が成り立つことがわかっている（→ **24** ）．

$$\begin{cases} x'=(\cos\theta)x-(\sin\theta)y \\ y'=(\sin\theta)x+(\cos\theta)y \end{cases}$$

　　点 $(x_1,\ y_1)$ の直線 l_β に関する対称点を $(x_2,\ y_2)$ とすると，$(x_2,\ y_2)$ は点 $(x,\ y)$ を原点のまわりに，ある角度 θ 回転した点になっていることを示せ．また，θ を α，β を用いて表せ．

精┃講　　点 $(x,\ y)$ を原点のまわりに角 u 回転した点を $(x',\ y')$，さらに $(x',\ y')$ を原点のまわりに角 v 回転した点を $(x'',\ y'')$ とすると，

$$\begin{cases} x'=(\cos u)x-(\sin u)y \\ y'=(\sin u)x+(\cos u)y \end{cases} \quad\cdots\cdots①$$

$$\begin{cases} x''=(\cos v)x'-(\sin v)y' \\ y''=(\sin v)x'+(\cos v)y' \end{cases} \quad\cdots\cdots②$$

である．一方，$(x'',\ y'')$ は $(x,\ y)$ を原点のまわりに角 $u+v$ 回転した点であるから

$$\begin{cases} x''=(\cos(u+v))x-(\sin(u+v))y \\ y''=(\sin(u+v))x+(\cos(u+v))y \end{cases} \quad\cdots\cdots③$$

である．①を②へ代入すると，

$$x''=(\cos v)\{(\cos u)x-(\sin u)y\}$$
$$\qquad\qquad -(\sin v)\{(\sin u)x+(\cos u)y\}$$
$$\quad =(\cos v\cdot\cos u-\sin v\cdot\sin u)x$$

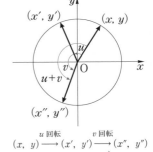

$$(x,\ y)\xrightarrow{\ u\ 回転\ }(x',\ y')\xrightarrow{\ v\ 回転\ }(x'',\ y'')$$
$$\underbrace{\qquad\qquad\qquad\qquad}_{u+v\ 回転}$$

$$-(\cos v \cdot \sin u + \sin v \cdot \cos u)y$$
$$y'' = (\sin v)\{(\cos u)x - (\sin u)y\}$$
$$+ (\cos v)\{(\sin u)x + (\cos u)y\}$$
$$= (\sin v \cdot \cos u + \cos v \cdot \sin u)x$$
$$-(\sin v \cdot \sin u - \cos v \cdot \cos u)y$$

③の右辺と比べて次の加法定理を得る：
$$\cos(u+v) = \cos u \cdot \cos v - \sin u \cdot \sin v$$
$$\sin(u+v) = \sin u \cdot \cos v + \cos u \cdot \sin v$$

← それぞれ x, y の係数に注目！

← v を $-v$ でおきかえて
$$\cos(u-v)$$
$$= \cos u \cos v + \sin u \sin v$$
$$\sin(u-v)$$
$$= \sin u \cos v - \cos u \sin v$$
を得る.

解 答

(1) l_α はベクトル $(\cos\alpha, \ \sin\alpha)$ に平行で,
$$(\cos\alpha, \ \sin\alpha) \perp \pm(-\sin\alpha, \ \cos\alpha)$$
であるが, $-\dfrac{\pi}{2} \leqq \alpha \leqq \dfrac{\pi}{2}$ より $0 \leqq \cos\alpha \leqq 1$ だ
から $0 \leqq b \leqq 1$ に注意して,
$$l_\alpha : (-\sin\alpha)x + (\cos\alpha)y = 0$$

(2) $P(x, \ y)$, $P_1(x_1, \ y_1)$, 線分 PP_1 と l_α の交点
を H とすると, $\overrightarrow{PP_1} = 2\overrightarrow{PH} \perp l_\alpha$ である.
$$\overrightarrow{OH} = \overrightarrow{OP} + t\vec{n} \quad [t : 実数, \ \vec{n} = (-\sin\alpha, \ \cos\alpha)]$$
$$= (x, \ y) + t(-\sin\alpha, \ \cos\alpha)$$
とおけて, H は l_α 上の点だから,
$$(-\sin\alpha)(x - t\sin\alpha) + (\cos\alpha)(y + t\cos\alpha) = 0$$
$$t = (\sin\alpha)x - (\cos\alpha)y$$
$$\therefore \quad \overrightarrow{OP_1} = \overrightarrow{OP} + 2t\vec{n}$$
$$= (x, \ y) + 2\{(\sin\alpha)x - (\cos\alpha)y\}(-\sin\alpha, \ \cos\alpha)$$
$$= ((1 - 2\sin^2\alpha)x + (2\sin\alpha\cos\alpha)y,$$
$$(2\sin\alpha\cos\alpha)x - (2\cos^2\alpha - 1)y)$$
$$= ((\cos 2\alpha)x + (\sin 2\alpha)y,$$
$$(\sin 2\alpha)x - (\cos 2\alpha)y)$$
$$\therefore \quad \begin{cases} x_1 = (\cos 2\alpha)x + (\sin 2\alpha)y \\ y_1 = (\sin 2\alpha)x - (\cos 2\alpha)y \end{cases}$$

(3) (2)と同様にして,
$$\begin{cases} x_2 = (\cos 2\beta)x_1 + (\sin 2\beta)y_1 \\ y_2 = (\sin 2\beta)x_1 - (\cos 2\beta)y_1 \end{cases}$$
(2)の結果を代入すると,

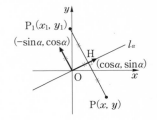

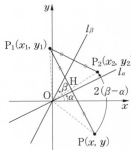

$P_2(x_2, \ y_2)$ とする

注 個別に P, P_1 だけを見れば $OP = OP_1$ だから P_1 を P を原点のまわりに回転した点と考えることもできるがこのときの回転角は点 P の位置に依存し, 一般には異なる.

$$x_2 = (\cos 2\beta)\{(\cos 2\alpha)x + (\sin 2\alpha)y\}$$
$$+ (\sin 2\beta)\{(\sin 2\alpha)x - (\cos 2\alpha)y\}$$
$$= (\cos 2\beta \cos 2\alpha + \sin 2\beta \sin 2\alpha)x$$
$$+ (\cos 2\beta \sin 2\alpha - \sin 2\beta \cos 2\alpha)y$$
$$= (\cos 2(\beta - \alpha))x - (\sin 2(\beta - \alpha))y$$
$$y_2 = (\sin 2\beta)\{(\cos 2\alpha)x + (\sin 2\alpha)y\}$$
$$- (\cos 2\beta)\{(\sin 2\alpha)x - (\cos 2\alpha)y\}$$
$$= (\sin 2\beta \cos 2\alpha - \cos 2\beta \sin 2\alpha)x$$
$$+ (\sin 2\beta \sin 2\alpha + \cos 2\beta \cos 2\alpha)y$$
$$= (\sin 2(\beta - \alpha))x + (\cos 2(\beta - \alpha))y$$
$$\therefore \begin{cases} x_2 = (\cos 2(\beta - \alpha))x - (\sin 2(\beta - \alpha))y \\ y_2 = (\sin 2(\beta - \alpha))x + (\cos 2(\beta - \alpha))y \end{cases}$$

よって，(x_2, y_2) は (x, y) を原点のまわりに
$\theta = 2(\beta - \alpha)$ 回転した点である．

> $P(x, y) \to P_2(x_2, y_2)$
> においては P の位置によらず回転角が決まっていることが重要である．だからこそこの移動は回転移動なのである．回転移動と対称移動は本質的に異なる（→ **講究**）．

◆ 先に l_β について，次いで l_α について対称移動すると回転角は $2(\alpha - \beta)$ となり，向きが逆になる．

講 究 (x_1, y_1) を原点のまわりに角 u 回転
した点 $(\overline{x}, \overline{y})$ の座標を計算してみ
よう． **精講** および解答で用いた記号と結果はそ
のまま利用する．
$$\overline{x} = (\cos u)x_1 - (\sin u)y_1$$
$$= (\cos u)\{(\cos 2\alpha)x + (\sin 2\alpha)y\}$$
$$- (\sin u)\{(\sin 2\alpha)x - (\cos 2\alpha)y\}$$
$$= (\cos u \cos 2\alpha - \sin u \sin 2\alpha)x$$
$$+ (\cos u \sin 2\alpha + \sin u \cos 2\alpha)y$$
$$= (\cos(2\alpha + u))x + (\sin(2\alpha + u))y$$
$$\overline{y} = (\sin u)x_1 + (\cos u)y_1$$
$$= (\sin u)\{(\cos 2\alpha)x + (\sin 2\alpha)y\}$$
$$+ (\cos u)\{(\sin 2\alpha)x - (\cos 2\alpha)y\}$$
$$= (\sin u \cos 2\alpha + \cos u \sin 2\alpha)x$$
$$- (-\sin u \sin 2\alpha + \cos u \cos 2\alpha)y$$
$$= (\sin(2\alpha + u))x - (\cos(2\alpha + u))y$$
$$\therefore \begin{cases} \overline{x} = (\cos(2\alpha + u))x + (\sin(2\alpha + u))y \\ \overline{y} = (\sin(2\alpha + u))x - (\cos(2\alpha + u))y \end{cases}$$
$(\overline{x}, \overline{y})$ は (x, y) を直線 $: l_{\alpha + \frac{u}{2}}$ に関して対称
移動した点である．さらに (x', y') を直線 l_α
について対称移動した点を $(\widetilde{x}, \widetilde{y})$ とすると，
$$\begin{cases} \widetilde{x} = (\cos(2\alpha - u))x + (\sin(2\alpha - u))y \\ \widetilde{y} = (\sin(2\alpha - u))x - (\cos(2\alpha - u))y \end{cases}$$

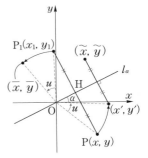

一般に $(\overline{x}, \overline{y}) \neq (\widetilde{x}, \widetilde{y})$ である．すなわち，原点を中心に，
◆ l_α について対称移動し，次いで角 u 回転した結果と，角 u 回転して次いで l_α について対称移動した結果は異なる．

となり(計算を確かめよ), $(\widetilde{x},\ \widetilde{y})$ は $(x,\ y)$ を直線：$l_{\alpha-\frac{u}{2}}$ に関して対称移動した点である.

　さて, 一般に xy 平面上の点 $(x,\ y)$ に対して点 $(X,\ Y)$ への対応：$(x,\ y)$ $\longrightarrow (X,\ Y)$ が

$$\begin{cases} X=ax+by \\ Y=cx+dy \end{cases} [a,\ b,\ c,\ d：実数の定数]$$

の形で与えられているとき, この対応を xy 平面上の**1次変換**といい,

$$\begin{pmatrix} X \\ Y \end{pmatrix}=\begin{pmatrix} a & b \\ c & d \end{pmatrix}\begin{pmatrix} x \\ y \end{pmatrix}$$

と表し, $\begin{pmatrix} a & b \\ c & d \end{pmatrix}$ をこの1次変換を表す**行列**という (→ **7**). 1次変換は, 実数から実数への対応：$x \to ax$ (正比例) の2次元版であり「**線型性**」という重要な性質をもつが深入りはしない. 本問の

$$\begin{pmatrix} x' \\ y' \end{pmatrix}=\begin{pmatrix} \cos u & -\sin u \\ \sin u & \cos u \end{pmatrix}\begin{pmatrix} x \\ y \end{pmatrix} \quad (原点のまわりの角 u の回転移動)$$

$$\begin{pmatrix} x_1 \\ y_1 \end{pmatrix}=\begin{pmatrix} \cos 2\alpha & \sin 2\alpha \\ \sin 2\alpha & -\cos 2\alpha \end{pmatrix}\begin{pmatrix} x \\ y \end{pmatrix} \quad (直線 l_\alpha に関する対称移動)$$

は1次変換の重要な例である. そして, 行列式 (→ **7**) について

$$\begin{vmatrix} \cos u & -\sin u \\ \sin u & \cos u \end{vmatrix}=\cos^2 u+\sin^2 u=1$$

$$\begin{vmatrix} \cos 2\alpha & \sin 2\alpha \\ \sin 2\alpha & -\cos 2\alpha \end{vmatrix}=-\cos^2 2\alpha-\sin^2 2\alpha=-1$$

は次の事実に対応している.

　$(x,\ y) \longrightarrow (x'',\ y'')$……角 u の<u>回転移動</u>, 次いで角 v の<u>回転移動</u>は,
　　　　　　　　　　　　　　角 $u+v$ の<u>回転移動</u>　　　　……1×1=1

　$(x,\ y) \longrightarrow (x_2,\ y_2)$……$l_\alpha$ について<u>対称移動</u>, 次いで l_β について<u>対称移動</u>は,
　　　　　　　　　　　　　　角 $2(\beta-\alpha)$ の<u>回転移動</u>　　　……(−1)×(−1)=1

　$(x,\ y) \longrightarrow (\overline{x},\ \overline{y})$……$l_\alpha$ について<u>対称移動</u>, 次いで角 u の<u>回転移動</u>は,
　　　　　　　　　　　　　　$l_{\alpha+\frac{u}{2}}$ についての<u>対称移動</u>　　　……1×(−1)=−1

　$(x,\ y) \longrightarrow (\widetilde{x},\ \widetilde{y})$……角 u の<u>回転移動</u>, 次いで l_α について<u>対称移動</u>は,
　　　　　　　　　　　　　　$l_{\alpha-\frac{u}{2}}$ についての<u>対称移動</u>　　　……(−1)×1=−1

27　三角形の向き

(1)　点 O$(0, 0)$ を原点とする座標平面上に定点 D$(3, 1)$ と点 P(p, q) が与えられている．ただし，通常のとおり，x 軸は右向きに正，y 軸は x 軸を原点を中心に左回りに $\dfrac{\pi}{2}$ 回転したものであるとする．

　(ⅰ)　直線 OD を l とする．l の方程式を求めよ．

　(ⅱ)　三角形 ODP が左回りの三角形となるための p, q の条件を求め，そのときの三角形 ODP の面積を絶対値記号を用いずに p, q を用いて表せ．また，三角形 ODP が右回りの三角形となるための条件および，そのときの面積を絶対値記号を用いずに p, q を用いて表せ．

(2)　A(a, c) を原点 O 以外の点とし，$\overrightarrow{\mathrm{OA}}$ を原点を中心に $\dfrac{\pi}{2}$ 回転したベクトルを $\vec{n}$ とする．

　(ⅰ)　$\vec{n}$ の成分を求めよ．

　(ⅱ)　O，A 以外の点 B(b, d) について，三角形 OAB が左回りの三角形となるための a, b, c, d の条件を求めよ．また，このとき三角形 OAB の面積を絶対値記号を用いずに a, b, c, d を用いて表せ．

(3)　t を実数として，K$(2t, t^2)$，L$(3t, 2t^2)$，M$(2t+3, (t+1)^2)$ とする．三角形 KLM が左回りの三角形となるような t の範囲を求めよ．また，このとき三角形 KLM の面積 $S(t)$ の最大値を求めよ．

精 講　平面上における三角形の向きについて，改めて整理しておこう：

△OAB の 3 頂点 O, A, B がこの順に左回りに存在するとき，△OAB は左回り，この順に右回りに存在するとき，△OAB は右回りであるといい，この「左回り」「右回り」を △OAB の「向き」という．

　2 つの合同な三角形 △ABC と △DEF について考えてみよう．△ABC≡△DEF といってもこれら 2 つの三角形の向きについては同じ向きの場合と反対向きの場合がある．それぞれの三角形を一つの平面上にある"物体"と考え

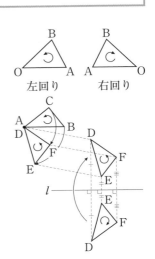

るとき，同じ向きをもつ2つの合同な三角形は，この平面内の平行移動と（ある点を中心とする）回転によって重ね合わせることができるが，2つの合同な三角形の向きが異なるときはそれができない．重ね合わせるためには，片方の三角形について何らかの対称移動（点対称移動，線対称移動）によって，一度向きを換えておく必要がある．"物体"を移動させるという意味において対称移動は一つの平面上においては不可能で，この平面を含む空間内を通過しなければならない．平行移動および回転移動で三角形の向きは不変であるが対称移動では逆向きになる．

　ベクトルの視点から今少し分析を進めよう．

　△OAB が左回りの三角形であるためには，

・頂点Bが，$\overrightarrow{OA}$ に対して直線 OA の左側の領域に存在すればよい．

さらにこれを言い換えると，

・$\overrightarrow{OA}$ を（左回りにあるいは正の向きに）90°回転したベクトルを $\vec{n}$ とするとき，$\vec{n}$ と $\overrightarrow{OB}$ が同じ向きか，これらのなす角が鋭角であればよい．

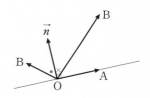

解　答

(1) (i) 直線 l は原点 $(0,\ 0)$ と点 D$(3,\ 1)$ を通る直線だからその方程式は，

$$l : x - 3y = 0$$

(ii) △ODP が左回りとなるためには点 P$(p,\ q)$ が l の上側にあればよい．l の上側は不等式：$y > \dfrac{1}{3}x$，$x - 3y < 0$ で表されるから

$$△\text{ODP が左回り} \iff p - 3q < 0$$

したがって，△ODP の面積は，$\begin{cases} \overrightarrow{OD} = (3,\ 1) \\ \overrightarrow{OP} = (p,\ q) \end{cases}$ より

$$\frac{1}{2}|3q - p| = \frac{1}{2}(3q - p)$$

また，△ODP が右回りとなるためには点 P$(p,\ q)$ が l の下側：$y < \dfrac{1}{3}x$，$x - 3y > 0$ にあ

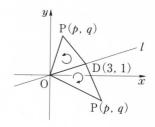

← $\begin{cases} \overrightarrow{OA} = (a,\ c) & \cdots\cdots ① \\ \overrightarrow{OB} = (b,\ d) & \cdots\cdots ② \end{cases}$

のとき，△OAB の面積は

$$\frac{1}{2}|ad - bc|$$

であった（→ 23 ）．面積は正だから絶対値がついているのだが絶対値内部の符号が三角形の向きに関わっている．

ればよいから

$\qquad$ △ODP が右回り $\Longleftrightarrow p-3q>0$

したがって，△ODP の面積は，

$$\frac{1}{2}|3q-p|=\frac{1}{2}\{-(3q-p)\}=\frac{1}{2}(p-3q)$$

(2) (i) $|\overrightarrow{\mathrm{OA}}|=r(>0)$，$\overrightarrow{\mathrm{OA}}$ が x 軸の正方向とな

す角を $\theta\left(-\dfrac{\pi}{2}\leqq\theta\leqq\dfrac{\pi}{2}\right)$ とすると，

$$\overrightarrow{\mathrm{OA}}=(a,\ c)=(r\cos\theta,\ r\sin\theta)$$

と書けるから，

$$\vec{n}=\left(r\cos\left(\theta+\frac{\pi}{2}\right),\ r\sin\left(\theta+\frac{\pi}{2}\right)\right)$$

$$=(-r\sin\theta,\ r\cos\theta)=(-c,\ a)$$

(ii) △OAB が左回りとなるためには点 B$(b,\ d)$

が直線 OA に関して $\vec{n}=(-c,\ a)$ と同じ側

にあればよく，$\vec{n}$ と $\overrightarrow{\mathrm{OB}}$ のなす角が 0 または

鋭角であればよい.

求める条件は，

$$\vec{n}\cdot\overrightarrow{\mathrm{OB}}=-cb+ad=ad-bc>0$$

このとき △OAB の面積は，$\begin{cases}\overrightarrow{\mathrm{OA}}=(a,\ c)\\\overrightarrow{\mathrm{OB}}=(b,\ d)\end{cases}$ より

$$\frac{1}{2}|ad-bc|=\frac{1}{2}(ad-bc)$$

(3) (2)(ii)により，$\overrightarrow{\mathrm{OA}}=(a,\ c)$，$\overrightarrow{\mathrm{OB}}=(b,\ d)$ のと

き

$\qquad$ △OAB が左回り $\Longleftrightarrow ad-bc>0$

である. また，三角形の向きは平行移動しても

不変である. 今，K$(2t,\ t^2)$，L$(3t,\ 2t^2)$，

M$(2t+3,\ (t+1)^2)$ より，

$$\overrightarrow{\mathrm{KL}}=\overrightarrow{\mathrm{OL}}-\overrightarrow{\mathrm{OK}}=(3t,\ 2t^2)-(2t,\ t^2)$$

$$=(t,\ t^2)$$

$$\overrightarrow{\mathrm{KM}}=\overrightarrow{\mathrm{OM}}-\overrightarrow{\mathrm{OK}}$$

$$=(2t+3,\ (t+1)^2)-(2t,\ t^2)$$

$$=(3,\ 2t+1)$$

となるから △KLM が左回りとなるための条

件は，

$$t(2t+1)-t^2\cdot3>0\qquad\therefore\quad t(t-1)<0$$

よって求める範囲は $0<t<1$

①②の順序を入れかえると符号
は逆になる.

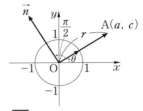

← **24**

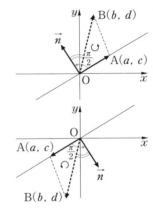

注 $a,\ b,\ c,\ d$ の符号はわから
ないので直線の上側とか下側，
あるいは右側とか左側といった
議論はできない. "直線上のベ
クトル"と，それを $\dfrac{\pi}{2}$ 回転した
ベクトルを考えることがポイン
トである.

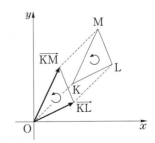

第2章

このとき

$$S(t) = \frac{1}{2}(-t^2 + t) = -\frac{1}{2}\left(t - \frac{1}{2}\right)^2 + \frac{1}{8}$$

となるからこれは,

$$t = \frac{1}{2} \text{ のときに最大値 } \frac{1}{8} \text{ をとる.}$$

講究 1° 直線 l : $ax + by + c = 0$ とその法線ベクトル $\vec{n} = (a,\ b)\ (\neq \vec{0})$ に対して,

点 $A_1(x_1,\ y_1)$ が直線 l 上から見て $\vec{n}$ 側にある
$$\rightleftharpoons ax_1 + by_1 + c > 0$$

である. これを示そう.

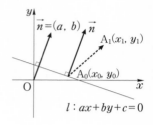

直線 l 上に1点 $A_0(x_0,\ y_0)$ をとると,
$$ax_0 + by_0 + c = 0$$

であり, $A_1(x_1,\ y_1)$ が l 上から見て $\vec{n}$ 側にある条件は $\vec{n}$ と
$$\overrightarrow{A_0A_1} = \overrightarrow{OA_1} - \overrightarrow{OA_0} = (x_1 - x_0,\ y_1 - y_0)$$

のなす角が鋭角または 0 となることで,
$$\vec{n} \cdot \overrightarrow{A_0A_1} = a(x_1 - x_0) + b(y_1 - y_0) > 0$$
$$\rightleftharpoons ax_1 + by_1 > ax_0 + by_0$$
$$\rightleftharpoons ax_1 + by_1 + c > ax_0 + by_0 + c = 0$$

2° 座標平面上の2組の1次独立なベクトル
$$\begin{cases} \overrightarrow{OP} = (p,\ r) \\ \overrightarrow{OQ} = (q,\ s) \end{cases} \text{ と } \begin{cases} \overrightarrow{OT} = (t,\ v) \\ \overrightarrow{OU} = (u,\ w) \end{cases} \text{ の間に}$$
$$\begin{cases} t = ap + br \\ v = cp + dr \end{cases} \text{ かつ } \begin{cases} u = aq + bs \\ w = cq + ds \end{cases}$$

の関係があるとき, $\begin{vmatrix} a & b \\ c & d \end{vmatrix} = ad - bc = \varDelta$ とすると, 面積について (→ **23**)

$$\triangle OTU = \frac{1}{2}|tw - vu|$$

$$= \frac{1}{2}|(ap + br)(cq + ds) - (cp + dr)(aq + bs)|$$

$$= \frac{1}{2}|apds + brcq - aqdr - bscp|$$

$$= \frac{1}{2}|(ad - bc)(ps - rq)| = |\varDelta|\triangle OPQ$$

← **26 講究** の記号で,
$$\begin{pmatrix} t \\ v \end{pmatrix} = \begin{pmatrix} a & b \\ c & d \end{pmatrix}\begin{pmatrix} p \\ r \end{pmatrix}$$
$$\begin{pmatrix} u \\ w \end{pmatrix} = \begin{pmatrix} a & b \\ c & d \end{pmatrix}\begin{pmatrix} q \\ s \end{pmatrix}$$

すなわち xy 平面上の1次変換
$$\begin{pmatrix} x \\ y \end{pmatrix} \to \begin{pmatrix} X \\ Y \end{pmatrix} = \begin{pmatrix} a & b \\ c & d \end{pmatrix}\begin{pmatrix} x \\ y \end{pmatrix}$$
によって,
$\overrightarrow{OP}$ が $\overrightarrow{OT}$ に,
$\overrightarrow{OQ}$ が $\overrightarrow{OU}$ に
移されている (明らかに原点は原点に移される).

すなわち，行列 $\begin{pmatrix} a & b \\ c & d \end{pmatrix}$ による1次変換で三

角形の面積は $|\varDelta|$ 倍される．たとえば，回転移

動では $\varDelta=1$，原点を通る直線に関する対称移

動では $\varDelta=-1$ であったから（→ **26** ），$|\varDelta|=1$

であり面積は不変である．

← 別途証明が必要になるが，三角形に限らず面積は $|\varDelta|$ 倍される．

さらに上記の計算から，

$$tw-vu=(ad-bc)(ps-rq)$$

が示された．これと(2)(ii)より，$\varDelta=ad-bc$ について

$\varDelta>0$ のとき，$ps-rq>0$ ならば $tw-vu>0$
　　　　　　（$\Longleftrightarrow$ △OPQ が左回りならば △OTU も左回り）
　　　　　　$ps-rq<0$ ならば $tw-vu<0$
　　　　　　（$\Longleftrightarrow$ △OPQ が右回りならば △OTU も右回り）

すなわち，このとき，$\begin{pmatrix} a & b \\ c & d \end{pmatrix}$ による1次変換は三角形の向きを変えない．

同様にして，$\varDelta<0$ のとき，この1次変換は三角形の向きを逆転させる．

たとえば　　回転移動…… $\varDelta=1>0$　　で向きは不変，
　　　　　　対称移動…… $\varDelta=-1<0$　で向きは逆転

である．

第2章

28 正 n 角形

原点を O とする．xy 平面における単位円周上に頂点をもつ正 n 角形：$P_0P_1\cdots\cdots P_{n-1}$ を考える．ただし，n は 3 以上の整数，$P_0(1,\ 0)$ とし，P_0，P_1，$\cdots\cdots$，P_{n-1} は左回りに並んでいるものとする．

(1) $P_k(a_k,\ b_k)$ $(k=0,\ 1,\ 2,\ \cdots\cdots,\ n-1)$ とするとき，a_k，b_k を求めよ．

(2) $\displaystyle\sum_{k=0}^{n-1}\left(\sin\frac{\pi}{n}\right)a_k$ を計算せよ．

(3) $\overrightarrow{OP_0}+\overrightarrow{OP_1}+\cdots\cdots+\overrightarrow{OP_{n-1}}=\vec{0}$ となることを示せ．

精│講 本問の目的は，(3)の

正 n 角形における〈力のつり合い〉

← **4**

である．すでに三角関数に関する事柄は扱ってきたし，本論のベクトルからははずれるが，多くの生徒諸君が三角関数の使い方や計算方法に終始し，基本的な定義，基本公式の図形的な意味が軽視されているように思われるので，これらを整理し確認しておく．

定義：円において直径の長さに対する円周の長さの比を円周率といって π で表す．すなわち，円の半径を $r(>0)$，円周の長さを $l(>0)$ とすれば，

← 円はすべて相似である．

$$\pi=\frac{l}{2r}\ \left(\Longleftrightarrow l=2\pi r\right)$$

であり，$\pi=3.14159\cdots\cdots$ となることが知られている．

・扇形において，その中心角と円弧の長さが比例することは認められるであろう．そこで

定義：点 O を中心とする単位円 C 上に 1 点 A を固定し，C 上の動点 P が A から通過した円弧の長さを θ とする．P は C 上を左回りまたは右回りにのみ動くものとし，動径 OP の半径 OA からの回転角を，左回りのとき θ，右回りのとき $-\theta$ と定める．

点 P は C 上を何回転してもよいので，角度 θ はすべての実数値をとり得る．特に，半径 1 の

← l：円周

$$\pi=\frac{l}{2r}$$

← 弧度法（弧の長さで角度を測る方法）の定義．半径 1 の円を単位円という．

円の周の長さは，$2\pi \cdot 1 = 2\pi$ であるから

左回りにちょうど1周するときの回転角は 2π

右回りにちょうど1周するときの回転角は -2π

である．半周ならそれぞれ π，$-\pi$ である．

定義：xy 平面上の原点 O を中心とする単位円
C 上の定点 A$(1,\ 0)$ と動点 P に対し，動
径 OP の半径 OA からの回転角を θ と
する．このとき，点 P の座標を
$(\cos\theta,\ \sin\theta)$ と定める．また点 P が y
軸上にないとき，2直線 OP と $x=1$ の
交点の y 座標を $\tan\theta$ と定める．

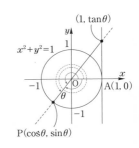

点 P は円 $C : x^2 + y^2 = 1$ の上の点だから

$$\cos^2\theta + \sin^2\theta = 1 \quad \cdots\cdots(*)$$

である．また P が y 軸上にないとき，$\tan\theta$ は
直線 OP の傾きであるから

$$\tan\theta = \frac{\sin\theta}{\cos\theta}$$

であり，$(*)$ の両辺を $\cos^2\theta$ で割って，

$$1 + \tan^2\theta = \frac{1}{\cos^2\theta}$$

を得る．

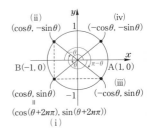

動径 OP の半径 OA からの回転角について，

(i) $\theta + 2n\pi$ $(n：整数)$ は C 上と<u>同一点 P</u>を
定めるから

$$(\cos(\theta + 2n\pi),\ \sin(\theta + 2n\pi)) = (\cos\theta,\ \sin\theta)$$

(ii) $-\theta$ は OA から θ と反対向き（反対回り）
に測った角だからこれらが定める C 上の2点
は<u>x 軸について対称</u>で

$$(\cos(-\theta),\ \sin(-\theta)) = (\cos\theta,\ -\sin\theta)$$

(iii) $\pi - \theta$ は B$(-1,\ 0)(=(\cos\pi,\ \sin\pi))$ から
θ とは反対向きに θ 測った角（B から $-\theta$ 測
った角）だからこれらが定める C 上の2点は
<u>y 軸について対称</u>で

$$(\cos(\pi - \theta),\ \sin(\pi - \theta)) = (-\cos\theta,\ \sin\theta)$$

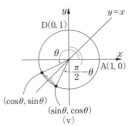

・直線：$y = x$ に関して，
点 $(x,\ y)$ と対称な点の座標は
$(y,\ x)$ である．

(iv) $\theta + \pi$ は C 上と θ と<u>原点について対称</u>な点を
定めるから

$$(\cos(\theta+\pi), \ \sin(\theta+\pi))=(-\cos\theta, \ -\sin\theta)$$

(v)　$\dfrac{\pi}{2}-\theta$ は D$(0, \ 1)$ $\left(=\left(\cos\dfrac{\pi}{2}, \ \sin\dfrac{\pi}{2}\right)\right)$ か

ら θ とは反対向きに θ 測った角（D から $-\theta$

測った角）だからこれらが定める C 上の 2 点

は<u>直線：$y=x$ について対称</u>で

$$\left(\cos\left(\dfrac{\pi}{2}-\theta\right), \ \sin\left(\dfrac{\pi}{2}-\theta\right)\right)=(\sin\theta, \ \cos\theta)$$

(vi)　(iii)(v)より，

$$\left(\cos\left(\theta+\dfrac{\pi}{2}\right), \ \sin\left(\theta+\dfrac{\pi}{2}\right)\right)$$

$$=\left(\cos\left(\pi-\left(\dfrac{\pi}{2}-\theta\right)\right), \ \sin\left(\pi-\left(\dfrac{\pi}{2}-\theta\right)\right)\right)$$

$$=\left(-\cos\left(\dfrac{\pi}{2}-\theta\right), \ \sin\left(\dfrac{\pi}{2}-\theta\right)\right)$$

$$=(-\sin\theta, \ \cos\theta)$$

複素数を用いて書くと，

$$\cos\left(\theta+\dfrac{\pi}{2}\right)+i\sin\left(\theta+\dfrac{\pi}{2}\right)$$

$$=(\cos\theta+i\sin\theta)\left(\cos\dfrac{\pi}{2}+i\sin\dfrac{\pi}{2}\right)$$

$$=(\cos\theta+i\sin\theta)\cdot i=-\sin\theta+i\cos\theta$$

← $(\cos\theta, \ \sin\theta)$ を直線 $y=x$ について対称移動し，続いて y 軸について対称移動すると，結果 $(\cos\theta, \ \sin\theta)$ を原点のまわりに $\dfrac{\pi}{2}$ 回転した点となる（→ **26**）.

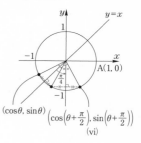

$(\cos\theta, \sin\theta)$　$\left(\cos\left(\theta+\dfrac{\pi}{2}\right), \sin\left(\theta+\dfrac{\pi}{2}\right)\right)$
(vi)

解　答

(1)　$\angle \mathrm{P}_k\mathrm{O}\mathrm{P}_{k+1}=\dfrac{2\pi}{n}$ $(k=0, \ 1, \ 2, \ \cdots\cdots, \ n-1)$

であるから，OP_0 から OP_k までの回転角は $\dfrac{2k\pi}{n}$

$$\therefore \quad a_k=\cos\angle \mathrm{P}_0\mathrm{O}\mathrm{P}_k=\cos\dfrac{2k\pi}{n}$$

$$b_k=\sin\angle \mathrm{P}_0\mathrm{O}\mathrm{P}_k=\sin\dfrac{2k\pi}{n}$$

(2)　加法定理により，

$$\left(\sin\dfrac{\pi}{n}\right)a_k=\sin\dfrac{\pi}{n}\cos\dfrac{2k\pi}{n}$$

$$=\dfrac{1}{2}\left\{\sin\left(\dfrac{\pi}{n}+\dfrac{2k\pi}{n}\right)+\sin\left(\dfrac{\pi}{n}-\dfrac{2k\pi}{n}\right)\right\}$$

$$=\dfrac{1}{2}\left(\sin\dfrac{2k+1}{n}\pi-\sin\dfrac{2k-1}{n}\pi\right)$$

・xy 平面上における単位円というときには原点を中心とする半径 1 の円：$x^2+y^2=1$ を意味する.

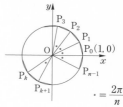

$\ast=\dfrac{2\pi}{n}$

← $\sin(\alpha+\beta)$
　$=\sin\alpha\cos\beta+\cos\alpha\sin\beta$

$$\therefore \sum_{k=0}^{n-1}\left(\sin\frac{\pi}{n}\right)a_k$$

$$=\sum_{k=0}^{n-1}\frac{1}{2}\left(\sin\frac{2k+1}{n}\pi-\sin\frac{2k-1}{n}\pi\right)$$

$$=\frac{1}{2}\Bigl(\sin\frac{\pi}{n}-\sin\frac{-\pi}{n}$$

$$\qquad+\sin\frac{3\pi}{n}-\sin\frac{\pi}{n}$$

$$\qquad+\sin\frac{5\pi}{n}-\sin\frac{3\pi}{n}$$

$$\qquad\vdots$$

$$\qquad+\sin\frac{2n-1}{n}\pi-\sin\frac{2n-3}{n}\pi\Bigr)$$

$$=\frac{1}{2}\left\{\sin\left(2\pi-\frac{\pi}{n}\right)-\sin\frac{-\pi}{n}\right\}=0$$

(3) (2)において

$$\sum_{k=0}^{n-1}\left(\sin\frac{\pi}{n}\right)a_k=\sin\frac{\pi}{n}\sum_{k=0}^{n-1}a_k=0$$

と $0<\dfrac{\pi}{n}\leqq\dfrac{\pi}{3}<\dfrac{\pi}{2}$ より $0<\sin\dfrac{\pi}{n}<1$ であるか

ら $\displaystyle\sum_{k=0}^{n-1}a_k=0$ となる. 同様に,

$$\sum_{k=0}^{n-1}\left(\sin\frac{\pi}{n}\right)b_k=\sum_{k=0}^{n-1}\sin\frac{\pi}{n}\sin\frac{2k\pi}{n}$$

$$=\sum_{k=0}^{n-1}\frac{1}{2}\left\{\cos\left(\frac{\pi}{n}-\frac{2k\pi}{n}\right)-\cos\left(\frac{\pi}{n}+\frac{2k\pi}{n}\right)\right\}$$

$$=\frac{1}{2}\sum_{k=0}^{n-1}\left(\cos\frac{2k-1}{n}\pi-\cos\frac{2k+1}{n}\pi\right)$$

$$=\frac{1}{2}\Bigl(\cos\frac{-\pi}{n}-\cos\frac{\pi}{n}$$

$$\qquad+\cos\frac{\pi}{n}-\cos\frac{3\pi}{n}$$

$$\qquad+\cos\frac{3\pi}{n}-\cos\frac{5\pi}{n}$$

$$\qquad\vdots$$

$$\qquad+\cos\frac{2n-3}{n}\pi-\cos\frac{2n-1}{n}\pi\Bigr)$$

$$=\frac{1}{2}\left\{\cos\frac{-\pi}{n}-\cos\left(2\pi+\frac{-\pi}{n}\right)\right\}=0$$

$0<\sin\dfrac{\pi}{n}<1$ より $\displaystyle\sum_{k=0}^{n-1}b_k=0$

$\sin(\alpha-\beta)$
$=\sin\alpha\cos\beta-\cos\alpha\sin\beta$
辺々ごとに加えると
$\quad\sin(\alpha+\beta)+\sin(\alpha-\beta)$
$=2\sin\alpha\cos\beta$
$\therefore\quad\sin\alpha\cos\beta$
$=\dfrac{1}{2}\{\sin(\alpha+\beta)+\sin(\alpha-\beta)\}$

◆ 階差数列の原理
$$\sum_{k=0}^{n-1}\{f(k+1)-f(k)\}$$
$=f(1)-f(0)$
$+f(2)-f(1)$
$+f(3)-f(2)$
$\qquad\vdots$
$+f(n)-f(n-1)$
$=f(n)-f(0)$

◆ $\cos(\alpha-\beta)$
$=\cos\alpha\cos\beta+\sin\alpha\sin\beta$
$\cos(\alpha+\beta)$
$=\cos\alpha\cos\beta-\sin\alpha\sin\beta$
辺々ごとに引くと
$\quad\cos(\alpha-\beta)-\cos(\alpha+\beta)$
$=2\sin\alpha\sin\beta$
$\therefore\quad\sin\alpha\sin\beta$
$=\dfrac{1}{2}\{\cos(\alpha-\beta)-\cos(\alpha+\beta)\}$

◆(2)と比べると和をとる各項の「引き算」が逆になっているがこれは計算上本質的ではない. 階差数列の原理を利用した和の計算において本質的なのは各項が
「1つズレて異符号」
すなわち,
$f(k+1)-f(k)$ または
$f(k)-f(k+1)$
の形になっていることである.

第2章

$$\therefore \quad \overrightarrow{OP_0} + \overrightarrow{OP_1} + \cdots\cdots + \overrightarrow{OP_{n-1}}$$
$$= \left(\sum_{k=0}^{n-1} a_k, \ \sum_{k=0}^{n-1} b_k \right) = (0, \ 0) = \vec{0}$$

そのおかげで和をとると「隣りどうし消えていく」

講究 (3)の計算は複素数を使うとより簡潔である. すなわち xy 平面を $z = x + iy$ [$x, \ y$：実数] として複素数平面と考え, $z_k = a_k + ib_k \ (k = 0, \ 1, \ \cdots\cdots, \ n-1)$ とすれば, ド・モアブルの公式により,

$$z_k = \cos \frac{2k\pi}{n} + i \sin \frac{2k\pi}{n}$$
$$= \left(\cos \frac{2\pi}{n} + i \sin \frac{2\pi}{n} \right)^k = z_1{}^k$$

← **24 講究** に注意すれば次のド・モアブルの公式が容易に得られる：
$$(\cos\theta + i\sin\theta)^n$$
$$= \cos n\theta + i\sin n\theta$$
$$[n：自然数]$$

$z = \cos \dfrac{2\pi}{n} + i \sin \dfrac{2\pi}{n} \neq 0$ であるから, 等比数列の和の公式により,

$$\sum_{k=0}^{n-1} z_k = \sum_{k=0}^{n-1} (a_k + ib_k) = \sum_{k=0}^{n-1} a_k + i \sum_{k=0}^{n-1} b_k$$
$$= \sum_{k=0}^{n-1} z_1{}^k = \frac{1 - z_1{}^n}{1 - z_1}$$

ここで,

$$z_1{}^n = \left(\cos \frac{2\pi}{n} + i \sin \frac{2\pi}{n} \right)^n$$
$$= \cos 2\pi + i \sin 2\pi = 1$$

であるから

$$\sum_{k=0}^{n-1} z_k = 0 \iff \sum_{k=0}^{n-1} a_k = \sum_{k=0}^{n-1} b_k = 0$$

← ド・モアブルの公式は n が 0 または負の整数でも成り立つ. すなわち整数 n に対して
$$(\cos\theta + i\sin\theta)^n$$
$$= \cos n\theta + i\sin n\theta$$
∵) $n = 0$ のときは両辺とも 1 となって成立.
$n < 0$ のとき, $n = -m$
(m：自然数) とおくと,
$$(\cos\theta + i\sin\theta)^{-1}$$
$$= \cos\theta - i\sin\theta$$
に注意して
$$(\cos\theta + i\sin\theta)^n$$
$$= \{(\cos\theta + i\sin\theta)^{-1}\}^m$$
$$= (\cos\theta - i\sin\theta)^m$$
$$= \{\cos(-\theta) + i\sin(-\theta)\}^m$$
$$= \cos(-m\theta) + i\sin(-m\theta)$$
$$= \cos n\theta + i\sin n\theta$$

(注) 複素数平面上において, $z_0, \ z_1, \ \cdots\cdots, \ z_{n-1}$ は単位円周上の正 n 角形の n 個の頂点を表す複素数となっているが, これらは, n 次方程式：$z^n = 1$ の解である.

実際, $k = 0, \ 1, \ 2, \ \cdots\cdots, \ n-1$ に対し,

$$z_k{}^n = \left(\cos \frac{2k\pi}{n} + i \sin \frac{2k\pi}{n} \right)^n$$
$$= \cos 2k\pi + i \sin 2k\pi = 1$$

となっている.

第 **3** 章　空間内のベクトル

29　四面体と平行六面体

　空間内に四面体 OABC があり，AB の中点を M，三角形 ABC の重心を
G とする.

(1)　点 D を，$\overrightarrow{OD}=2\overrightarrow{OM}$ を満たす点とすると，四角形 OADB は平行四辺形
　となることを示せ.

(2)　点 E，F，H を，$\overrightarrow{AE}=\overrightarrow{BF}=\overrightarrow{OC}$，$\overrightarrow{OH}=3\overrightarrow{OG}$ を満たす点とすると，
　六面体 OADB-CEHF は平行六面体となることを示せ. ただし，平行六面
　体とは，向かい合う 3 組の面がいずれも平行な六面体のことである.

(3)　(2)の平行六面体を X とする. X の 2 頂点を結ぶ線分のうち，X のどの面
　にも含まれないものを X の対角線とよぶ. X の対角線をすべて求めよ.
　またそれらが 1 点で交わることを示せ.

精講　ベクトルの定義，和と差および実数
倍の計算や位置ベクトルの扱い方は
空間内のベクトルであっても平面上の場合と全
く同じである. したがって分点公式や重心の位
置ベクトル，また直線のベクトル表示なども平
面上の場合と同様に扱うことができる. ただし
平面は 2 次元 (座標をとれば成分は 2 つで「自
由度 2」)，空間は 3 次元 (座標をとれば成分は
3 つで「自由度 3」) なので "第 3 のベクトル"
が現れる計算を "図形的" に行うときは「立体
的に視る」必要がある (右上図).

　空間内の立体図形は平面上の図形と比べると
直感的に捉えることが難しくなる. 1 つ次元が
上がったときに，何がどう対応してどう変化し
たのかを意識することも重要である. たとえば，

| 平面上の "最小単位" としての多角形…三角形 | と |
| 空間内の "最小単位" としての多面体…四面体 | |

| 平面上の平行四辺形 | と |
| 空間内の平行六面体 | |

和の結合法則 (→ **2**)

$$(\vec{a}+\vec{b})+\vec{c}=\vec{a}+(\vec{b}+\vec{c})$$
$$(=\vec{a}+\vec{b}+\vec{c})$$

重心の位置ベクトル

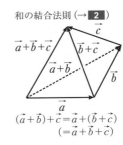

$$\overrightarrow{OG}=\frac{1}{3}\overrightarrow{OA}+\frac{2}{3}\overrightarrow{OM}$$
$$=\frac{1}{3}\vec{a}+\frac{2}{3}\cdot\frac{1}{2}(\vec{b}+\vec{c})$$
$$=\frac{1}{3}(\vec{a}+\vec{b}+\vec{c})$$

などである.

平面図形と空間図形をそれぞれバラバラに考えるのではなく,このような視点を持ちながら考えていこう.

解　答

(1) M は四角形 OADB の 2 つの対角線 AB,OD の中点,すなわち四角形 OADB は,2 本の対角線が互いに他を 2 等分しているから平行四辺形である.

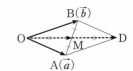

(2) $\overrightarrow{OA}=\vec{a}$, $\overrightarrow{OB}=\vec{b}$, $\overrightarrow{OC}=\vec{c}$ とする.このとき

$$\overrightarrow{CE}=\overrightarrow{AE}-\overrightarrow{AC}$$
$$=\overrightarrow{OC}-(\overrightarrow{OC}-\overrightarrow{OA})=\vec{a}$$

$$\overrightarrow{CF}=\overrightarrow{BF}-\overrightarrow{BC}$$
$$=\overrightarrow{OC}-(\overrightarrow{OC}-\overrightarrow{OB})=\vec{b}$$

$$\overrightarrow{CH}=\overrightarrow{OH}-\overrightarrow{OC}$$
$$=3\overrightarrow{OG}-\overrightarrow{OC}$$
$$=3\cdot\frac{1}{3}(\vec{a}+\vec{b}+\vec{c})-\vec{c}=\vec{a}+\vec{b}$$

より,$\overrightarrow{CE}+\overrightarrow{CF}=\overrightarrow{CH}$ であり四角形 CEHF は,平行四辺形 OADB を $\vec{c}$ だけ平行移動したもので,この 2 平面は平行である.

また,CE は OA を,FH は BD をそれぞれ $\vec{c}$ だけ平行移動したものである.$\overrightarrow{OA}=\overrightarrow{BD}$ だから四角形 OAEC と四角形 BDHF は合同な平行四辺形でこの 2 面は平行である.

さらに,CF は OB を,EH は AD をそれぞれ $\vec{c}$ だけ平行移動したものである.$\overrightarrow{OB}=\overrightarrow{AD}$ だから四角形 OBFC と四角形 ADHE は合同な平行四辺形でこの 2 面も平行である.

以上から六面体 OADB-CEHF は向かい合う 3 組の面が平行となり平行六面体である.

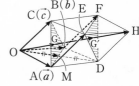

$\overrightarrow{OH}=\vec{a}+\vec{b}+\vec{c}$
$\triangle$DEF の重心を G′ とすると,
$$\overrightarrow{OG'}=\frac{1}{3}(\overrightarrow{OD}+\overrightarrow{OE}+\overrightarrow{OF})$$
$$=\frac{1}{3}(\vec{a}+\vec{b}+\vec{c}+\vec{a}+\vec{b}+\vec{c})$$
$$=\frac{2}{3}(\vec{a}+\vec{b}+\vec{c})$$

(3)　頂点Oを端点とする対角線はOHのみである．
　　頂点Aを端点とする対角線はAFのみである．
　　頂点Bを端点とする対角線はBEのみである．
　　頂点Dを端点とする対角線はDCのみである．
　　また，H，F，E，Cのそれぞれを端点とする
対角線は上の4本であるから求める対角線は，
OH，AF，BE，DCの4本である．

← 各頂点に対し，最も遠い頂点
をもう一方の端点とするよう
な線分のみがXの対角線であ
る．

　　次に，これら4本の対角線のそれぞれの中点
をP，Q，R，Sとすると，

← 四角形 OAHF，AEFB，
BDEC はいずれも平行四辺
形で，これらの対角線 OH と
AF，AF と BE，BE と DC
は互いに他を2等分する．

$$\overrightarrow{OP}=\frac{1}{2}\overrightarrow{OH}$$
$$=\frac{1}{2}(\vec{a}+\vec{b}+\vec{c})$$
$$\overrightarrow{OQ}=\frac{1}{2}\overrightarrow{OA}+\frac{1}{2}\overrightarrow{OF}$$
$$=\frac{1}{2}(\vec{a}+\vec{b}+\vec{c})$$
$$\overrightarrow{OR}=\frac{1}{2}\overrightarrow{OB}+\frac{1}{2}\overrightarrow{OE}$$
$$=\frac{1}{2}(\vec{b}+\vec{a}+\vec{c})$$
$$=\frac{1}{2}(\vec{a}+\vec{b}+\vec{c})$$
$$\overrightarrow{OS}=\frac{1}{2}\overrightarrow{OD}+\frac{1}{2}\overrightarrow{OC}$$
$$=\frac{1}{2}(\vec{a}+\vec{b}+\vec{c})$$
$$\therefore\quad P=Q=R=S$$

　　よって，4本の対角線はそれぞれの中点で交
わる．

・平行六面体には4本の対角線
が存在して，これらはそれぞれ
の中点で交わる．

講究 平行四辺形と平行六面体について，それらの定義およびいくつかの性質を対比しよう．解答の図を参照してほしい．

平行四辺形とは

向かい合う2組の辺がいずれも平行な四辺形である．

(i) 向かい合う辺の長さは等しい．

(ii) 対角線（2頂点を結ぶ線分のうちもとの平行四辺形の辺ではないもの）は2本あって，それらは互いに他を2等分し，この点について平行四辺形は点対称である．

　各対角線は平行四辺形を合同な2つの三角形に分ける．対角線は向かい合う2頂点を含む線分でもある．

(iii) 平行四辺形 OABC の周および内部の点Pは
$$\overrightarrow{OP} = x\vec{a} + y\vec{b}$$
[$\vec{a} = \overrightarrow{OA}$, $\vec{b} = \overrightarrow{OB}$, $0 \leq x,\ y \leq 1$]
とただ一通りに表される（→ **11**）．

(iv) 三角形 OAB の面積は平行四辺形 OABC の面積の $\dfrac{1}{2}\left(=\dfrac{1}{2!}\right)$ である．

平行六面体とは

向かい合う3組の面がいずれも平行な六面体である．

(i) 向かい合う面は合同な平行四辺形である．

(ii) 対角線（2頂点を結ぶ線分のうちもとの平行六面体の面に含まれないもの）は4本あって，それらは互いに他を2等分し，この点について平行六面体は点対称である．

　"対角面"（向かい合う2辺を含む平面）は6面あって，（ADFC，OBHE，ODHC，AEFB，OAHF，BDEC）各面は平行六面体を合同な2つの「平行三角柱」（三角形を平行移動して得られる立体）に分ける．

(iii) 平行六面体 OADB－CEHF の周および内部の点Pは，
$$\overrightarrow{OP} = x\vec{a} + y\vec{b} + z\vec{c}$$
[$\vec{a} = \overrightarrow{OA}$, $\vec{b} = \overrightarrow{OB}$, $\vec{c} = \overrightarrow{OC}$,
$$0 \leq x,\ y,\ z \leq 1$$
とただ一通りに表される（→ **30**）．

(iv) 四面体 OABC の体積は平行六面体 OADB－CEHF の体積の $\dfrac{1}{6}\left(=\dfrac{1}{3!}\right)$ である．

30 　1次独立 (2)

四面体 ABCD において，各面の三角形：△BCD，△CDA，△DAB，△ABC の重心をそれぞれ H，I，J，K とする．このとき，

(1) 4本の線分：AH，BI，CJ，DK は 1 点 G で交わることを示し，$\overrightarrow{\text{AG}}$ を $\overrightarrow{\text{AB}}$，$\overrightarrow{\text{AC}}$，$\overrightarrow{\text{AD}}$ で表せ．また，

$$\text{AG}:\text{GH}=\text{BG}:\text{GI}=\text{CG}:\text{GJ}=\text{DG}:\text{GK}=3:1$$

となることを示せ（**G を四面体 ABCD の重心という**）．

(2) 空間内の任意の点Oを固定し，O を原点として A，B，C，D の位置ベクトルをそれぞれ $\vec{a}$，$\vec{b}$，$\vec{c}$，$\vec{d}$ すなわち $A(\vec{a})$，$B(\vec{b})$，$C(\vec{c})$，$D(\vec{d})$ とすると，

$$\overrightarrow{\text{OG}}=\frac{1}{4}(\vec{a}+\vec{b}+\vec{c}+\vec{d})$$

となることを示せ．

第3章

精講 　$\vec{0}$ でない3つのベクトル $\vec{a}$，$\vec{b}$，$\vec{c}$ は，これらの始点を一致させたときに同一平面上になければ，1次独立であるという．四面体 OABC において，$\overrightarrow{\text{OA}}=\vec{a}$，$\overrightarrow{\text{OB}}=\vec{b}$，$\overrightarrow{\text{OC}}=\vec{c}$ とすれば，

$$\vec{a},\ \vec{b},\ \vec{c}\ は1次独立$$

である（→ **6**）．これは次のように言い換えることができる：

「$\vec{a}$，$\vec{b}$，$\vec{c}$ が 1 次独立
$\iff$ 実数 x，y，z が $x\vec{a}+y\vec{b}+z\vec{c}=\vec{0}$ をみたすのは $x=y=z=0$ のときに限る．」

証明：→） $\vec{a}$，$\vec{b}$，$\vec{c}$ が 1 次独立のとき，$x=y=z=0$ であれば $x\vec{a}+y\vec{b}+z\vec{c}=\vec{0}$ となることは明らかである．

一方，$x\vec{a}+y\vec{b}+z\vec{c}=\vec{0}$ かつ $x\neq0$ とすると

$$\vec{a}=-\frac{y}{x}\vec{b}-\frac{z}{x}\vec{c}$$

となって $\vec{a}$ が $\vec{b}$ と $\vec{c}$ で定まる平面上に存在す

〈1次独立〉

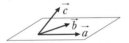

数学の世界では考えられ得るものは一般化，抽象化する．我々に「見える」ものは 1, 2, 3 次元の空間であるが，任意の自然数 n に対して「n 次元ベクトル空間」なるものが定義され，r 個 $(r\leq n)$ のベクトル $\vec{a_1}$，$\vec{a_2}$，……，$\vec{a_r}$ が 1 次独立であることが実数 x_1，x_2，……，x_r に対して「$x_1\vec{a_1}+x_2\vec{a_2}+……+x_r\vec{a_r}=\vec{0}$ $\iff$ $x_1=x_2=……=x_r$」が成り立つことと定義される（本書では $n=3$，$r=1, 2, 3$ の場合のみ扱っている）．

ることになり，$\vec{a}$，$\vec{b}$，$\vec{c}$ が1次独立であること
に反する．$y \neq 0$ あるいは $z \neq 0$ としても同様
である．よって，

$$x\vec{a} + y\vec{b} + z\vec{c} = \vec{0} \iff x = y = z = 0$$

$\longleftarrow$) $\vec{a}$，$\vec{b}$，$\vec{c}$ が1次独立でないとすると，
$\vec{a} = \vec{0}$ または $\vec{b} = \vec{0}$ または $\vec{c} = \vec{0}$ または，「$\vec{a}$，
$\vec{b}$，$\vec{c}$ の始点を一致させたときにこれらは同一
平面上にある」……(**)

$\vec{a} = \vec{0}$ のとき $1\vec{a} + 0\vec{b} + 0\vec{c} = \vec{0}$

$\vec{b} = \vec{0}$ のとき $0\vec{a} + 1\vec{b} + 0\vec{c} = \vec{0}$

$\vec{c} = \vec{0}$ のとき $0\vec{a} + 0\vec{b} + 1\vec{c} = \vec{0}$

また，$\vec{a} \neq \vec{0}$，$\vec{b} \neq \vec{0}$，$\vec{c} \neq \vec{0}$ かつ(**)のとき，
$\vec{b}$ と $\vec{c}$ が1次独立であれば，$(u, v) \neq (0, 0)$ と
なる u，v が存在して

$$\vec{a} = u\vec{b} + v\vec{c} \iff \vec{a} - u\vec{b} - v\vec{c} = \vec{0}$$

$\vec{c}$ と $\vec{a}$ が1次独立または $\vec{a}$ と $\vec{b}$ が1次独立
のときも同様である．さらに，$\vec{a}$，$\vec{b}$，$\vec{c}$ のいず
れの2つも1次独立でないとき，$\vec{a} = k\vec{c}$，
$\vec{b} = l\vec{c}$ $(kl \neq 0)$ となる実数 k，l が存在し，
$\vec{a} + \vec{b} - (k + l)\vec{c} = \vec{0}$ である．

以上で ←) も示された．

さて，**空間内に1次独立なベクトル $\vec{a}$，$\vec{b}$，$\vec{c}$
が与えられると任意のベクトル $\vec{p}$ は，**

$$\vec{p} = x\vec{a} + y\vec{b} + z\vec{c} \quad [x, y, z：実数]$$

の形にただ1通りに表される：
原点Oを定めて，A($\vec{a}$)，B($\vec{b}$)，C($\vec{c}$)，P($\vec{p}$)
とし，Pを通って平面OAB，平面OBC，平面
OCAに平行な平面をそれぞれ α，β，γ とし，β
と直線OAとの交点をX，γ と直線OBとの交
点をY，α と直線OCとの交点をZとすれば，

$$\overrightarrow{OX} = x\vec{a}, \quad \overrightarrow{OY} = y\vec{b}, \quad \overrightarrow{OZ} = z\vec{c} \quad [x, y, z：実数]$$

← **6** と同様の証明であること
に注目．

← 対偶：「$\vec{a}$，$\vec{b}$，$\vec{c}$ が1次独立
ではない」
ならば，「$x\vec{a} + y\vec{b} + z\vec{c} = \vec{0}$
$(x, y, z) \neq (0, 0, 0)$
となる実数 x，y，z が存在す
る」
であるから上記のような x，
y，z が1組見つかればこの
命題が示されたことになる．

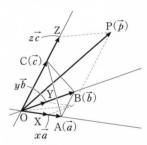

$\vec{p} = \overrightarrow{OP}$ は，Oを始点とする
3つのベクトル $x\vec{a}$，$y\vec{b}$，$z\vec{c}$
が決定する平行六面体（Oと
$x\vec{a}$，$y\vec{b}$，$z\vec{c}$，$x\vec{a}+y\vec{b}$，
$y\vec{b}+z\vec{c}$，$z\vec{c}+x\vec{a}$，
$x\vec{a}+y\vec{b}+z\vec{c}$ の終点を頂点
とする六面体）の対角線の1
つである．

と書けるから

$$\overrightarrow{\mathrm{OP}}=\overrightarrow{\mathrm{OX}}+\overrightarrow{\mathrm{OY}}+\overrightarrow{\mathrm{OZ}} \rightleftharpoons \vec{p}=x\vec{a}+y\vec{b}+z\vec{c}$$

となる.

　この $\vec{p}$ の3方向 ($\vec{a}$ と $\vec{b}$ と $\vec{c}$) への分解は図形的には明らかに一意的(ただ1通り)であるが, 次のように $\vec{a}$ と $\vec{b}$ と $\vec{c}$ の1次独立性に基づいてもよい. すなわち, x, y, z, x', y', z' を実数として,

$$\vec{p}=x\vec{a}+y\vec{b}+z\vec{c}=x'\vec{a}+y'\vec{b}+z'\vec{c}$$

とすると,

$$(x-x')\vec{a}+(y-y')\vec{b}+(z-z')\vec{c}=\vec{0}$$
$$\rightleftharpoons \quad x-x'=y-y'=z-z'=0$$

$$\therefore \quad x=x', \quad y=y', \quad z=z'$$

　空間内において原点Oと1組の1次独立なベクトル $\vec{a}$, $\vec{b}$, $\vec{c}$ を固定して考えるとき, この組 $\{\mathrm{O}\,;\vec{a},\ \vec{b},\ \vec{c}\}$ を基底という.

解　答

(1) $\overrightarrow{\mathrm{AH}}=\dfrac{1}{3}(\overrightarrow{\mathrm{AB}}+\overrightarrow{\mathrm{AC}}+\overrightarrow{\mathrm{AD}})$

　　$\overrightarrow{\mathrm{BI}}=\dfrac{1}{3}(\overrightarrow{\mathrm{BC}}+\overrightarrow{\mathrm{BD}}+\overrightarrow{\mathrm{BA}})$

　　$\overrightarrow{\mathrm{CJ}}=\dfrac{1}{3}(\overrightarrow{\mathrm{CD}}+\overrightarrow{\mathrm{CA}}+\overrightarrow{\mathrm{CB}})$

　　$\overrightarrow{\mathrm{DK}}=\dfrac{1}{3}(\overrightarrow{\mathrm{DA}}+\overrightarrow{\mathrm{DB}}+\overrightarrow{\mathrm{DC}})$

であるから, 4線分 AH, BI, CJ, DK 上の点をそれぞれ P, Q, R, S とすると,

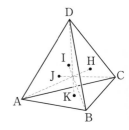

$$\overrightarrow{\mathrm{AP}}=s(\overrightarrow{\mathrm{AB}}+\overrightarrow{\mathrm{AC}}+\overrightarrow{\mathrm{AD}}) \quad \left[0\leqq s\leqq\dfrac{1}{3}\right] \quad \cdots\cdots①$$

$$\overrightarrow{\mathrm{BQ}}=t(\overrightarrow{\mathrm{BC}}+\overrightarrow{\mathrm{BD}}+\overrightarrow{\mathrm{BA}}) \quad \left[0\leqq t\leqq\dfrac{1}{3}\right] \quad \cdots\cdots②$$

← 線分 AH 上の点Pは,
$\overrightarrow{\mathrm{AP}}=p\overrightarrow{\mathrm{AH}}$ $(0\leqq p\leqq1)$
$$=p\cdot\dfrac{1}{3}(\overrightarrow{\mathrm{AB}}+\overrightarrow{\mathrm{AC}}+\overrightarrow{\mathrm{AD}})$$
と書けるから, $s=\dfrac{p}{3}$ とすれば, $0\leqq s\leqq\dfrac{1}{3}$ である.

$$\overrightarrow{CR}=u(\overrightarrow{CD}+\overrightarrow{CA}+\overrightarrow{CB}) \quad \left[0\leqq u\leqq \frac{1}{3}\right] \quad \cdots\cdots③$$

$$\overrightarrow{DS}=v(\overrightarrow{DA}+\overrightarrow{DB}+\overrightarrow{DC}) \quad \left[0\leqq v\leqq \frac{1}{3}\right] \quad \cdots\cdots④$$

と書ける. ②③④をAを始点に書き換えると,

② $\overrightarrow{AQ}=(1-3t)\overrightarrow{AB}+t\overrightarrow{AC}+t\overrightarrow{AD}$ ……②′

③ $\overrightarrow{AR}=u\overrightarrow{AB}+(1-3u)\overrightarrow{AC}+u\overrightarrow{AD}$ ……③′

④ $\overrightarrow{AS}=v\overrightarrow{AB}+v\overrightarrow{AC}+(1-3v)\overrightarrow{AD}$ ……④′

$\overrightarrow{AB}$, $\overrightarrow{AC}$, $\overrightarrow{AD}$ は1次独立だから, ①②′③′④′より,

$$P=Q=R=S \Longleftrightarrow \begin{cases} s=1-3t=u=v \\ s=t=1-3u=v \\ s=t=u=1-3v \end{cases}$$

であるが, $s=t=u=v=\dfrac{1}{4}$ はこれらをいずれ $\leftarrow 0<\dfrac{1}{4}<\dfrac{1}{3}$

もみたす. よって4線分 AH, BI, CJ, DK は
1点 G(=P=Q=R=S) で交わり,

$$\overrightarrow{AG}=\frac{1}{4}(\overrightarrow{AB}+\overrightarrow{AC}+\overrightarrow{AD})$$

これより

$$\overrightarrow{AG}=\frac{1}{4}\cdot 3\overrightarrow{AH}=\frac{3}{4}\overrightarrow{AH}$$

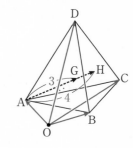

となるから AG：GH＝3：1
　同様にして,

$$BG：GI＝CG：GJ＝DG：GK＝3：1$$

である.

(2) (1)の結果を点Oを原点として(始点に)書き換えると,

$$\overrightarrow{OG}-\overrightarrow{OA}=\frac{1}{4}(\overrightarrow{OB}-\overrightarrow{OA}+\overrightarrow{OC}-\overrightarrow{OA}+\overrightarrow{OD}-\overrightarrow{OA})$$

$$\therefore \quad \overrightarrow{OG}=\frac{1}{4}(\vec{a}+\vec{b}+\vec{c}+\vec{d})$$

講究 本問は **6** の「空間版」である．**6** の **講究** で注意したのと同様に，(2)の結果は，点Oを原点としたときの点Gの位置ベクトルを表したものであることには違いないが，1次独立な3つのベクトルによる一意的な表現ではない．すなわち，一般に，

$$\overrightarrow{OG} = x\vec{a} + y\vec{b} + z\vec{c} + w\vec{d} \longrightarrow x=y=z=w=\frac{1}{4}$$

← **6** のように具体例を作ってみるとよい．

とはいえない！

一方，Oは任意の点だから特に O＝G として

$$\vec{a} + \vec{b} + \vec{c} + \vec{d} = \vec{0} \qquad \text{"力のつり合い"}$$

を得る．また四面体 ABCD が「4次元空間」内にあってそこで $\vec{a},\ \vec{b},\ \vec{c},\ \vec{d}$ が1次独立，すなわち，

$$x\vec{a} + y\vec{b} + z\vec{c} + w\vec{d} = \vec{0} \Longleftrightarrow x=y=z=w=0$$
$$[x,\ y,\ z,\ w：実数]$$

であれば

$$\overrightarrow{OG} = x\vec{a} + y\vec{b} + z\vec{c} + w\vec{d} \longrightarrow x=y=z=w=\frac{1}{4}$$

である．

「4次元空間」をイメージしよう．

0 単体：T_0・（点）

1 単体：T_1 （線分）
重心 G_1 は T_1 を長さの等しい2つの部分に分ける点

2 単体：T_2 （三角形）
重心 G_2 は T_2 を面積の等しい3つの部分に分ける点

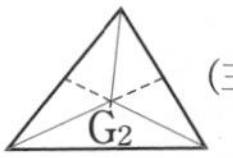

3 単体：T_3 
重心 G_3 は T_3 を体積の等しい4つの部分に分ける点

点を 0 単体という．
線分を 1 単体という．線分の両端は2つの 0 単体である．
三角形を 2 単体という．三角形の周は3つの 1 単体である．
四面体を 3 単体という．四面体の表面は4つの 2 単体である．

さて，4 単体とはいかなるものか？ それを「五立体」とよぶことにすると，「五立体」の"表体"は5つの 3 単体すなわち四面体である．「五立体」とは「4次元空間」の中のそんな図形と想像できるであろう．実際，座標をとって「図形」を考えることにより，何次元であっても数学的に n 単体［n：自然数］という「図形」が定義される．

31 ベクトルの「分解」と「座標」

四面体 ABCD と点 P があって,

$$3\overrightarrow{PA}+4\overrightarrow{PB}+5\overrightarrow{PC}+6\overrightarrow{PD}=\vec{0} \quad \cdots\cdots(*)$$

をみたしている.

(1) 4つの四面体 PBCD, PCDA, PDAB, PABC の体積をそれぞれ V_1, V_2, V_3, V_4 とする. 体積比 $V_1:V_2:V_3:V_4$ を求めよ.

(2) 頂点 D を通って平面 ABC に平行な平面を α とする. 直線 AP が α と交わる点を Q, 2つの四面体 ABCD, QBCD の体積をそれぞれ V, W とする. 体積比 $V:W$ を求めよ.

精┃講　原点 O が定められた平面上に 1 次独立なベクトル $\vec{a}$, $\vec{b}$ が与えられているとき, この平面上の任意の点 P は,

(i) $\overrightarrow{OP}=x\vec{a}+y\vec{b}$ 　[x, y:実数]

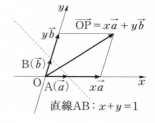

直線AB:$x+y=1$

とただ 1 通りに表された. そして, この「分解」は, $\overrightarrow{OP}$ が
"$x\vec{a}$ と $y\vec{b}$ が決定する平行四辺形の対角線"
になるようなもので, (x, y) は基底 $\{O;\vec{a}, \vec{b}\}$ による (斜交) 座標であり, A($\vec{a}$), B($\vec{b}$) とすると "P が直線 AB 上 $\Longleftrightarrow$ $x+y=1$" であった.
同様に, **原点 O が定められた空間内に 1 次独立なベクトル $\vec{a}$, $\vec{b}$, $\vec{c}$ が与えられているとき, この空間内の任意の点 P は,**

(ii) $\overrightarrow{OP}=x\vec{a}+y\vec{b}+z\vec{c}$ 　[x, y, z:実数]

とただ 1 通りに表される. この「分解」は $\overrightarrow{OP}$ が "$x\vec{a}$ と $y\vec{b}$ と $z\vec{c}$ が決定する平行六面体の対角線"になるようなもので (x, y, z) は $\{O;\vec{a}, \vec{b}, \vec{c}\}$ による (斜交) 座標であり, A($\vec{a}$), B($\vec{b}$), C($\vec{c}$) とすると

"P が平面 ABC 上 $\Longleftrightarrow$ $x+y+z=1$"
である. これを確認しておこう.

$\longrightarrow$) P が平面 ABC 上にあるとき,
$$\overrightarrow{OP}=\overrightarrow{OA}+u\overrightarrow{AB}+v\overrightarrow{AC} \quad [u, v:実数] \quad \cdots\cdots①$$
$$=\overrightarrow{OA}+u(\overrightarrow{OB}-\overrightarrow{OA})+v(\overrightarrow{OC}-\overrightarrow{OA})$$

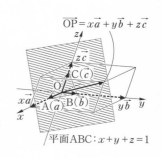

平面ABC:$x+y+z=1$

$$=(1-u-v)\vec{a}+u\vec{b}+v\vec{c}$$

と表され，$\vec{a}$，$\vec{b}$，$\vec{c}$ は1次独立であるから

$$x=1-u-v,\ y=u,\ z=v$$

$$\therefore\ x+y+z=1$$

←）$x+y+z=1$ のとき

$x=1-u-v,\ y=u,\ z=u$ とすれば

$\overrightarrow{OP}=x\vec{a}+y\vec{b}+z\vec{c}$ は①の形に変形できるから，

P は平面 ABC 上にある．

解 答

(1) （＊）を変形すると，

$$3(-\overrightarrow{AP})+4(\overrightarrow{AB}-\overrightarrow{AP})+5(\overrightarrow{AC}-\overrightarrow{AP})$$
$$+6(\overrightarrow{AD}-\overrightarrow{AP})=\vec{0}$$

$$18\overrightarrow{AP}=4\overrightarrow{AB}+5\overrightarrow{AC}+6\overrightarrow{AD}$$

$$\overrightarrow{AP}=\frac{2}{9}\overrightarrow{AB}+\frac{5}{18}\overrightarrow{AC}+\frac{1}{3}\overrightarrow{AD}$$

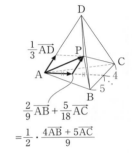

ここで，$\dfrac{2}{9}\overrightarrow{AB}+\dfrac{5}{18}\overrightarrow{AC}$ は平面 ABC（底面）

上のベクトルであり，四面体 PABC の"高さ

方向"のベクトル $\dfrac{1}{3}\overrightarrow{AD}$ は，四面体 ABCD の

"高さ方向"のベクトル $\overrightarrow{AD}$ の $\dfrac{1}{3}$ 倍になってい

る．

よって，四面体 ABCD の体積を V とすれば，

$V_4=\dfrac{1}{3}V$ となる．同様に $V_2=\dfrac{2}{9}V$，$V_3=\dfrac{5}{18}V$

また，$V_1=V-(V_2+V_3+V_4)$

$$=\left(1-\frac{2}{9}-\frac{5}{18}-\frac{1}{3}\right)V=\frac{1}{6}V$$

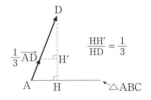

となるから

$$V_1:V_2:V_3:V_4=\frac{1}{6}V:\frac{2}{9}V:\frac{5}{18}V:\frac{1}{3}V$$
$$=3:4:5:6$$

(2) $\overrightarrow{AB}$，$\overrightarrow{AC}$，$\overrightarrow{AD}$ は1次独立だからこの空間内

の任意の点 X は

$$\overrightarrow{AX}=x\overrightarrow{AB}+y\overrightarrow{AC}+z\overrightarrow{AD}\ [x,\ y,\ z：実数]$$

と表され，

X が平面 BCD 上 $\Longleftrightarrow$ $x+y+z=1$

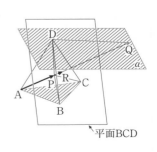

X が α 上 $\rightleftarrows$ $z=1$

$\Leftarrow$ x, y は任意.

である．X が直線 AP 上にあるとき，

$$\overrightarrow{AX}=t\overrightarrow{AP} \quad [t：実数]$$
$$=\frac{2}{9}t\overrightarrow{AB}+\frac{5}{18}t\overrightarrow{AC}+\frac{1}{3}t\overrightarrow{AD}$$

とおけて，直線 AP と平面 BCD との交点を R とすると

X=R のとき $\dfrac{2}{9}t+\dfrac{5}{18}t+\dfrac{1}{3}t=1$, $t=\dfrac{6}{5}$

X=Q のとき $\dfrac{1}{3}t=1$, $t=3$

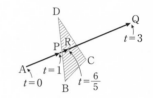

$\Leftarrow$ (1)の V_1 は，
$$V_1=\frac{RP}{RA}V=\frac{1}{6}V$$
としてもよい.

四面体 ABCD と QBCD の体積を面 △BCD を共通の底面として考えると，高さの比は，

$$AR：QR=\frac{6}{5}：\left(3-\frac{6}{5}\right)=2：3$$

∴ $V：W=2：3$

 1° $\overrightarrow{AB}$, $\overrightarrow{AC}$, $\overrightarrow{AD}$ が決定する 四面体 ABCD および平行六面体 ABKC-DELF（右図）に対して

$$\overrightarrow{AQ}=\overrightarrow{AD}+\frac{2}{3}\overrightarrow{AB}+\frac{5}{6}\overrightarrow{AC}$$
$$=\overrightarrow{AD}+\frac{2}{3}\overrightarrow{DE}+\frac{5}{6}\overrightarrow{DF}$$

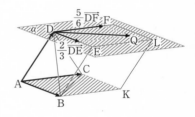

と書けるから 平面 α 上の点 Q は右図のような位置にある．

2° $a>0$, $b>0$, $c>0$, $d>0$ として（*）を一般化して

$$a\overrightarrow{PA}+b\overrightarrow{PB}+c\overrightarrow{PC}+d\overrightarrow{PD}=\vec{0}$$

をみたす点Pを考え，(1)のように 4 つの四面体 PBCD, PCDA, PDAB, PABC の体積を順に V_1, V_2, V_3, V_4 とすれば，解答と同様の計算により，

$$V_1：V_2：V_3：V_4=a：b：c：d$$

を得る（ **9** の面積比の"体積比版"）．

とくに，$a=b=c=d$ (=1) の場合を考えれば

$$V_1=V_2=V_3=V_4$$

であり，このときPは四面体 ABCD の重心Gである．

32　直線・平面のベクトル表示

四面体 OABC において，OA，AB，OC の中点をそれぞれ L，M，N，AC を 1：3 に内分する点を P，BC を 1：2 に内分する点を Q，OC を 3：1 に内分する点を R とする．また，線分 MN 上の点 X を，$\overrightarrow{\mathrm{MX}}=t\overrightarrow{\mathrm{MN}}$ $[0\leqq t\leqq1]$ とし $\overrightarrow{\mathrm{OA}}=\vec{a}$，$\overrightarrow{\mathrm{OB}}=\vec{b}$，$\overrightarrow{\mathrm{OC}}=\vec{c}$ とおく．

(1)　$t\neq1$ のとき，直線 LX と平面 ABC の交点を Y とする．$\overrightarrow{\mathrm{OY}}$ を $\vec{a}$，$\vec{b}$，$\vec{c}$ と t を用いて表せ．

(2)　Y が △ABC の周および内部にあるような t の範囲を求めよ．

(3)　$\overrightarrow{\mathrm{PQ}}$，$\overrightarrow{\mathrm{PR}}$ を $\vec{a}$，$\vec{b}$，$\vec{c}$ を用いて表せ．

(4)　直線 LX が △PQR の周および内部と共有点をもつような t の範囲を求めよ．

第3章

精講　原点 O が定められた平面または空間において，1 点 $\mathrm{P_0}(\vec{p_0})$ と方向ベクトル $\vec{d}(\neq\vec{0})$ が与えられると 1 本の直線 L が定まり，この直線上の点 $\mathrm{P}(\vec{p})$ は，

$$\vec{p}=\vec{p_0}+s\vec{d}\quad[s：実数]$$

と表される．この表現は直線 L が平面上にあっても空間内にあっても同様で，パラメーター s の値が直線 L 上の点 P の位置を決定している．

原点 O が定められた平面または空間において，1 点 $\mathrm{P}(\vec{p_0})$ と 1 次独立な 2 つのベクトル $\vec{a}$ と $\vec{b}$ が与えられると 1 つの平面 α が定まり，この平面上の点 $\mathrm{P}(\vec{p})$ は，

$$\vec{p}=\vec{p_0}+u\vec{a}+v\vec{b}\quad[u，v：実数]$$

と表される．この表現は平面 α が平面上にあっても空間内にあっても同様であるが，平面上にあるとき，u，v がそれぞれ実数全体を動けば「全体として」もとの平面そのものを表し，α は与えられたもとの平面である．いずれにしてもパラメーター u，v の組 $(u，v)$ が平面 α 上の点 P の位置を決定している．

　　直線はパラメーター 1 つ（1 次元）
　　平面はパラメーター 2 つ（2 次元）

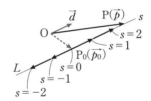

s は，L 上の「座標」である．

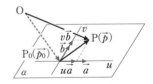

$(u，v)$ は，α 上の「斜交座標」である．

で表され，これらの表現は直線や平面が存在している「空間」の次元によらない．したがって，**第1章**で説明したこれらの表現に関する事実は，空間内にあっても同様に扱うことができる．

解 答

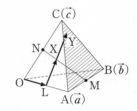

(1) $\overrightarrow{OL} = \frac{1}{2}\vec{a}$, $\overrightarrow{OM} = \frac{\vec{a}+\vec{b}}{2}$, $\overrightarrow{ON} = \frac{1}{2}\vec{c}$

$\overrightarrow{MN} = \overrightarrow{ON} - \overrightarrow{OM} = \frac{1}{2}\vec{c} - \frac{\vec{a}+\vec{b}}{2}$ であるから

$\begin{aligned}
\overrightarrow{OY} &= \overrightarrow{OL} + s\overrightarrow{LX} \quad [s:実数]\\
&= \overrightarrow{OL} + s(\overrightarrow{LM} + \overrightarrow{MX})\\
&= \overrightarrow{OL} + s(\overrightarrow{OM} - \overrightarrow{OL} + t\overrightarrow{MN})\\
&= (1-s)\overrightarrow{OL} + s\overrightarrow{OM} + st\overrightarrow{MN}\\
&= \frac{1-s}{2}\vec{a} + \frac{s}{2}(\vec{a}+\vec{b}) + \frac{st}{2}(-\vec{a}-\vec{b}+\vec{c})\\
&= \frac{1-st}{2}\vec{a} + \frac{s-st}{2}\vec{b} + \frac{st}{2}\vec{c}
\end{aligned}$

と表されて，Y は平面 ABC 上の点だから

$$\frac{1-st}{2} + \frac{s-st}{2} + \frac{st}{2} = 1$$

$$\therefore \quad s = \frac{1}{1-t}$$

$$\therefore \quad \overrightarrow{OY} = \frac{1-2t}{2(1-t)}\vec{a} + \frac{1}{2}\vec{b} + \frac{t}{2(1-t)}\vec{c}$$

(2) Y が △ABC の周および内部にある条件は，(1)より

$$\frac{1-2t}{2(1-t)} \geqq 0 \ \text{かつ} \ \frac{t}{2(1-t)} \geqq 0$$

$$\Longleftrightarrow \begin{cases} (1-2t)(1-t) \geqq 0 \\ t \neq 1 \end{cases} \text{かつ} \begin{cases} t(1-t) \geqq 0 \\ t \neq 1 \end{cases}$$

$$\therefore \quad 0 \leqq t \leqq \frac{1}{2}$$

(3) $\begin{aligned}
\overrightarrow{PQ} &= \overrightarrow{OQ} - \overrightarrow{OP} = \frac{2\vec{b}+\vec{c}}{3} - \frac{3\vec{a}+\vec{c}}{4}\\
&= -\frac{3}{4}\vec{a} + \frac{2}{3}\vec{b} + \frac{1}{12}\vec{c}
\end{aligned}$

$\overrightarrow{PR} = \overrightarrow{OR} - \overrightarrow{OP} = \frac{3}{4}\vec{c} - \frac{3\vec{a}+\vec{c}}{4}$

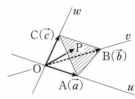

$\overrightarrow{OP} = u\vec{a} + v\vec{b} + w\vec{c}$ として
P が平面 ABC 上
$\Longleftrightarrow u+v+w=1$
P が △ABC の周および内部
$\Longleftrightarrow \begin{cases} u+v+w=1 \\ u \geqq 0, \ v \geqq 0, \ w \geqq 0 \end{cases}$

$$=-\frac{3}{4}\vec{a}+\frac{1}{2}\vec{c}$$

(4)　直線 LX 上の点 U は(1)の $\overrightarrow{OY}$ と同様に
$$\overrightarrow{OU}=\overrightarrow{OL}+k\overrightarrow{LX}\quad[k：実数]$$
$$=\frac{1-kt}{2}\vec{a}+\frac{k-kt}{2}\vec{b}+\frac{kt}{2}\vec{c}$$

と表される．また，平面 PQR 上の点 V は，
$$\overrightarrow{OV}=\overrightarrow{OP}+u\overrightarrow{PQ}+v\overrightarrow{PR}\quad[u,\ v：実数]$$
$$=\frac{3\vec{a}+\vec{c}}{4}+u\left(-\frac{3}{4}\vec{a}+\frac{2}{3}\vec{b}+\frac{1}{12}\vec{c}\right)$$
$$\qquad+v\left(-\frac{3}{4}\vec{a}+\frac{1}{2}\vec{c}\right)$$
$$=\frac{3-3u-3v}{4}\vec{a}+\frac{2u}{3}\vec{b}+\frac{3+u+6v}{12}\vec{c}$$

と表される．よって，$\vec{a}$，$\vec{b}$，$\vec{c}$ が 1 次独立であ
ることから，直線 LX と平面 PQR の交点（Z
とする）においては，

$$U=V\Longleftrightarrow\begin{cases}\dfrac{1-kt}{2}=\dfrac{3-3u-3v}{4}&\cdots\cdots①\\[2mm]\dfrac{k-kt}{2}=\dfrac{2u}{3}&\cdots\cdots②\\[2mm]\dfrac{kt}{2}=\dfrac{3+u+6v}{12}&\cdots\cdots③\end{cases}$$

である．

　　①＋③：$\dfrac{1}{2}=1-\dfrac{2}{3}u-\dfrac{1}{4}v,\ \ v=2-\dfrac{8}{3}u$

　Z が △PQR の周および内部にある
$$\Longleftrightarrow(*)\begin{cases}u\geqq0,\ \ v\geqq0\\u+v\leqq1\end{cases}$$

より，$u\geqq0$

$$v=2-\frac{8}{3}u\geqq0,\ \ u+v=2-\frac{5}{3}u\leqq1$$

　∴　$\dfrac{3}{5}\leqq u\leqq\dfrac{3}{4}$　$\cdots\cdots④$

また，

　　②＋③：$\dfrac{k}{2}=\dfrac{3+9u+6v}{12}=\dfrac{15-7u}{12}$　$(>0$　∵　④$)$

　③より

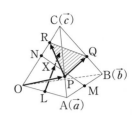

← 平面 PQR のベクトル表示．

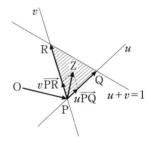

$\overrightarrow{PZ}=u\overrightarrow{PQ}+v\overrightarrow{PR}$
において，
Z が △PQR の周および内部
$\Longleftrightarrow\begin{cases}u\geqq0,\ v\geqq0\\u+v\leqq1\\(直線\ u+v=1\ の点 P 側)\end{cases}$

$$t = \frac{2}{k} \cdot \frac{15-15u}{12} = \frac{15-15u}{15-7u} = \frac{\dfrac{15}{u}-15}{\dfrac{15}{u}-7}$$

$$= 1 - \frac{8}{\dfrac{15}{u}-7}$$

ここで④より，

$$\frac{4}{3} \cdot 15 \le \frac{15}{u} \le \frac{5}{3} \cdot 15 \iff 20 \le \frac{15}{u} \le 25$$

$$1 - \frac{8}{20-7} = \frac{5}{13}, \quad 1 - \frac{8}{25-7} = \frac{5}{9}$$

より求める t の範囲は，

$$\frac{5}{13} \le t \le \frac{5}{9}$$

← $\dfrac{5}{13} \le t \le \dfrac{5}{9}$ をみたす t を1つ与えれば④をみたす u が決まり，したがって v, k も決まり，これらの u, v は（＊）をみたす．

講究　(1)のYについて考える．まず図形的（直感的）に考えると，Yは2平面 ABC と LMN の交線上を動く．BC の中点を K とすると中点連結定理により，

$$\overrightarrow{LM} = \frac{1}{2}\overrightarrow{OB} = \overrightarrow{NK}, \quad \overrightarrow{LN} = \frac{1}{2}\overrightarrow{AC} = \overrightarrow{MK}$$

であるから平面 LMN は点 K を通り，

・X＝M のとき，Y＝M

・X が M から N に近づくにしたがって，Y は M から K の向きに限りなく遠ざかる．

よって，**Y の軌跡は M を端点とする半直線 MK であり，△ABC の周および内部との共通部分は線分 MK である．**

次に，(1)の結果の式

$$\overrightarrow{OY} = \frac{1-2t}{2(1-t)}\vec{a} + \frac{1}{2}\vec{b} + \frac{t}{2(1-t)}\vec{c}$$

を考えよう．

$$u = \frac{t}{1-t} = -1 + \frac{1}{1-t}$$

とおくと，$0 \le t < 1$ のとき，$0 \le u$ で，

$$\overrightarrow{OY} = \frac{1}{2}\vec{b} + (1-u) \cdot \frac{1}{2}\vec{a} + u \cdot \frac{1}{2}\vec{c}$$

と表される．よって，OB の中点を J とすると

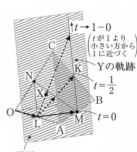

平面：LMN

平面：JMK

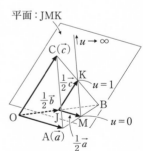

平面 JMK 上の点 W は
$$\overrightarrow{OW} = \overrightarrow{OJ} + x\overrightarrow{JM} + y\overrightarrow{JK}$$
　　　　　　$[x, y：実数]$
と表される（平面のベクトル表示）．

W＝Y $\iff$ $\begin{cases} x = 1-u \\ y = u \end{cases}$

である．

Y は，B を通って，$\overrightarrow{JM}=\frac{1}{2}\vec{a}$ と $\overrightarrow{JK}=\frac{1}{2}\vec{c}$ に

平行な平面 JMK 上にある．さらに

$(1-u)+u=1$ より直線 MK 上にあり，

　　・$u=0$（$\Longleftrightarrow t=0$）のとき，Y=M

　　・$u>0$ が大きくなるにしたがって，Y は

　　　　M から K の向きに限りなく遠ざかる．

　　よって，**Y の軌跡は M を端点とする半直線**
MK であり，△ABC の周および内部との共通
部分は線分 MK である．

　(4)は(1)(2)と同様に考えて次のように解くこと
もできる．計算の詳細は省略する．

$$\overrightarrow{OP}=\frac{3}{4}\vec{a}+\frac{1}{4}\vec{c}, \quad \overrightarrow{OQ}=\frac{2}{3}\vec{b}+\frac{1}{3}\vec{c}, \quad \overrightarrow{OR}=\frac{3}{4}\vec{c}$$

より，

$$\vec{a}=\frac{4}{3}\overrightarrow{OP}-\frac{4}{9}\overrightarrow{OR}, \quad \vec{b}=\frac{3}{2}\overrightarrow{OQ}-\frac{2}{3}\overrightarrow{OR}, \quad \vec{c}=\frac{4}{3}\overrightarrow{OR}$$

となるから直線 LX 上の点Uは，

$$\overrightarrow{OU}=\overrightarrow{OL}+k\overrightarrow{LX}$$
$$=\frac{1-kt}{2}\vec{a}+\frac{k-kt}{2}\vec{b}+\frac{kt}{2}\vec{c}$$
$$=\frac{2(1-kt)}{3}\overrightarrow{OP}+\frac{3k(1-t)}{4}\overrightarrow{OQ}+\frac{11kt-3k-2}{9}\overrightarrow{OR}$$

と書ける．一方，△PQR の周および内部の点
Vは，

$$\overrightarrow{OV}=p\overrightarrow{OP}+q\overrightarrow{OQ}+r\overrightarrow{OR} \quad [p+q+r=1, \ p\geqq0, \ q\geqq0, \ r\geqq0]$$

$$U=V \Longleftrightarrow \begin{cases} p=\dfrac{2}{3}(1-kt) \\ q=\dfrac{3}{4}k(1-t) \\ r=\dfrac{1}{9}(11kt-3k-2) \end{cases}$$

$0\leqq t<1$ に注意すれば，$p\geqq0$, $q\geqq0$, $r\geqq0$ よ

り $\dfrac{5}{13}\leqq t\leqq\dfrac{5}{9}$ を得る．

33 内積と外積

　四面体 V：OABC は各辺の長さが OA＝BC＝a，OB＝CA＝b，OC＝AB＝c である．$\overrightarrow{\mathrm{OA}}=\vec{a}$，$\overrightarrow{\mathrm{OB}}=\vec{b}$，$\overrightarrow{\mathrm{OC}}=\vec{c}$ として以下の問いに答えよ．

(1)　内積：$\vec{a}\cdot\vec{b}$，$\vec{b}\cdot\vec{c}$，$\vec{c}\cdot\vec{a}$ をそれぞれ a，b，c を用いて表せ．

(2)　V の重心を G とすると，G は V の外心でもあることを示せ．すなわち，G を中心として O，A，B，C を通る球面（外接球）が存在することを示せ．また，外接球の半径 R を a，b，c を用いて表せ．

(3)　G は V の内心でもあることを示せ．すなわち，G を中心として 4 つの面に接する球面（内接球）が存在することを示せ．また，内接球の半径 r を $\vec{a}$，$\vec{b}$，$\vec{c}$ およびこれらの内積・，外積×を用いて表せ．ただし，$(\vec{a}, \vec{b}, \vec{c})$ は右手系になっているものとする．

精 講　空間内における 2 つのベクトル $\vec{a}$，$\vec{b}$ に対しても平面内の 2 つのベクトルと同じように

　　　　内積：$\vec{a}\cdot\vec{b}=|\vec{a}||\vec{b}|\cos\theta$　$(0\leqq\theta\leqq\pi)$
　　　　$(\vec{a}\neq\vec{0}$ かつ $\vec{b}\neq\vec{0}$ のとき θ は $\vec{a}$ と $\vec{b}$ のなす角で，$\vec{a}=\vec{0}$ または $\vec{b}=\vec{0}$ のときは，$\vec{a}\cdot\vec{b}=0)$

が定義され，**14**，**15** などで示したことは空間内にあってもそのまま成り立つ．

　空間内においてはさらに外積（ベクトル積ともいう）という演算×が次のように定義される．
　1 次独立な 2 つのベクトル $\vec{a}$，$\vec{b}$ に対し，ベクトル $\vec{n}=\vec{a}\times\vec{b}$ を

　　向き：$\vec{n}\perp\vec{a}$，$\vec{n}\perp\vec{b}$ かつ $(\vec{a}, \vec{b}, \vec{n})$ は右手系
　　大きさ：$|\vec{n}|=|\vec{a}||\vec{b}|\sin\theta$
　　$(\theta\,[0<\theta<\pi]$ は $\vec{a}$ と $\vec{b}$ のなす角，したがって $|\vec{n}|$ は $\vec{a}$ と $\vec{b}$ が定める平行四辺形の面積）

と定める．1 次独立でない $\vec{a}$ と $\vec{b}$ に対しては，$\vec{a}\times\vec{b}=\vec{0}$ とする．

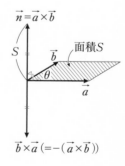

ここで，1次独立な3つのベクトル $\vec{a}$, $\vec{b}$, $\vec{c}$ の組 $(\vec{a},\ \vec{b},\ \vec{c})$ が**右手系**であるとは，

$\vec{a}$ が右手親指, $\vec{b}$ が右手人差し指, $\vec{c}$ が右手中指

の向きに対応しているということである．

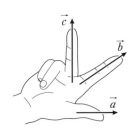

内積・が，（ベクトル）・（ベクトル）＝<u>実数</u>
であるのに対し

外積×は，（ベクトル）×（ベクトル）＝<u>ベクトル</u>
である．

外積の定義から，$\vec{a}\neq\vec{0}$, $\vec{b}\neq\vec{0}$ のとき

$$\vec{a}\,/\!/\,\vec{b}\iff\vec{a}\times\vec{b}=\vec{0}$$
$$\vec{a}\not/\!/\,\vec{b}\iff\vec{a}\times\vec{b}\neq\vec{0}$$

であり，また

$$\vec{b}\times\vec{a}=-(\vec{a}\times\vec{b})$$
$$\vec{a}\cdot(\vec{a}\times\vec{b})=\vec{b}\cdot(\vec{a}\times\vec{b})=0$$

がわかる．

さらに，$(\vec{a},\ \vec{b},\ \vec{c})$ が右手系のとき，$\vec{a}$, $\vec{b}$, $\vec{c}$ が定める平行六面体の体積は，

$$(\vec{a}\times\vec{b})\cdot\vec{c}=(\vec{b}\times\vec{c})\cdot\vec{a}=(\vec{c}\times\vec{a})\cdot\vec{b}$$

である（右図参照）．

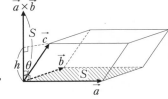

$$V=Sh=|\vec{a}\times\vec{b}||\vec{c}|\cos\theta$$
$$=(\vec{a}\times\vec{b})\cdot\vec{c}$$

注 $(\vec{a},\ \vec{b},\ \vec{c})$ が右手系ならば，$(\vec{b},\ \vec{c},\ \vec{a})$, $(\vec{c},\ \vec{a},\ \vec{b})$ も右手系である．

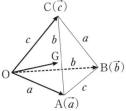

この四面体は4つの面がすべて合同で，等面四面体という．

第3章

解 答

(1) △OAB で余弦定理を用いて

$$c^2=a^2+b^2-2\vec{a}\cdot\vec{b}\qquad\therefore\ \ \vec{a}\cdot\vec{b}=\frac{1}{2}(a^2+b^2-c^2)$$

同様に △OBC, △OCA で余弦定理を用いて

$$\vec{b}\cdot\vec{c}=\frac{1}{2}(b^2+c^2-a^2),\ \ \vec{c}\cdot\vec{a}=\frac{1}{2}(c^2+a^2-b^2)$$

(2) $\overrightarrow{OG}=\dfrac{1}{4}(\vec{a}+\vec{b}+\vec{c})$ である．

$$|\vec{a}+\vec{b}+\vec{c}|^2$$
$$=|\vec{a}|^2+|\vec{b}|^2+|\vec{c}|^2+2(\vec{a}\cdot\vec{b}+\vec{b}\cdot\vec{c}+\vec{c}\cdot\vec{a})$$
$$=a^2+b^2+c^2+a^2+b^2-c^2+b^2+c^2-a^2+c^2+a^2-b^2$$
$$=2(a^2+b^2+c^2)$$

$$\therefore \quad |\overrightarrow{OG}| = \frac{\sqrt{2}}{4}\sqrt{a^2+b^2+c^2}$$

$$\overrightarrow{AG} = \overrightarrow{OG} - \overrightarrow{OA} = \frac{1}{4}(-3\vec{a}+\vec{b}+\vec{c})$$

$$|-3\vec{a}+\vec{b}+\vec{c}|^2$$
$$= 9|\vec{a}|^2 + |\vec{b}|^2 + |\vec{c}|^2 + 2(-3\vec{a}\cdot\vec{b}+\vec{b}\cdot\vec{c}-3\vec{c}\cdot\vec{a})$$
$$= 9a^2 + b^2 + c^2 - 3(a^2+b^2-c^2) + b^2 + c^2 - a^2$$
$$\qquad\qquad\qquad\qquad -3(c^2+a^2-b^2)$$
$$= 2(a^2+b^2+c^2)$$

$$\therefore \quad |\overrightarrow{AG}| = \frac{\sqrt{2}}{4}\sqrt{a^2+b^2+c^2}$$

同様に

$$|\overrightarrow{BG}| = \frac{1}{4}|\vec{a}-3\vec{b}+\vec{c}| = \frac{\sqrt{2}}{4}\sqrt{a^2+b^2+c^2}$$

$$|\overrightarrow{CG}| = \frac{1}{4}|\vec{a}+\vec{b}-3\vec{c}| = \frac{\sqrt{2}}{4}\sqrt{a^2+b^2+c^2}$$

を得るから

$$GO = GA = GB = GC = \frac{\sqrt{2}}{4}\sqrt{a^2+b^2+c^2}$$

となり，G を中心とする半径：

$$\boldsymbol{R} = \frac{\sqrt{2}}{4}\sqrt{a^2+b^2+c^2} \quad \text{の球面を考えれば，この}$$

球面は V の4頂点 A，B，C，D を通る（外接球）.

(3) V の4つの面はいずれも合同でそれらの面積は等しい．また，G は V の各頂点と対面を結ぶ線分をいずれも 3:1 に内分するから，G を1つの頂点，各面を底面とする4つの四面体の体積は等しく $\frac{1}{4}V$（V の体積も V と書く）である．したがって，G から4つの面におろした垂線の長さは等しく，G を中心としてこの垂線の長さ r を半径とする球面は V の4つの面に接する（内接球）.

△OAB を底面と考えたときの V の高さ h は $(\vec{a},\ \vec{b},\ \vec{c})$ が右手系であることから

$$h = \frac{\vec{a}\times\vec{b}}{|\vec{a}\times\vec{b}|}\cdot\vec{c}$$

であるから，$r = \dfrac{h}{4} = \dfrac{(\vec{a}\times\vec{b})\cdot\vec{c}}{4|\vec{a}\times\vec{b}|}$

← 平面のときと同様，ベクトルの絶対値そのものは計算しにくい．2乗を計算して平方根をとる．

← $\overrightarrow{AG} = \dfrac{1}{4}(-\vec{a}+\vec{b}-\vec{a}+\vec{c}-\vec{a})$
$\qquad = \dfrac{1}{4}(\overrightarrow{AO}+\overrightarrow{AB}+\overrightarrow{AC})$

であるからこの四面体の等面性からも $|\overrightarrow{OG}| = |\overrightarrow{AG}|$ がわかる．

$\overrightarrow{BG} = \dfrac{1}{4}(\vec{a}-3\vec{b}+\vec{c})$
$\qquad = \dfrac{1}{4}(-\vec{b}+\vec{a}-\vec{b}+\vec{c}-\vec{b})$
$\qquad = \dfrac{1}{4}(\overrightarrow{BO}+\overrightarrow{BA}+\overrightarrow{BC})$

$\overrightarrow{CG} = \dfrac{1}{4}(\vec{a}+\vec{b}-3\vec{c})$
$\qquad = \dfrac{1}{4}(-\vec{c}+\vec{a}-\vec{c}+\vec{b}-\vec{c})$
$\qquad = \dfrac{1}{4}(\overrightarrow{CO}+\overrightarrow{CA}+\overrightarrow{CB})$

任意の点Pに対して
$\overrightarrow{PG} = \dfrac{1}{4}(\overrightarrow{PO}+\overrightarrow{PA}+\overrightarrow{PB}+\overrightarrow{PC})$
であった．

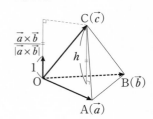

注 △OAB の面積を S，四面体 GOAB の体積を V_1 とすると，

$$V = 4V_1, \quad V = \frac{1}{3}Sh, \quad V_1 = \frac{1}{3}Sr$$

より，$r = \dfrac{h}{4}$ と考えてもよい．

← 三角形の内接円の半径を"面積から考える"のは定石であろう．その空間版である．

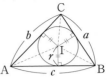

$\triangle$ABC
$= \triangle$IAB$+\triangle$IBC$+\triangle$ICA
$= \dfrac{1}{2}(a+b+c)r$

講 究　1°　$\overrightarrow{OG} = \dfrac{1}{4}(\vec{a}+\vec{b}+\vec{c}) = \vec{g}$ とする．

解答においては，G が外心であること：

GO＝GA＝GB＝GC
$$|\vec{g}| = |\vec{g}-\vec{a}| = |\vec{g}-\vec{b}| = |\vec{g}-\vec{c}|$$

を直接計算で示したが，G が内心であることについては体積を利用して示した．G が内心であることを外積を利用して直接示そう．そのために G から 4 平面 OAB，OBC，OCA，ABC へおろした垂線の足をそれぞれ H，I，J，K とする．このとき，(3)と同様にして，

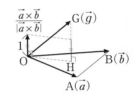

$$GH = \frac{\vec{a}\times\vec{b}}{|\vec{a}\times\vec{b}|}\cdot\vec{g}, \quad GI = \frac{\vec{b}\times\vec{c}}{|\vec{b}\times\vec{c}|}\cdot\vec{g},$$

$$GJ = \frac{\vec{c}\times\vec{a}}{|\vec{c}\times\vec{a}|}\cdot\vec{g}, \quad GK = \frac{\overrightarrow{AC}\times\overrightarrow{AB}}{|\overrightarrow{AC}\times\overrightarrow{AB}|}\cdot\overrightarrow{AG}$$

$(\overrightarrow{AC}\times\overrightarrow{AB}$ と $\overrightarrow{AG}$ の向きに注意)

である．四面体 V の各面は合同な三角形で面積はいずれも S であったから

$$|\vec{a}\times\vec{b}| = |\vec{b}\times\vec{c}| = |\vec{c}\times\vec{a}| = |\overrightarrow{AC}\times\overrightarrow{AB}| = 2S$$

である．また，内積および外積の性質により，

外積について次の(i)(ii)が成り立つ．
(i) $k(\vec{a}\times\vec{b}) = (k\vec{a})\times\vec{b}$
　　$= \vec{a}\times(k\vec{b})$　[k：実数]
(ii) $(\vec{a}+\vec{b})\times\vec{c} = \vec{a}\times\vec{c}+\vec{b}\times\vec{c}$
　　$\vec{c}\times(\vec{a}+\vec{b}) = \vec{c}\times\vec{a}+\vec{c}\times\vec{b}$

(i)は定義から明らかであろう．
(ii)の証明は **42**

$$(\vec{a}\times\vec{b})\cdot\vec{g} = (\vec{a}\times\vec{b})\cdot\frac{1}{4}(\vec{a}+\vec{b}+\vec{c})$$

$$= \frac{1}{4}\{(\vec{a}\times\vec{b})\cdot\vec{a}+(\vec{a}\times\vec{b})\cdot\vec{b}+(\vec{a}\times\vec{b})\cdot\vec{c}\}$$

$$= \frac{1}{4}(\vec{a}\times\vec{b})\cdot\vec{c}$$

同様に，

$$(\vec{b}\times\vec{c})\cdot\vec{g} = (\vec{b}\times\vec{c})\cdot\frac{1}{4}(\vec{a}+\vec{b}+\vec{c}) = \frac{1}{4}(\vec{b}\times\vec{c})\cdot\vec{a}$$

$$(\vec{c}\times\vec{a})\cdot\vec{g} = (\vec{c}\times\vec{a})\cdot\frac{1}{4}(\vec{a}+\vec{b}+\vec{c}) = \frac{1}{4}(\vec{c}\times\vec{a})\cdot\vec{b}$$

第3章

$(\vec{a}\times\vec{b})\cdot\vec{c}$, $(\vec{b}\times\vec{c})\cdot\vec{a}$, $(\vec{c}\times\vec{a})\cdot\vec{b}$ はいずれも $\vec{a}$, $\vec{b}$, $\vec{c}$ が作る平行六面体の体積であったからこれらは等しい．さらに，

$$(\overrightarrow{AC}\times\overrightarrow{AB})\cdot\overrightarrow{AG}=\{(\vec{c}-\vec{a})\times(\vec{b}-\vec{a})\}\cdot(\vec{g}-\vec{a})$$

$$=(\vec{c}\times\vec{b}-\vec{c}\times\vec{a}-\vec{a}\times\vec{b})\cdot\frac{1}{4}(-3\vec{a}+\vec{b}+\vec{c})$$

$$=\frac{3}{4}(\vec{b}\times\vec{c})\cdot\vec{a}-\frac{1}{4}(\vec{c}\times\vec{a})\cdot\vec{b}-\frac{1}{4}(\vec{a}\times\vec{b})\cdot\vec{c}=\frac{1}{4}(\vec{b}\times\vec{c})\cdot\vec{a}$$

となり，GH＝GI＝GJ＝GK である．

2° △OAB と点Gについて，三平方の定理によって，

$$OH=AH=BH=\sqrt{R^2-r^2}$$

となっているから H は △OAB の外心である．同様に I, J, K は △OBC，△OCA，△ABC の外心で，合同な各面の三角形は，外心がそれらの内部にあることから鋭角三角形である．さらに

$$正弦定理： 2\cdot OH=\frac{c}{\sin\angle AOB}, \quad 面積： S=\frac{1}{2}ab\sin\angle AOB$$

より，

$$OH=\frac{c}{2\sin\angle AOB}=\frac{c}{2\cdot\dfrac{2S}{ab}}=\frac{abc}{4S}$$

となるから

$$r=\sqrt{R^2-OH^2}=\sqrt{\frac{2}{16}(a^2+b^2+c^2)-\frac{(abc)^2}{16S^2}}$$

$$=\frac{1}{4S}\sqrt{2S^2(a^2+b^2+c^2)-(abc)^2}$$

と表すこともできる．

注 ヘロンの公式：

$$S=\frac{1}{4}\sqrt{(a+b+c)(a-b+c)(a+b-c)(-a+b+c)}$$

を代入すれば，r も a, b, c で表される．

34　共通垂線

　点Oを原点とする空間内に三角形OABと平面OAB上にない点Cがある.
またOを通って, $\overrightarrow{OA}=\vec{a}$ を方向ベクトルとする直線を l, Bを通って,
$\overrightarrow{BC}=\vec{d}$ を方向ベクトルとする直線を m として, l 上の動点をP, m 上の動
点をQとする. $\vec{a}$ と $\vec{d}$ が垂直であるとき以下の問いに答えよ.

(1)　l, m 上の点H, Kを, HKが l と m の双方に垂直になるような点とす
　　る. $\overrightarrow{OB}=\vec{b}$ として, $\overrightarrow{OH}=h\vec{a}$, $\overrightarrow{OK}=\vec{b}+k\vec{d}$ [h, k : 実数] と表すとき,
　　h と k を $\vec{a}$, $\vec{b}$, $\vec{d}$ で表せ.

(2)　HKの長さはPQの長さの最小値であることを示せ.

(3)　$\angle AOB=\alpha$, $\angle OAB=\alpha_1$, $\angle OBC=\beta$, $\angle OCB=\beta_1$ とする. Hが線分
　　OA上にあってO, A以外の点のとき, α, α_1 は鋭角であることを示せ.
　　またKが線分BC上にあってB, C以外の点のとき, β, β_1 は鋭角であるこ
　　とを示せ. さらに, HKの長さを, $\vec{b}$, α, β で表せ.

(4)　(3)のとき, 四面体OABCの体積 V を $\vec{a}$, $\vec{b}$, $\vec{d}$ と α, β を用いて表せ.

第3章

精　講　**1°　空間内2直線 l, m の位置関係**
　　　　　　については,

（ i ）　**l と m は平行である.**

（ ii ）　**l と m は交わる (ただ1つの共有点をもつ).**

（iii）　**l と m はねじれの位置にある ((i)(ii)以外).**

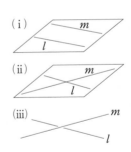

の3つの場合があり, (i)または(ii)のとき l と m
は同一平面上にある. ただし, l, m それぞれ
の方向ベクトルを $\vec{l}$ ($\neq\vec{0}$), $\vec{m}$ ($\neq\vec{0}$) として,
$\vec{l} /\!/ \vec{m}$ のとき l と m は平行であるという. ま
た, **$\vec{l} \perp \vec{m}$ のとき l と m は垂直である**という.
　さて, 2直線 l と m がねじれの位置にあると
き, l, m 上に
　　　　HK$\perp l$　かつ　HK$\perp m$
となるような点H, Kが存在して, 線分HKの
長さは, l 上の点と m 上の点の距離の最小値を
与える (この線分HKを2直線 l, m の共通垂
線という).

この事実を図形的に確かめよう.

まず, $\vec{l}$ と $\vec{m}$ が1次独立であることから直線 l を含み m に平行な平面 α (→2°) が存在することに注意する (右図). このとき, m 上の各点から α に垂線をおろすとそれらの垂線の足全体は α 上に直線 m' を描き (m の α 上への正射影), $l \not\!\!\parallel m \parallel m'$ であるから l と m' は α 上の1点Hで交わる. 垂線の足がHとなるような m 上の点をKとすれば,

$$HK \perp l \ \text{かつ} \ HK \perp m$$

である. さらに l 上の動点をP, m 上の動点をQ, Q から α 上におろした垂線の足をRとするとRは m' 上にあって,

・R$\neq$P のときは $\triangle$PQR が PQ を斜辺とする直角三角形であることから

$$HK = RQ < PQ$$

・R=P のときは R=P=H かつ Q=K だから

$$HK = PQ$$

以上より, $HK \leqq PQ$ (等号は, P=H, Q=K のとき) となり, HK は l 上の点と m 上の点の2点間の距離の最小値を与える.

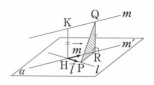

← 空間において直線と平面が共有点をもたないときこれらは平行であるという.

・空間内に位置ベクトルの原点 O を定め, l 上の1点を P_0 とすると, 平面 α は,
$$\overrightarrow{OP} = \overrightarrow{OP_0} + u\vec{l} + v\vec{m}$$
$[u, \ v : 実数]$
とベクトル表示される.

2° **空間内の直線 l と平面 α の位置関係については,**

(ⅰ) **l と α は平行である (共有点をもたない).**

(ⅱ) **l と α は交わる (ただ1つの共有点をもつ).**

(ⅲ) **l が α 上にある (l 上のすべての点は共有点).**

の3つの場合がある.

(ⅱ)のうちとくに, l の方向ベクトル $\vec{n}$ が α 上の任意のベクトル $\vec{p}$ と垂直になるとき l と α は垂直であるといって, $l \perp \alpha$ (または $\vec{n} \perp \alpha$) と表す. これについて次の定理が成り立つ.

定理: $\vec{a}$, $\vec{b}$ を α 上の1次独立なベクトルとすると,

$$\vec{n} \perp \vec{a} \ \text{かつ} \ \vec{n} \perp \vec{b} \ \text{ならば} \ \vec{n} \perp \alpha$$

(ⅰ)

(ⅱ)

(ⅲ)

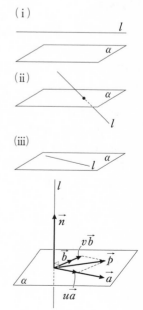

証明：$\vec{a}$ と $\vec{b}$ は α 上 1 次独立だから α 上の任
意のベクトル $\vec{p}$ は，

$$\vec{p}=u\vec{a}+v\vec{b} \quad [u,\ v：実数]$$

と表すことができる．今，$\vec{n}\cdot\vec{a}=0$，$\vec{n}\cdot\vec{b}=0$
であるから，

$$\vec{n}\cdot\vec{p}=\vec{n}\cdot(u\vec{a}+v\vec{b})=u\vec{n}\cdot\vec{a}+v\vec{n}\cdot\vec{b}=0$$

となり，$\vec{n}\perp\vec{p}$．したがって $\vec{n}\perp\alpha$ である．
　とくに $\vec{n}$ が直線 l の方向ベクトルであれば，
$l\perp\alpha$ である．

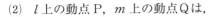

解　答

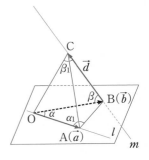

(1)　$\overrightarrow{OH}=h\vec{a}$，$\overrightarrow{OK}=\vec{b}+k\vec{d}$ より，

$$\overrightarrow{HK}=\overrightarrow{OK}-\overrightarrow{OH}=-h\vec{a}+\vec{b}+k\vec{d}$$

　$\overrightarrow{HK}$ は $l\,(/\!/\vec{a})$ と $m\,(/\!/\vec{d})$ の双方に垂直だか
ら，$\vec{a}\perp\vec{d}$ に注意して

$$\overrightarrow{HK}\cdot\vec{a}=(-h\vec{a}+\vec{b}+k\vec{d})\cdot\vec{a}$$
$$=-h|\vec{a}|^2+\vec{a}\cdot\vec{b}=0$$

$$\overrightarrow{HK}\cdot\vec{d}=(-h\vec{a}+\vec{b}+k\vec{d})\cdot\vec{d}$$
$$=\vec{b}\cdot\vec{d}+k|\vec{d}|^2=0$$

$$\therefore\ \ \boldsymbol{h=\frac{\vec{a}\cdot\vec{b}}{|\vec{a}|^2},\ \ k=-\frac{\vec{b}\cdot\vec{d}}{|\vec{d}|^2}}$$

(2)　l 上の動点 P，m 上の動点 Q は，

$$\overrightarrow{OP}=s\vec{a}，\quad \overrightarrow{OQ}=\vec{b}+t\vec{d} \quad [s,\ t：実数]$$

と表されるから

$$\overrightarrow{PQ}=-s\vec{a}+\vec{b}+t\vec{d}$$
$$|\overrightarrow{PQ}|^2=|-s\vec{a}+\vec{b}+t\vec{d}|^2$$
$$=s^2|\vec{a}|^2+|\vec{b}|^2+t^2|\vec{d}|^2-2s\vec{a}\cdot\vec{b}+2t\vec{b}\cdot\vec{d}$$

← 展開すると，2 変数 s, t の 2
次式となるが，$\vec{a}\perp\vec{d}$ より
$\vec{a}\cdot\vec{d}=0$ となるので st の項
は消え，s, t それぞれ独立し
た 2 次式となる．そこで s, t
それぞれの 2 次式の平方完成
を考えればよい．

$$=|\vec{a}|^2\Big(s-\frac{\vec{a}\cdot\vec{b}}{|\vec{a}|^2}\Big)^2+|\vec{d}|^2\Big(t+\frac{\vec{b}\cdot\vec{d}}{|\vec{d}|^2}\Big)^2$$
$$+|\vec{b}|^2-\frac{(\vec{a}\cdot\vec{b})^2}{|\vec{a}|^2}-\frac{(\vec{b}\cdot\vec{d})^2}{|\vec{d}|^2}$$

これは, $s=\dfrac{\vec{a}\cdot\vec{b}}{|\vec{a}|^2}=h,\ t=-\dfrac{\vec{b}\cdot\vec{d}}{|\vec{d}|^2}=k$

のときに最小となる. すなわち HK の長さは
PQ の長さの最小値である.

(3) H が線分 OA 上にあって O, A 以外の点の
とき, $0<h<1$ であるから

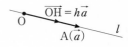

$$0<\frac{\vec{a}\cdot\vec{b}}{|\vec{a}|^2}<1$$
$$\Longleftrightarrow\ 0<\vec{a}\cdot\vec{b}<|\vec{a}|^2$$

である. 今, $\vec{a}$ と $\vec{b}$ のなす角が $\alpha\,(\neq0)$, $\vec{a}$ と $\vec{b}$
は1次独立であるから $\vec{a}\cdot\vec{b}>0$ より
$0<\cos\alpha<1$. よって, α は鋭角である. また,

← 1次独立な2つのベクトル $\vec{a}$
と $\vec{b}$ のなす角 θ について
$0<\theta<\pi$
である.

$$|\vec{a}|^2-\vec{a}\cdot\vec{b}=\vec{a}\cdot(\vec{a}-\vec{b})=\overrightarrow{OA}\cdot\overrightarrow{BA}$$
$$=\overrightarrow{AO}\cdot\overrightarrow{AB}>0$$

$\overrightarrow{AO}$ と $\overrightarrow{AB}$ のなす角が $\alpha_1\,(\neq0)$, $\overrightarrow{AO}$ と $\overrightarrow{AB}$
は1次独立であるから $0<\cos\alpha_1<1$. よって,
α_1 も鋭角である.

次に, K が線分 BC 上にあって B, C 以外の
点のとき, $0<k<1$ であるから

$$0<-\frac{\vec{b}\cdot\vec{d}}{|\vec{d}|^2}<1$$
$$\Longleftrightarrow\ -|\vec{d}|^2<\vec{b}\cdot\vec{d}<0$$

$$\vec{b}\cdot\vec{d}=\overrightarrow{OB}\cdot\overrightarrow{BC}=-\overrightarrow{BO}\cdot\overrightarrow{BC}<0,$$
$$\overrightarrow{BO}\cdot\overrightarrow{BC}>0$$

$\overrightarrow{BO}$ と $\overrightarrow{BC}$ のなす角が $\beta\,(\neq0)$, $\overrightarrow{BO}$ と $\overrightarrow{BC}$ は
1次独立だから $0<\cos\beta<1$. よって, β は鋭
角である. また

$$|\vec{d}|^2+\vec{b}\cdot\vec{d}=\vec{d}\cdot(\vec{d}+\vec{b})=\overrightarrow{BC}\cdot\overrightarrow{OC}$$
$$=\overrightarrow{CO}\cdot\overrightarrow{CB}>0$$

$\overrightarrow{CO}$ と $\overrightarrow{CB}$ のなす角が $\beta_1\,(\neq0)$, $\overrightarrow{CO}$ と $\overrightarrow{CB}$ は

1次独立だから $0<\cos\beta_1<1$. よって，β_1 も鋭角である.

　以上から右図を得て，$\vec{a}\perp\vec{d}=\overrightarrow{BC}$, $\vec{a}\perp\overrightarrow{HK}$ で $\overrightarrow{BC}$ と $\overrightarrow{HK}$ は，平面 HBC 上で 1 次独立だから $\vec{a}\perp$(平面 HBC) である. したがって $BH\perp\vec{a}$ で直角三角形 OBH から $BH=|\vec{b}|\sin\alpha$
　同様に，直角三角形 OBK から $BK=|\vec{b}|\cos\beta$
　よって，直角三角形 BHK から

$$HK=\sqrt{BH^2-BK^2}$$
$$=|\vec{b}|\sqrt{\sin^2\alpha-\cos^2\beta}$$

(4)　求める体積は，

$$V=\triangle HBC\times OA\times\frac{1}{3}$$
$$=\frac{1}{2}|\vec{d}||\vec{b}|\sqrt{\sin^2\alpha-\cos^2\beta}\times|\vec{a}|\times\frac{1}{3}$$
$$=\frac{1}{6}|\vec{a}||\vec{b}||\vec{d}|\sqrt{\sin^2\alpha-\cos^2\beta}$$

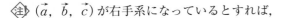

注 $(\vec{a},\ \vec{b},\ \vec{c})$ が右手系になっているとすれば，

$$V=\frac{1}{6}(\vec{a}\times\vec{b})\cdot\vec{c}=\frac{1}{6}(\vec{a}\times\vec{b})\cdot(\vec{b}+\vec{d})$$
$$=\frac{1}{6}(\vec{a}\times\vec{b})\cdot\vec{d}=\frac{1}{6}\cdot|\vec{a}||\vec{b}|\sin\alpha\cdot|\vec{d}|\cos\theta$$
$$=\frac{1}{6}|\vec{a}||\vec{b}||\vec{d}|\sin\alpha\cos\theta$$

← θ は $\vec{d}$ と $\vec{a}\times\vec{b}$ のなす角.

(4)の結果と比べると

$$\sin^2\alpha-\cos^2\beta=\sin^2\alpha\cos^2\theta>0$$

であり

$$\sin^2\alpha\sin^2\theta=\cos^2\beta$$

$$\therefore\quad \cos\beta=\sin\alpha\sin\theta$$

直角三角形 BHK で，

$$BH=|\vec{b}|\sin\alpha,\ BK=|\vec{b}|\cos\beta$$

であったから，$BH\sin\angle BHK=BK$ より
$$\angle BHK=\theta$$

を得る.

講究 ねじれの位置にある2直線 l, m に
対して共通垂線 HK が存在するこ
とを方程式の観点から見てみよう. l, m が点
Oを原点として次のようにベクトル表示されて
いるとする. $\vec{l}$ と $\vec{m}$ は1次独立である.

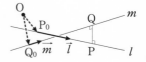

$$l:\overrightarrow{\mathrm{OP}}=\overrightarrow{\mathrm{OP_0}}+s\vec{l} \quad [s:実数,\ \vec{l}\neq\vec{0}]$$

$$m:\overrightarrow{\mathrm{OQ}}=\overrightarrow{\mathrm{OQ_0}}+t\vec{m} \quad [t:実数,\ \vec{m}\neq\vec{0}]$$

このとき, $\mathrm{PQ}\perp l$, $\mathrm{PQ}\perp m$ となる P, Q の
存在を示したい.

$$\overrightarrow{\mathrm{PQ}}=\overrightarrow{\mathrm{OQ}}-\overrightarrow{\mathrm{OP}}=-s\vec{l}+t\vec{m}+\overrightarrow{\mathrm{OQ_0}}-\overrightarrow{\mathrm{OP_0}}$$

← **7** より x, y を未知数とす
る連立方程式:
$$\begin{cases} ax+by=p \\ cx+dy=q \end{cases}$$
がただ1組の解をもつための
必要十分条件は
$$\varDelta=\begin{vmatrix} a & b \\ c & d \end{vmatrix}=ad-bc\neq0$$
である.

$$\begin{cases} \overrightarrow{\mathrm{PQ}}\cdot\vec{l}=-s|\vec{l}|^2+t\vec{l}\cdot\vec{m}+\vec{l}\cdot(\overrightarrow{\mathrm{OQ_0}}-\overrightarrow{\mathrm{OP_0}})=0 \\ \overrightarrow{\mathrm{PQ}}\cdot\vec{m}=-s\vec{l}\cdot\vec{m}+t|\vec{m}|^2+\vec{m}\cdot(\overrightarrow{\mathrm{OQ_0}}-\overrightarrow{\mathrm{OP_0}})=0 \end{cases}$$

$$\Longrightarrow \begin{cases} |\vec{l}|^2s-(\vec{l}\cdot\vec{m})t=\vec{l}\cdot(\overrightarrow{\mathrm{OQ_0}}-\overrightarrow{\mathrm{OP_0}}) \\ -(\vec{l}\cdot\vec{m})s+|\vec{m}|^2t=\vec{m}\cdot(\overrightarrow{\mathrm{OP_0}}-\overrightarrow{\mathrm{OQ_0}}) \end{cases}$$
$$\cdots\cdots(*)$$

ここで

$$\begin{vmatrix} |\vec{l}|^2 & -(\vec{l}\cdot\vec{m}) \\ -(\vec{l}\cdot\vec{m}) & |\vec{m}|^2 \end{vmatrix}=|\vec{l}|^2|\vec{m}|^2-(\vec{l}\cdot\vec{m})^2>0$$

右辺は $\vec{l}$ と $\vec{m}$ が作る平行四辺形の面積の平
方である.

よって, s と t の連立方程式 $(*)$ はただ1組
の解をもつ.

すなわち, $\mathrm{PQ}\perp l$ かつ $\mathrm{PQ}\perp m$ となるよう
な l 上の点Pと m 上の点Qがそれぞれただ1
点ずつ存在する.

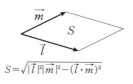

$$S=\sqrt{|\vec{l}|^2|\vec{m}|^2-(\vec{l}\cdot\vec{m})^2}$$

35　平面と球面のベクトル方程式

点Oを原点とする空間内に点Aを中心とする半径Rの球面SとS上に異なる2点P_1, P_2があって，$\angle P_1AP_2 = \theta$ $[0 < \theta < \pi]$ とする．A，P_1，P_2の位置ベクトルをそれぞれ$\vec{a}$, $\vec{p_1}$, $\vec{p_2}$として以下の問いに答えよ．

(1) P_1, P_2におけるSの接平面をそれぞれα_1, α_2とする．S, α_1, α_2を，動点Pを$\overrightarrow{OP} = \vec{p}$としてベクトル方程式で表せ．

(2) α_1, α_2の交線をl，直線P_1P_2をkとする．lとkは垂直であることを示せ．

(3) 2点P_1, P_2の中点をM，直線AMをmとする．2直線lとmは垂直に交わることを示せ．

(4) lとkの双方と共有点をもつ球面のうち，その半径が最小であるものの半径rをRとθを用いて表せ．

第3章

精 講　ここでの解説は，「**17** 直線・円のベクトル方程式」との対比で理解を深めてほしい．何が同じで何が異なるか，"2次元と3次元"を比べることは，より高次元の認識へのヒントとなるであろう．

原点Oの定められた空間内で，「未知ベクトル」$\vec{p} = \overrightarrow{OP}$ と一定なベクトルの和，差，実数倍および内積を含む1つか2つの等式が与えられ，それが何らかの図形を表すとき，この等式または等式の組をその図形のベクトル方程式という．なお，A($\vec{a}$)，B($\vec{b}$)とするとき，この2点間の距離は空間内でも，
$$AB = |\vec{b} - \vec{a}|$$
である．

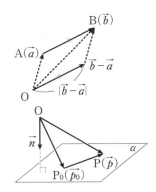

1° 平面のベクトル方程式

空間内の平面は通る1点と垂直方向で決まるから，**点P_0($\vec{p_0}$)を通って，$\vec{n}$ ($\neq \vec{0}$)に垂直な平面αは**，
$$\text{ベクトル方程式：} \vec{n} \cdot (\vec{p} - \vec{p_0}) = 0$$
で表される．$\vec{n}$をαの**法線ベクトル**という．

このとき，空間内の点P_1($\vec{p_1}$)からαへおろ

平面上の直線のベクトル表示と同じ形である．
平面（2次元）内の
◀ 直線（1次元）…… 2−1＝1
空間（3次元）内の
平面（2次元）…… 3−2＝1
となっている．

した垂線の足を H, $d=\mathrm{P_1H}$ とすれば,

$$\mathrm{P_1H}=\mathrm{P_0P_1}\cdot\cos\angle\mathrm{P_0P_1H}$$

$$\therefore\quad d=\left|(\vec{p_1}-\vec{p_0})\cdot\frac{\vec{n}}{|\vec{n}|}\right|=\frac{|\vec{n}\cdot(\vec{p_1}-\vec{p_0})|}{|\vec{n}|}$$

を得る〈点と平面の距離の公式〉.

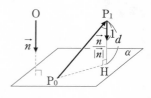

注 空間内の直線を1つのベクトル方程式の式で
表すことはできない. 直線 l をベクトル方程式
で表すとすれば, 2平面の交線:

$$\begin{cases}\vec{n_1}\cdot(\vec{p}-\vec{p_1})=0\cdots\cdots \mathrm{P_1}(\vec{p_1}) \text{ を通って } \vec{n_1} \text{ に垂直}\\\vec{n_2}\cdot(\vec{p}-\vec{p_2})=0\cdots\cdots \mathrm{P_2}(\vec{p_2}) \text{ を通って } \vec{n_2} \text{ に垂直}\end{cases}$$

と考え,「連立方程式」として表すことになる.

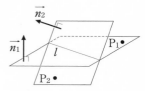

2° 球面のベクトル方程式

(i) **中心 $\mathrm{A}(\vec{a})$, 半径 $r\ (>0)$ の球面 S は,**
ベクトル方程式: $|\overrightarrow{\mathrm{AP}}|=r \rightleftarrows |\vec{p}-\vec{a}|=r$
で表される.

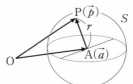

(ii) **$\mathrm{A}(\vec{a}), \mathrm{B}(\vec{b})$ を直径の両端点とする球面**
S_1 は,
ベクトル方程式: $\overrightarrow{\mathrm{PA}}\cdot\overrightarrow{\mathrm{PB}}=0$
$$\rightleftarrows (\vec{p}-\vec{a})\cdot(\vec{p}-\vec{b})=0$$
で表される. このとき,

中心を表す位置ベクトルは $\dfrac{\vec{a}+\vec{b}}{2}$

半径は $\dfrac{|\vec{b}-\vec{a}|}{2}$

である.

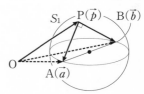

平面 PAB と球面 S_1 の交円は
S_1 の1つの大円 (S_1 の直径を含
む円) である.

注 空間内の円を1つのベクトル方程式の式で表
すことはできない. 円をベクトル方程式で表す
とすれば, 2つの球面の交円または円と平面の
交円と考え, いずれも「連立方程式」として表
すことになる.

解　答

(1) 与えられた空間内の動点を $\mathrm{P}(\vec{p})$ とする. S
は, $\mathrm{A}(\vec{a})$ を中心とする半径 R の球面だからそ
のベクトル方程式は, $|\vec{p}-\vec{a}|=R$

α_1 は $P_1(\vec{p_1})$ を通って，$\overrightarrow{AP_1}=\vec{p_1}-\vec{a}$ に垂直な平面だから

$$\alpha_1 : (\vec{p_1}-\vec{a})\cdot(\vec{p}-\vec{p_1})=0$$

同様に　　$\alpha_2 : (\vec{p_2}-\vec{a})\cdot(\vec{p}-\vec{p_2})=0$

(2)　α_1，α_2 の法線ベクトルで，$\vec{n_1}=\vec{p_1}-\vec{a}$，$\vec{n_2}=\vec{p_2}-\vec{a}$ とすると $\vec{n_1}$，$\vec{n_2}$ は l が α_1 上かつ α_2 上にあるから，

$$l\perp\vec{n_1}\ \text{かつ}\ \ l\perp\vec{n_2}$$
$$\therefore\ \ l\ /\!/\ (\vec{n_1}\times\vec{n_2})$$

一方，

$$\overrightarrow{P_1P_2}=\vec{p_2}-\vec{p_1}=(\vec{p_2}-\vec{a})-(\vec{p_1}-\vec{a})=\vec{n_2}-\vec{n_1}$$

であるから

$$(\vec{n_1}\times\vec{n_2})\cdot\overrightarrow{P_1P_2}=(\vec{n_1}\times\vec{n_2})\cdot(\vec{n_2}-\vec{n_1})$$
$$=(\vec{n_1}\times\vec{n_2})\cdot\vec{n_2}-(\vec{n_1}\times\vec{n_2})\cdot\vec{n_1}=0$$
$$\therefore\ \ (\vec{n_1}\times\vec{n_2})\perp\overrightarrow{P_1P_2}$$

したがって，$l\perp k$ である．

(3)　$\overrightarrow{OM}=\dfrac{1}{2}(\vec{p_1}+\vec{p_2})$ であるから

$$\overrightarrow{AM}=\overrightarrow{OM}-\overrightarrow{OA}=\dfrac{1}{2}(\vec{p_1}+\vec{p_2})-\vec{a}$$
$$=\dfrac{1}{2}(\vec{p_1}-\vec{a})+\dfrac{1}{2}(\vec{p_2}-\vec{a})$$
$$=\dfrac{1}{2}(\vec{n_1}+\vec{n_2})$$

　　よって，直線 m は次のようにベクトル表示される．

$$m : \vec{p}=\vec{a}+t(\vec{n_1}+\vec{n_2})\quad [t：実数]$$

$\alpha_1 : \vec{n_1}\cdot(\vec{p}-\vec{p_1})=0$ との交点における t を求めると，

$$\vec{n_1}\cdot\{\vec{a}+t(\vec{n_1}+\vec{n_2})-\vec{p_1}\}$$
$$=t\{\vec{n_1}\cdot(\vec{n_1}+\vec{n_2})\}-\vec{n_1}\cdot(\vec{p_1}-\vec{a})=0$$

より，

$$t\{\vec{n_1}\cdot(\vec{n_1}+\vec{n_2})\}=|\vec{n_1}|^2\ (>0)$$
$$\therefore\ \ t=\dfrac{|\vec{n_1}|^2}{|\vec{n_1}|^2+\vec{n_1}\cdot\vec{n_2}}=\dfrac{R^2}{R^2+R^2\cos\theta}=\dfrac{1}{1+\cos\theta}$$

m と $\alpha_2 : \vec{n_2}\cdot(\vec{p}-\vec{p_2})=0$ との交点における t を求めても同じ結果を得るから 2 直線 l と m は交わる．また

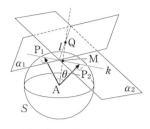

← $\vec{n_1}\times\vec{n_2}$ は直線 l の方向ベクトルになる．

← 内積の分配法則．

・次元を 1 つ下げた図を描けば下図のとおりだが，交線が交点となり単純化されてしまう．

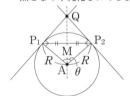

この単純化された図で考えると，解答において，
$$\vec{n_1}+\vec{n_2}=2\overrightarrow{AM}$$
$$t=\dfrac{AQ}{2AM}\ \ \text{である．}$$
2 つの直角三角形 $\triangle AMP_1$ と $\triangle AP_1Q$（あるいは $\triangle AMP_2$ と $\triangle AP_2Q$）を考えると，
$$AQ\cos\dfrac{\theta}{2}=R$$
$$AM=R\cos\dfrac{\theta}{2}$$
であるから，
$$t=\dfrac{AQ}{2AM}=\dfrac{1}{2\cos^2\dfrac{\theta}{2}}$$
$$=\dfrac{1}{1+\cos\theta}$$
を得る．

第3章

l の方向ベクトル：$\overrightarrow{n_1}\times\overrightarrow{n_2}$ と
m の方向ベクトル：$\overrightarrow{n_1}+\overrightarrow{n_2}$

について，

$$(\overrightarrow{n_1}\times\overrightarrow{n_2})\cdot(\overrightarrow{n_1}+\overrightarrow{n_2})$$
$$=(\overrightarrow{n_1}\times\overrightarrow{n_2})\cdot\overrightarrow{n_1}+(\overrightarrow{n_1}\times\overrightarrow{n_2})\cdot\overrightarrow{n_2}=0$$

より $(\overrightarrow{n_1}\times\overrightarrow{n_2})\perp(\overrightarrow{n_1}+\overrightarrow{n_2})$ となるから $l\perp m$

したがって，2直線 l と m は垂直に交わる．

(4) $AP_1=AP_2\ (=R)$ より，$AM\perp P_1P_2$

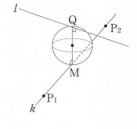

したがって，$m\perp k$ であるから，(3)における l と m の交点をQとすれば，線分MQは2直線 l と k の共通垂線で，この2直線間の2点間の距離の最小値を与える．よって，条件をみたす球面はMQを直径とする球面である．(3)における m のベクトル表示において，方向ベクトルの大きさ：

$$|\overrightarrow{n_1}+\overrightarrow{n_2}|=\sqrt{|\overrightarrow{n_1}|^2+2\overrightarrow{n_1}\cdot\overrightarrow{n_2}+|\overrightarrow{n_2}|^2}$$
$$=\sqrt{2R^2(1+\cos\theta)}=2R\cos\frac{\theta}{2}$$

Mにおいて $t=\dfrac{1}{2}$，Qにおいて $t=\dfrac{1}{1+\cos\theta}$

であるから

$$r=\frac{MQ}{2}=\frac{1}{2}\cdot 2R\cos\frac{\theta}{2}\left(\frac{1}{1+\cos\theta}-\frac{1}{2}\right)$$

← 直感的には，(3)の簡略図から，
$$\frac{MQ}{2}=\frac{1}{2}P_1M\tan\frac{\theta}{2}$$
$$=\frac{1}{2}R\sin\frac{\theta}{2}\cdot\tan\frac{\theta}{2}$$

$$=R\cos\frac{\theta}{2}\cdot\frac{1-\cos\theta}{2(1+\cos\theta)}=R\cos\frac{\theta}{2}\cdot\frac{2\sin^2\frac{\theta}{2}}{4\cos^2\frac{\theta}{2}}$$

$$=\frac{1}{2}R\sin\frac{\theta}{2}\cdot\tan\frac{\theta}{2}$$

講究 1° **17** と同様にして，
"$\overrightarrow{p}$ の1次式$=0$" の形の空間内におけるベクトル方程式：

$$\overrightarrow{n}\cdot\overrightarrow{p}-c=0\quad [\overrightarrow{n}\neq\overrightarrow{0},\ c：実数]\ \cdots\cdots(*)$$

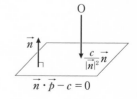

は，$\overrightarrow{n}\cdot\left(\overrightarrow{p}-\dfrac{c}{|\overrightarrow{n}|^2}\overrightarrow{n}\right)=0$ と変形できるから，これは，位置ベクトル $\dfrac{c}{|\overrightarrow{n}|^2}\overrightarrow{n}$ の終点を通って $\overrightarrow{n}$ を法線ベクトルとする平面を表す．

例1 2定点 $A(\vec{a})$, $B(\vec{b})$ から等距離にある点 $P(\vec{p})$ の軌跡は，線分 AB の垂直2等分面である．

AP＝BP をベクトルで表すと，
$$|\vec{p}-\vec{a}|=|\vec{p}-\vec{b}|$$
両辺平方して整理すると
$$(\vec{b}-\vec{a})\cdot\vec{p}-\frac{|\vec{b}|^2-|\vec{a}|^2}{2}=0 \quad\cdots\cdots①$$
$$\left((*) \ \mathcal{O} \ \vec{n}=\vec{b}-\vec{a},\ c=\frac{|\vec{b}|^2-|\vec{a}|^2}{2}\right)$$
$$\overrightarrow{OM}=\frac{\vec{a}+\vec{b}}{2}$$
$$\overrightarrow{OK}=\frac{|\vec{b}|^2-|\vec{a}|^2}{2|\vec{b}-\vec{a}|^2}(\vec{b}-\vec{a})$$

とおくと，①はKを通って $\vec{b}-\vec{a}$ を法線ベクトルとする平面である．
$$\overrightarrow{MK}=\overrightarrow{OK}-\overrightarrow{OM}=\frac{|\vec{b}|^2-|\vec{a}|^2}{2|\vec{b}-\vec{a}|^2}(\vec{b}-\vec{a})-\frac{\vec{a}+\vec{b}}{2}$$
$$\overrightarrow{MK}\cdot(\vec{b}-\vec{a})=\frac{|\vec{b}|^2-|\vec{a}|^2}{2|\vec{b}-\vec{a}|^2}|\vec{b}-\vec{a}|^2-\frac{|\vec{b}|^2-|\vec{a}|^2}{2}=0$$

よって，$\overrightarrow{MK}\perp(\vec{b}-\vec{a})(=\overrightarrow{AB})$ となる．K は①で表される平面上にあるから M もこの平面上にあり，①は線分 AB の垂直2等分面の方程式である．

例2 **35** における球面 S と(4)で得られた球面（S_1 とする）の交円 C を含む平面 α のベクトル方程式を求めよう．簡単のため，$A(\vec{a})=O(\vec{0})$ とする．
$$S:|\vec{p}|=R,\ S_1:|\vec{p}-u(\vec{n_1}+\vec{n_2})|=r$$

ここで u は，M における t の値 $t_0=\dfrac{1}{2}$ と，

Q における t の値 $t_1=\dfrac{1}{1+\cos\theta}$ に対して
$$u=\frac{t_0+t_1}{2}=\frac{3+\cos\theta}{4(1+\cos\theta)}$$
また，$r=\dfrac{t_1-t_0}{2}|\vec{n_1}+\vec{n_2}|$ である．

S_1 の方程式の両辺を平方した式に，$|\vec{p}|^2=R^2$ を代入すると，

◀「垂直2等分面」を示すだけであれば **17** と同様に
$$(\vec{b}-\vec{a})\cdot\left(\vec{p}-\frac{\vec{a}+\vec{b}}{2}\right)=0$$
と変形すればよい．ここでは，それと（＊）との関係を確認しておきたい．

◀（＊）で，
$$\frac{c}{|\vec{n}|^2}\vec{n}=\frac{|\vec{b}|^2-|\vec{a}|^2}{2|\vec{b}-\vec{a}|^2}(\vec{b}-\vec{a})$$

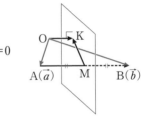

◀平面上において交わる2円の2交点を通る直線の方程式を求めることに対応する．

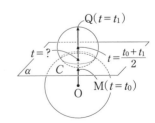

$$R^2-2u(\overrightarrow{n_1}+\overrightarrow{n_2})\cdot\overrightarrow{p}+u^2|\overrightarrow{n_1}+\overrightarrow{n_2}|^2=r^2$$

上記 $u,\ r$ を代入整理すると，

$$(\overrightarrow{n_1}+\overrightarrow{n_2})\cdot\overrightarrow{p}-\frac{R^2+t_0t_1|\overrightarrow{n_1}+\overrightarrow{n_2}|^2}{t_0+t_1}=0$$

$$(\overrightarrow{n_1}+\overrightarrow{n_2})\cdot\overrightarrow{p}-\frac{4(1+\cos\theta)}{3+\cos\theta}R^2=0$$

$$\therefore\quad\alpha:(\overrightarrow{n_1}+\overrightarrow{n_2})\cdot\left(\overrightarrow{p}-\frac{2}{3+\cos\theta}(\overrightarrow{n_1}+\overrightarrow{n_2})\right)=0$$

← p.180 から
$|\overrightarrow{n_1}+\overrightarrow{n_2}|^2=2R^2(1+\cos\theta)$
$\overrightarrow{n}\cdot\overrightarrow{p}-c=0$
$\Longleftrightarrow\overrightarrow{n}\cdot\left(\overrightarrow{p}-\frac{c}{|\overrightarrow{n}|^2}\overrightarrow{n}\right)=0$
であった．

← C の中心で $t=\dfrac{2}{3+\cos\theta}$

◈注▷ $$\frac{2}{3+\cos\theta}=\frac{2}{2+(1+\cos\theta)}=\frac{2}{2+2\cos^2\frac{\theta}{2}}$$

$$=\frac{1}{1+\cos^2\frac{\theta}{2}}$$

と変形できる．

2° **17** と同様にして，"$\overrightarrow{p}$ の 2 次式$=0$" の形のベクトル方程式：
$$|\overrightarrow{p}|^2-\overrightarrow{b}\cdot\overrightarrow{p}+c=0\quad[c：実数]\quad\cdots\cdots(**)$$
は次のように変形できる．

$$\left|\overrightarrow{p}-\frac{1}{2}\overrightarrow{b}\right|^2=\frac{|\overrightarrow{b}|^2-4c}{4}$$

したがって $(**)$ は，

$c<\dfrac{|\overrightarrow{b}|^2}{4}$ のとき，中心 $\mathrm{B}\left(\dfrac{1}{2}\overrightarrow{b}\right)$，半径：$\dfrac{\sqrt{|\overrightarrow{b}|^2-4c}}{2}$ の球面

$c=\dfrac{|\overrightarrow{b}|^2}{4}$ のとき，1 点 $\mathrm{B}\left(\dfrac{1}{2}\overrightarrow{b}\right)$ を表し，

$c>\dfrac{|\overrightarrow{b}|^2}{4}$ のとき，何も表さない．

例 $\mathrm{A}(\overrightarrow{a})$，$\mathrm{B}(\overrightarrow{b})$ を直径の両端点とする球面は，
$$(\overrightarrow{p}-\overrightarrow{a})\cdot(\overrightarrow{p}-\overrightarrow{b})=0$$
とベクトル方程式で書けるが，これを変形すると
$$|\overrightarrow{p}|^2-(\overrightarrow{a}+\overrightarrow{b})\cdot\overrightarrow{p}+\overrightarrow{a}\cdot\overrightarrow{b}=0$$
$$\left|\overrightarrow{p}-\frac{\overrightarrow{a}+\overrightarrow{b}}{2}\right|^2=\left(\frac{|\overrightarrow{a}-\overrightarrow{b}|}{2}\right)^2$$
$$\therefore\quad\left|\overrightarrow{p}-\frac{\overrightarrow{a}+\overrightarrow{b}}{2}\right|=\frac{|\overrightarrow{a}-\overrightarrow{b}|}{2}$$

これは線分 AB の中点を中心とし，半径が $\dfrac{\mathrm{AB}}{2}$ の球面である．

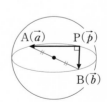

← 線分 AB を含む各大円上で
直角三角形 ABP が作られる．

36　2等分面

空間内に四面体 OABC があって，OA＝2，OB＝$2\sqrt{3}$，OC＝3 かつ，これら三辺は互いに垂直である．$\overrightarrow{\mathrm{OA}}=\vec{a}$，$\overrightarrow{\mathrm{OB}}=\vec{b}$，$\overrightarrow{\mathrm{OC}}=\vec{c}$ として以下の問いに答えよ．ただし，どんな四面体に対してもその外接球（4頂点を通る球面）および内接球（4面に接する球面）が存在することが知られているものとする．

(1)　四面体 OABC の外接球の中心を E とするとき，$\overrightarrow{\mathrm{OE}}$ を $\vec{a}$，$\vec{b}$，$\vec{c}$ で表せ．またその半径 R を求めよ．

(2)　点 O から辺 AB におろした垂線の足を H とすると，CH と AB は垂直となることを示せ．

(3)　四面体 OABC の内接球の中心を I とするとき，$\overrightarrow{\mathrm{OI}}$ を $\vec{a}$，$\vec{b}$，$\vec{c}$ で表せ．またその半径 r を求めよ．

第3章

精 講　**1°**　空間内における直線や平面について，それらがなす角 θ の定義を確認しておこう．ただし，通常 θ は $0\leqq\theta\leqq\dfrac{\pi}{2}$ の範囲で考えるので，方向ベクトルや法線ベクトルを扱う際はこれらの向きを θ がこの範囲になるものとする．

(ⅰ)　2直線 l，m のなす角 θ は，これらの方向ベクトルをそれぞれ $\vec{l}$，$\vec{m}$ とするとき，$\vec{l}$ と $\vec{m}$ のなす角である．

(ⅱ)　直線 l と平面 α のなす角 θ は，l と α が平行，すなわち共有点をもたないか平面 α 上に直線 l が含まれているとき 0，平行でないときは，l と α の交点を P，l 上の P 以外の点 Q から α におろした垂線の足を H として，l の方向ベクトル $\vec{l}$ と $\overrightarrow{\mathrm{PH}}$ のなす角である．これは α の法線ベクトルを $\vec{n}$ とするとき，$\vec{l}$ と $\vec{n}$ のなす角の余角に等しく，l と，α 上の P を通る任意の直線 m がつくる角 ϕ（右図で $\phi=\angle\mathrm{KPQ}$）の最小値である（右図参照）．

(ⅲ)　2平面 α_1 と α_2 のなす角 θ は，α_1 と α_2 が平行，すなわち共有点をもたないとき 0，平

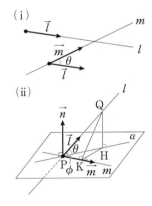

K は H から m におろした垂線の足で，HK⊥m，QH⊥m より（平面 QHK）⊥m
よって，QK⊥m で，
$\sin\theta=\dfrac{\mathrm{QH}}{\mathrm{QP}}\leqq\dfrac{\mathrm{QK}}{\mathrm{QP}}=\sin\phi$
∴　$(0\leqq)\theta\leqq\phi\left(\leqq\dfrac{\pi}{2}\right)$

行でないときは，α_1, α_2 の交線 l 上の点Hに対し，α_1, α_2 上にそれぞれ，点 P_1, P_2 を $HP_1 \perp HP_2$ となるようにとったときの $\overrightarrow{HP_1}$ と $\overrightarrow{HP_2}$ のなす角である．これは α_1, α_2 の法線ベクトルをそれぞれ $\overrightarrow{n_1}$, $\overrightarrow{n_2}$ とするとき，$\overrightarrow{n_1}$ と $\overrightarrow{n_2}$ がなす角に等しく，α_2 上の l 上にない任意の点Qに対して直線QHが α_1 となす角 φ の最大値である（登山において，直登〔頂点に向かって真っ直ぐに登る道〕が最も急である）．

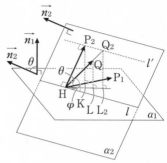

一般に，次の《三垂線の定理》が成り立つがベクトルを用いれば証明は容易なので省略する．より重要なのは **34** 精講 における定理である．

《三垂線の定理》

平面 α，α 上の直線 l，l 上の点Kおよび l 上にない α 上の点H，α 上にない点Pに対して，

（ⅰ）$PH \perp \alpha$, $HK \perp l \longrightarrow PK \perp l$
（ⅱ）$PH \perp \alpha$, $PK \perp l \longrightarrow HK \perp l$
（ⅲ）$PK \perp l$, $HK \perp l$, $PH \perp HK \longrightarrow PH \perp \alpha$

・l' は P_2 を通って l に平行な直線，Q_2 は直線HQと l' の交点，P_2, Q, Q_2 から α_1 におろした垂線の足がK，L，L_2 である．このとき

$$\sin\theta = \frac{P_2K}{P_2H} \geqq \frac{Q_2L_2}{Q_2H} = \frac{QL}{QH}$$
$$= \sin\varphi$$

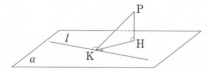

2° 2定点 A，B から等距離にある点の軌跡は，
　　・平面上では線分 AB の垂直2等分線
　　・空間内では線分 AB の垂直2等分面
である．

ここで，線分 AB の垂直2等分面とは，AB の中点を通って $\overrightarrow{AB}$ を法線ベクトルとする平面のことである．

これに対し，

　　・平面上で平行でない2直線 l，m への距離が等しい点の軌跡は，l と m のなす角の2等分線（2本ある）
　　・空間内で平行でない2平面 α，β への距離が等しい点の軌跡は，α と β のなす角の2等分面（2面ある．右図はその1面

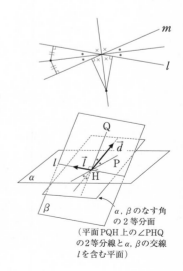

α，β のなす角の2等分面（平面PQH上の $\angle$PHQの2等分線と α，β の交線 l を含む平面）

のみ描いている）
である．

　ここで，α と β のなす角の 2 等分面とは，α と β の交線 l（方向ベクトルを $\vec{l}$ とする）を含み，α と β のなす角 $\angle$PHQ を 2 等分する方向の方向ベクトルを $\vec{d}$ として，$\vec{l}$ と $\vec{d}$ で定まる平面のことである．

解　答

(1)　E は，3 辺 OA，OB，OC それぞれの垂直 2 等分面の交点である．この空間内の動点を P，$\overrightarrow{OP}=\vec{p}$ とすると，OA の垂直 2 等分面の方程式は，

$$\vec{a}\cdot\left(\vec{p}-\frac{1}{2}\vec{a}\right)=0$$

$|\vec{a}|^2=4$ より，

$$\vec{a}\cdot\vec{p}=2 \quad \cdots\cdots ①$$

同様に，

OB の垂直 2 等分面：$\vec{b}\cdot\vec{p}=6 \quad \cdots\cdots ②$

OC の垂直 2 等分面：$\vec{c}\cdot\vec{p}=\dfrac{9}{2} \quad \cdots\cdots ③$

$$\overrightarrow{OE}=x\vec{a}+y\vec{b}+z\vec{c} \quad [x,\ y,\ z：実数]$$

とおくと，$\vec{p}=\overrightarrow{OE}$ は①②③をみたす．
$\vec{a}\cdot\vec{b}=\vec{b}\cdot\vec{c}=\vec{c}\cdot\vec{a}=0$，$|\vec{a}|=2$，$|\vec{b}|=2\sqrt{3}$，$|\vec{c}|=3$ に注意して，

$$\vec{a}\cdot\overrightarrow{OE}=\vec{a}\cdot(x\vec{a}+y\vec{b}+z\vec{c})=4x=2$$
$$\vec{b}\cdot\overrightarrow{OE}=\vec{b}\cdot(x\vec{a}+y\vec{b}+z\vec{c})=12y=6$$
$$\vec{c}\cdot\overrightarrow{OE}=\vec{c}\cdot(x\vec{a}+y\vec{b}+z\vec{c})=9z=\frac{9}{2}$$

$$\therefore\quad x=y=z=\frac{1}{2},\quad \overrightarrow{OE}=\frac{1}{2}(\vec{a}+\vec{b}+\vec{c})$$

$$|\overrightarrow{OE}|^2=\frac{1}{4}|\vec{a}+\vec{b}+\vec{c}|^2=\frac{1}{4}(|\vec{a}|^2+|\vec{b}|^2+|\vec{c}|^2)$$

$$=\frac{1}{4}(4+12+9)=\frac{25}{4}=\left(\frac{5}{2}\right)^2$$

$$\therefore\quad R=|\overrightarrow{OE}|=\frac{5}{2}$$

(2)　$\overrightarrow{OH}=\overrightarrow{OA}+h\overrightarrow{AB} \quad [h：実数]$

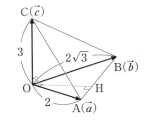

← 外心の存在は認められているので，O, A, B, C が関わる 3 辺の垂直 2 等分面を考えればよい．もちろん，この 3 辺以外の辺を考えてもよいが，この 3 辺が計算しやすい．

← 四面体 OABC の重心を G，△ABC の重心を F とすれば，

$$\overrightarrow{OG}=\frac{1}{4}(\vec{a}+\vec{b}+\vec{c})$$

$$\overrightarrow{OF}=\frac{1}{3}(\vec{a}+\vec{b}+\vec{c})$$

であるから，

$$2\overrightarrow{OE}=3\overrightarrow{OF}=4\overrightarrow{OG}$$
$$=\vec{a}+\vec{b}+\vec{c}$$

となっていて，E は四面体 OABC の外部にある．

CO⊥（平面 OAB），
OH⊥（直線 AB）
だから三垂線の定理によれば，
← CH⊥AB である．

第3章

$$=\vec{a}+h(\vec{b}-\vec{a})=(1-h)\vec{a}+h\vec{b}$$

とおけて，$\overrightarrow{OH}\perp\overrightarrow{AB}(=\vec{b}-\vec{a})$ だから

$$\overrightarrow{OH}\cdot\overrightarrow{AB}=\{(1-h)\vec{a}+h\vec{b}\}\cdot(\vec{b}-\vec{a})$$
$$=-(1-h)|\vec{a}|^2+h|\vec{b}|^2$$
$$=4(h-1)+12h=4(4h-1)=0$$

$$\therefore\quad h=\frac{1}{4},\quad \overrightarrow{OH}=\frac{3}{4}\vec{a}+\frac{1}{4}\vec{b}$$

$$\overrightarrow{CH}\cdot\overrightarrow{AB}=(\overrightarrow{OH}-\overrightarrow{OC})\cdot\overrightarrow{AB}$$
$$=\left(\frac{3}{4}\vec{a}+\frac{1}{4}\vec{b}-\vec{c}\right)\cdot(\vec{b}-\vec{a})=\frac{1}{4}|\vec{b}|^2-\frac{3}{4}|\vec{a}|^2$$
$$=\frac{1}{4}(12-3\cdot4)=0$$

$$\therefore\quad \text{CH}\perp\text{AB}$$

(3)　4つの平面 OBC, OCA, OAB, ABC をそれ
ぞれ，α, β, γ, δ とする．

α と γ の交線は，直線 $OB(\,/\!/\,\vec{b})$ で，$CO\perp OB$,
$AO\perp OB$ だから，α と γ のなす角は

$\angle\text{COA}\left(=\dfrac{\pi}{2}\right)$. これを2等分する方向のベク
トルは，

$$3\vec{a}+2\vec{c}\quad(\because\ |3\vec{a}|=|2\vec{c}|=6)$$

よって，α と γ の角の2等分面のうち四面体
OABC の内部を通るものは，

$$\vec{p}=q\vec{b}+r(3\vec{a}+2\vec{c})\quad[q,\ r：実数]\quad\cdots\cdots④$$
$$=3r\vec{a}+q\vec{b}+2r\vec{c}$$

とベクトル表示される．同様に β と γ の角の2
等分面のうち四面体 OABC の内部を通るもの
は，

$$\vec{p}=s\vec{a}+t(\sqrt{3}\,\vec{b}+2\vec{c})\quad[s,\ t：実数]\quad\cdots\cdots⑤$$
$$=s\vec{a}+\sqrt{3}\,t\vec{b}+2t\vec{c}$$

と表される．

さらに，γ と δ の交線は直線 $AB(\,/\!/\,(\vec{b}-\vec{a}))$
で，(2)より，$OH\perp AB$, $CH\perp AB$ だから，γ と
δ のなす角は $\angle\text{OHC}\left(=\dfrac{\pi}{3}\right)$（右図参照）．こ
れを2等分する方向のベクトルは，

$$2\overrightarrow{HO}+\overrightarrow{HC}=\overrightarrow{OC}-3\overrightarrow{OH}=-\frac{9}{4}\vec{a}-\frac{3}{4}\vec{b}+\vec{c}$$

← 内心の存在は認められている
から3組の2面の角の2等分
面を考えればよい．計算上，
α と γ, β と γ, α と β で計算
したくなるところだが，それ
では δ が関らないので I を決
定することができない．そこ
で α と β の角の2等分面では
なく，δ と γ の角の2等分面
を考える．(2)はそのための準
備である．

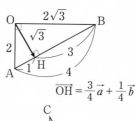

$$\overrightarrow{OH}=\frac{3}{4}\vec{a}+\frac{1}{4}\vec{b}$$

よって，γ と δ の角の2等分面のうち四面体 OABC の内部を通るものは，

$$\vec{p} = \vec{a} + u(\vec{b} - \vec{a}) + v\left(-\frac{9}{4}\vec{a} - \frac{3}{4}\vec{b} + \vec{c}\right)$$

$$[u,\ v：実数]$$

$$= \left(1 - u - \frac{9}{4}v\right)\vec{a} + \left(u - \frac{3}{4}v\right)\vec{b} + v\vec{c} \quad \cdots\cdots ⑥$$

と表される．$\vec{p} = \overrightarrow{OI}$ は④⑤⑥をみたし，$\vec{a}$，$\vec{b}$，$\vec{c}$ は1次独立であるから，

$$\begin{cases} 3r = s = 1 - u - \dfrac{9}{4}v \\ q = \sqrt{3}\,t = u - \dfrac{3}{4}v \\ 2r = 2t = v \end{cases}$$

これを解いて，

$$q = \frac{\sqrt{3}}{9 + \sqrt{3}},\ \ r = t = \frac{1}{9 + \sqrt{3}},\ \ s = \frac{3}{9 + \sqrt{3}}$$

$$u = \frac{\sqrt{3}\,(2 + \sqrt{3}\,)}{2(9 + \sqrt{3}\,)},\ \ v = \frac{2}{9 + \sqrt{3}}$$

$$\therefore\ \ \overrightarrow{OI} = \frac{1}{9 + \sqrt{3}}(3\vec{a} + \sqrt{3}\,\vec{b} + 2\vec{c})$$

$$r = \frac{|3\vec{a}|}{9 + \sqrt{3}} = \frac{|\sqrt{3}\,\vec{b}|}{9 + \sqrt{3}} = \frac{|2\vec{c}|}{9 + \sqrt{3}} = \frac{6}{9 + \sqrt{3}}$$

$$= \frac{9 - \sqrt{3}}{13}$$

講｜究 (3)の $\overrightarrow{OI}$ を，平面のベクトル方程式，**《点と平面の距離の公式》 35** を使って求めてみよう．

α，β，γ の方程式は，

$$\alpha：\vec{a} \cdot \vec{p} = 0,\ \ \beta：\vec{b} \cdot \vec{p} = 0,\ \ \gamma：\vec{c} \cdot \vec{p} = 0$$

また，O から CH におろした垂線の足を K，$\overrightarrow{OK} = \vec{k}$ とすると，δ の方程式は，

$$\delta：\vec{k} \cdot (\vec{p} - \vec{k}) = 0$$

点 $\mathrm{P}(\vec{p})$ と平面 α，γ との距離はそれぞれ，

$$\frac{|\vec{a} \cdot \vec{p}|}{|\vec{a}|} = \frac{|\vec{a} \cdot \vec{p}|}{2},\ \ \frac{|\vec{c} \cdot \vec{p}|}{|\vec{c}|} = \frac{|\vec{c} \cdot \vec{p}|}{3}$$

であるが，P＝I においては，$\vec{a} \cdot \vec{p} > 0$，$\vec{c} \cdot \vec{p} > 0$ だから，これらが等しいとき，

第3章

$$3(\vec{a}\cdot\vec{p})=2(\vec{c}\cdot\vec{p})$$
$$\therefore\quad (3\vec{a}-2\vec{c})\cdot\vec{p}=0 \quad\cdots\cdots\text{⑦}$$

同様に，2平面 β，γ への距離が等しい点 $P(\vec{p})$ の軌跡は

$$\text{平面：}(\sqrt{3}\vec{b}-2\vec{c})\cdot\vec{p}=0 \quad\cdots\cdots\text{⑧}$$

さらに，$|\vec{k}|=\dfrac{3}{2}$（右図）および $\vec{k}$ と $\vec{p}-\vec{k}$ の向きに注意すると，γ，δ への距離が等しい点 $P(\vec{p})$ の軌跡は

$$\dfrac{-\vec{k}\cdot(\vec{p}-\vec{k})}{\dfrac{3}{2}}=\dfrac{\vec{c}\cdot\vec{p}}{3},\ (\vec{c}+2\vec{k})\cdot\vec{p}=2|\vec{k}|^2$$

右の計算より，$(3\vec{a}+\vec{b}+4\vec{c})\cdot\vec{p}=12 \quad\cdots\cdots\text{⑨}$
$$\vec{p}=x\vec{a}+y\vec{b}+z\vec{c}\quad [x,\ y,\ z：実数]$$

とおいて⑦⑧⑨に代入すると，$\begin{cases} 2x-3z=0 \\ 2y-\sqrt{3}\,z=0 \\ x+y+3z=1 \end{cases}$

を得る．これを解いて，

$$x=\dfrac{3}{9+\sqrt{3}},\ y=\dfrac{\sqrt{3}}{9+\sqrt{3}},\ z=\dfrac{2}{9+\sqrt{3}}$$

$$\therefore\quad \overrightarrow{OI}=\dfrac{1}{9+\sqrt{3}}(3\vec{a}+\sqrt{3}\,\vec{b}+2\vec{c})$$

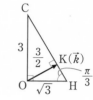

$$CK=3\cdot\dfrac{\sqrt{3}}{2}=\dfrac{3\sqrt{3}}{2}$$

$$HK=\dfrac{\sqrt{3}}{2}$$

$$CK:KH=3:1$$

$$\vec{k}=\dfrac{3}{4}\overrightarrow{OH}+\dfrac{1}{4}\overrightarrow{OC}$$

$$=\dfrac{9}{16}\vec{a}+\dfrac{3}{16}\vec{b}+\dfrac{1}{4}\vec{c}$$

$$\vec{c}+2\vec{k}=\dfrac{3}{8}(3\vec{a}+\vec{b}+4\vec{c})$$

第 **4** 章　座標空間内のベクトル

37　空間内のベクトルの成分

座標空間内に8つの点 A，B，C，D，E，F，G，H があり，四角形 ABCD は平行四辺形，ABCD-EFGH は平行六面体で A，B，C，E の座標が次のように与えられている：

A(2, 1, 3)，B(4, 2, 4)，C(1, 3, 6)，E(3, 1, 6)

(1)　D，F，G，H の座標を求めよ．

(2)　平行六面体 ABCD-EFGH を頂点Aが原点 O(0, 0, 0) にくるように平行移動し，その平行六面体を OPQR-STUV とする．すなわち，A → O，B → P，C → Q，D → R，E → S，F → T，G → U，H → V である．このとき，P，Q，R，S，T，U，V の座標を求めよ．

(3)　点Aは平行六面体 OPQR-STUV の内部にあることを示せ．

(4)　平行六面体 ABCD-EFGH の体積を W，2つの平行六面体の共通部分の体積を X とするとき，$\dfrac{X}{W}$ を求めよ．

第 4 章

精 講　　　**1° 空間における座標**　座標を次元別に復習，構成しよう．

・数直線（1次元）

1つの直線上に原点Oおよび O と異なる点E を定め，O には実数0を，E には実数1を対応させる．このとき，この線上の任意の点Xには，$\overrightarrow{OX} = x\overrightarrow{OE}$ となる実数 x がただ1つ定まるからこれを点Xの座標とよび，X(x) のように書く．通常EはOの右側にとる．この直線上の点と実数は完全に1対1の対応がつくので，誤解がなければ，点Xの座標 (x) を単に点 x ということもある．このような直線を数直線，あるいは実数直線とよぶ．

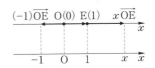

・座標平面（2次元）

数直線を原点Oを中心に $\dfrac{\pi}{2}$ 回転させた直線を考えると，この2直線で1つの平面が決まる．

もとの数直線を x 軸，これを $\dfrac{\pi}{2}$ 回転させた直
線を y 軸とよぶ．y 軸もまた1つの数直線と考
えることができるからこの平面上の任意の点P
に対し，Pから x 軸におろした垂線の足を
X(x)，Pから y 軸におろした垂線の足を Y(y)
とすれば，点Pに対して実数の組 $(x,\ y)$ がた
だ1組定まる．これを点Pの座標といって，
P$(x,\ y)$ のように書く．誤解がなければ，単に
点 $(x,\ y)$ などと表す．また通常，y 軸は，もと
の数直線を原点Oのまわりに，左回りに $\dfrac{\pi}{2}$ 回
転したものを考える．ここに得られた平面を座
標平面，あるいは xy 平面とよぶ．

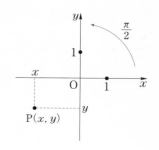

・座標空間（3次元）

座標平面における y 軸を原点Oを中心に座標
平面に対して垂直になるように回転させた直線
を考えると，これら平面と直線で1つの空間が
決まる．このように y 軸を $\dfrac{\pi}{2}$ 回転させた直線
を z 軸とよぶ．z 軸もまた1つの数直線と考え
ることができるから，この空間内の任意の点Q
に対し，Qから x 軸，y 軸，z 軸のそれぞれにお
ろした垂線の足をそれぞれ X(x)，Y(y)，Z(z)
とすれば，点Qに対して実数の組 $(x,\ y,\ z)$ が
ただ1組定まる．これを点Qの座標といって，
Q$(x,\ y,\ z)$ のように書く．誤解がなければ，単
に点 $(x,\ y,\ z)$ などと表す．また通常 z 軸は，
xy 平面上で y 軸が右向きに正になるように見
て，左回りに $\dfrac{\pi}{2}$ 回転して xy 平面に垂直にな
るものを考える．結果，$E_1(1,\ 0,\ 0)$，
$E_2(0,\ 1,\ 0)$，$E_3(0,\ 0,\ 1)$，$\vec{e_1}=\overrightarrow{OE_1}$，$\vec{e_2}=\overrightarrow{OE_2}$，
$\vec{e_3}=\overrightarrow{OE_3}$ とすれば，$(\vec{e_1},\ \vec{e_2},\ \vec{e_3})$ は右手系とな
る．ここに得られた空間を座標空間，あるいは
xyz 空間とよぶ．

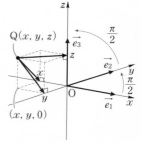

🈭上図で三垂線の定理を確認
せよ．

2° 空間内のベクトルの成分

座標空間 (xyz 空間) 内において, 原点
O$(0,\ 0,\ 0)$ を始点, 点 A$(a_1,\ a_2,\ a_3)$ を終点と
する有向線分が表すベクトルを

$$\overrightarrow{\mathrm{OA}}=(a_1,\ a_2,\ a_3) \quad \text{または} \quad \vec{a}=(a_1,\ a_2,\ a_3)$$

と書いて, $(a_1,\ a_2,\ a_3)$ をこのベクトルの成分
または数ベクトルといい, a_1 を x 成分, a_2 を y
成分, a_3 を z 成分とよぶ.

第 0, 1, 3 章で説明したベクトルの演算につ
いての性質や公式・定理などは座標空間内のベ
クトルに対しても成り立つ. また**第 2 章**と同様
に基本ベクトル:

$$\vec{e_1}=(1,\ 0,\ 0),\ \vec{e_2}=(0,\ 1,\ 0),\ \vec{e_3}=(0,\ 0,\ 1)$$

を用いると,

$$\overrightarrow{\mathrm{OA}}=(a_1,\ a_2,\ a_3)=a_1\vec{e_1}+a_2\vec{e_2}+a_3\vec{e_3}$$

と表せることからより形式的 (代数的) な扱い
が可能になり, たとえば次の性質が成り立つ.

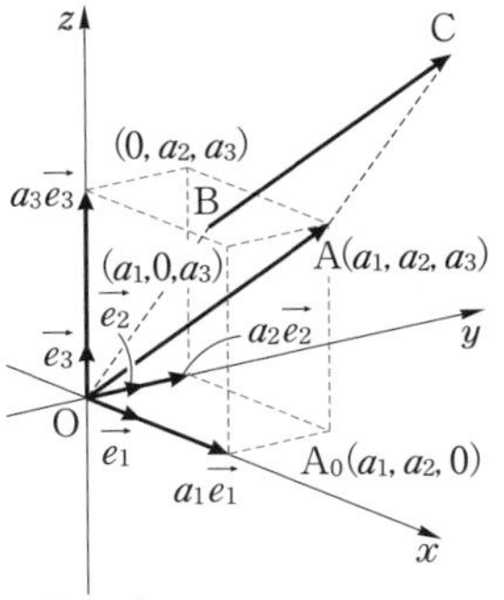

$$\overrightarrow{\mathrm{OA}}=\overrightarrow{\mathrm{BC}}=(a_1,\ a_2,\ a_3)$$
$$=a_1\vec{e_1}+a_2\vec{e_2}+a_3\vec{e_3}$$

・座標空間内における $\overrightarrow{\mathrm{BC}}$ の成
　分とは,
　　有向成分 $\overrightarrow{\mathrm{BC}}$ を, B が原点
　となるように平行移動した
　ときの終点の座標である.

・座標空間内のベクトルの成分計算
$$(a_1,\ a_2,\ a_3)+(b_1,\ b_2,\ b_3)=(a_1+b_1,\ a_2+b_2,\ a_3+b_3)$$
$$(a_1,\ a_2,\ a_3)-(b_1,\ b_2,\ b_3)=(a_1-b_1,\ a_2-b_2,\ a_3-b_3)$$
$$k(a_1,\ a_2,\ a_3)=(ka_1,\ ka_2,\ ka_3) \quad [k:\text{実数}]$$

・成分表示におけるベクトルの大きさと 2 点間の距離
　上図より,

　　A$(a_1,\ a_2,\ a_3)$ のとき,
$$|\overrightarrow{\mathrm{OA}}|=\sqrt{\mathrm{OA_0}^2+|a_3|^2}=\sqrt{a_1^2+a_2^2+a_3^2}$$

したがって, B$(b_1,\ b_2,\ b_3)$, C$(c_1,\ c_2,\ c_3)$ に対して,

$$\overrightarrow{\mathrm{BC}}=\overrightarrow{\mathrm{OC}}-\overrightarrow{\mathrm{OB}}=(c_1,\ c_2,\ c_3)-(b_1,\ b_2,\ b_3)$$
$$=(c_1-b_1,\ c_2-b_2,\ c_3-b_3)$$
$$=(a_1,\ a_2,\ a_3)$$

←結果として, 座標平面におけ
る成分計算と比べて, "z 成
分の分だけ計算がふえる".

より, 2 点間 BC の距離は,

$$\mathrm{BC}=|\overrightarrow{\mathrm{BC}}|=\sqrt{(c_1-b_1)^2+(c_2-b_2)^2+(c_3-b_3)^2}$$

解　答

(1)　四角形 ABCD は平行四辺形であるから

$$\overrightarrow{AD}=\overrightarrow{BC} \iff \overrightarrow{OD}-\overrightarrow{OA}=\overrightarrow{OC}-\overrightarrow{OB}$$

$$\therefore\ \overrightarrow{OD}=\overrightarrow{OA}-\overrightarrow{OB}+\overrightarrow{OC}$$
$$=(2,\ 1,\ 3)-(4,\ 2,\ 4)+(1,\ 3,\ 6)$$
$$=(-1,\ 2,\ 5)$$
$$\therefore\ \mathbf{D(-1,\ 2,\ 5)}$$

平行六面体 ABCD−EFGH において，

$$\overrightarrow{AE}=\overrightarrow{OE}-\overrightarrow{OA}=(3,\ 1,\ 6)-(2,\ 1,\ 3)$$
$$=(1,\ 0,\ 3)$$

であるから，

$$\overrightarrow{OF}=\overrightarrow{OB}+\overrightarrow{AE}=(4,\ 2,\ 4)+(1,\ 0,\ 3)$$
$$=(5,\ 2,\ 7)\qquad \therefore\ \mathbf{F(5,\ 2,\ 7)}$$

$$\overrightarrow{OG}=\overrightarrow{OC}+\overrightarrow{AE}=(1,\ 3,\ 6)+(1,\ 0,\ 3)$$
$$=(2,\ 3,\ 9)\qquad \therefore\ \mathbf{G(2,\ 3,\ 9)}$$

$$\overrightarrow{OH}=\overrightarrow{OD}+\overrightarrow{AE}=(-1,\ 2,\ 5)+(1,\ 0,\ 3)$$
$$=(0,\ 2,\ 8)\qquad \therefore\ \mathbf{H(0,\ 2,\ 8)}$$

(2)　$\overrightarrow{OP}=\overrightarrow{AB}=\overrightarrow{OB}-\overrightarrow{OA}$
$$=(4,\ 2,\ 4)-(2,\ 1,\ 3)=(2,\ 1,\ 1)$$
$$\therefore\ \mathbf{P(2,\ 1,\ 1)}$$

$$\overrightarrow{OQ}=\overrightarrow{AC}=\overrightarrow{OC}-\overrightarrow{OA}$$
$$=(1,\ 3,\ 6)-(2,\ 1,\ 3)=(-1,\ 2,\ 3)$$
$$\therefore\ \mathbf{Q(-1,\ 2,\ 3)}$$

$$\overrightarrow{OR}=\overrightarrow{AD}=\overrightarrow{OD}-\overrightarrow{OA}$$
$$=(-1,\ 2,\ 5)-(2,\ 1,\ 3)=(-3,\ 1,\ 2)$$
$$\therefore\ \mathbf{R(-3,\ 1,\ 2)}$$

$$\overrightarrow{OS}=\overrightarrow{AE}=\overrightarrow{OE}-\overrightarrow{OA}$$
$$=(3,\ 1,\ 6)-(2,\ 1,\ 3)=(1,\ 0,\ 3)$$
$$\therefore\ \mathbf{S(1,\ 0,\ 3)}$$

本問は **21** の類題（3次元版）である．

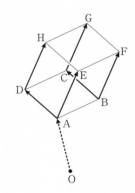

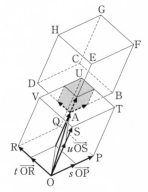

$$\overrightarrow{OX}=s\overrightarrow{OP}+t\overrightarrow{OR}+u\overrightarrow{OS}$$
$$[s,\ t,\ u：実数]$$

と表された点Xは，X が
平面 OPQR 上… $u=0$
平面 STUV 上… $u=1$
平面 OPTS 上… $t=0$
平面 RQUV 上… $t=1$
平面 ORVS 上… $s=0$
平面 PQUT 上… $s=1$

となっている．空間版斜交座標のイメージである．

$$\overrightarrow{OT}=\overrightarrow{AF}=\overrightarrow{OF}-\overrightarrow{OA}$$
$$=(5,\ 2,\ 7)-(2,\ 1,\ 3)=(3,\ 1,\ 4)$$
$$\therefore\quad \textbf{T(3, 1, 4)}$$

$$\overrightarrow{OU}=\overrightarrow{AG}=\overrightarrow{OG}-\overrightarrow{OA}$$
$$=(2,\ 3,\ 9)-(2,\ 1,\ 3)=(0,\ 2,\ 6)$$
$$\therefore\quad \textbf{U(0, 2, 6)}$$

$$\overrightarrow{OV}=\overrightarrow{AH}=\overrightarrow{OH}-\overrightarrow{OA}$$
$$=(0,\ 2,\ 8)-(2,\ 1,\ 3)=(-2,\ 1,\ 5)$$
$$\therefore\quad \textbf{V(-2, 1, 5)}$$

(3)　$\overrightarrow{OA}=s\overrightarrow{OP}+t\overrightarrow{OR}+u\overrightarrow{OS}$ 　[s, t, u：実数]
とすると，

$$(2,\ 1,\ 3)=s(2,\ 1,\ 1)+t(-3,\ 1,\ 2)+u(1,\ 0,\ 3)$$
$$\Longleftrightarrow \begin{cases} 2s-3t+u=2 \\ s+t=1 \\ s+2t+3u=3 \end{cases}$$

これを解いて，$s=\dfrac{7}{8}$, $t=\dfrac{1}{8}$, $u=\dfrac{5}{8}$

$$0<\frac{7}{8}<1,\ \ 0<\frac{1}{8}<1,\ \ 0<\frac{5}{8}<1$$

となっているから点Aは，平行六面体 OPQR−STUV
の内部にある.

(4)　2つの平行六面体の共通部分は，AU を対角
線とし
　　$\overrightarrow{AB}=\overrightarrow{OP}$, $\overrightarrow{AD}=\overrightarrow{OR}$, $\overrightarrow{AE}=\overrightarrow{OS}$ に平行な辺
をもつ平行六面体である.

$$\overrightarrow{AU}=b\overrightarrow{AB}+d\overrightarrow{AD}+e\overrightarrow{AE}\quad [b,\ d,\ e：実数]$$

とすると，

$$\overrightarrow{AU}=\overrightarrow{OU}-\overrightarrow{OA}=(0,\ 2,\ 6)-(2,\ 1,\ 3)=(-2,\ 1,\ 3)$$
$$\overrightarrow{AB}=\overrightarrow{OP}=(2,\ 1,\ 1),\ \ \overrightarrow{AD}=\overrightarrow{OR}=(-3,\ 1,\ 2)$$
$$\overrightarrow{AE}=\overrightarrow{OS}=(1,\ 0,\ 3)$$

より，

$$(-2,\ 1,\ 3)=b(2,\ 1,\ 1)+d(-3,\ 1,\ 2)+e(1,\ 0,\ 3)$$

$$\Longleftrightarrow \begin{cases} 2b-3d+e=-2 \\ b+d=1 \\ b+2d+3e=3 \end{cases}$$

を解いて，$b=\dfrac{1}{8}$，$d=\dfrac{7}{8}$，$e=\dfrac{3}{8}$

「共通部分」の体積を，$b\overrightarrow{AB}$ と $d\overrightarrow{AD}$ で決ま
る平行四辺形を底面として考えると，もとの平
行六面体 ABCD−EFGH に対して，底面積で
$\dfrac{1}{8}\times\dfrac{7}{8}$ 倍，高さで $\dfrac{3}{8}$ 倍であるから

$$\frac{X}{W}=\frac{1}{8}\times\frac{7}{8}\times\frac{3}{8}=\boldsymbol{\frac{21}{512}}$$

← $b=1-s=1-\dfrac{7}{8}=\dfrac{1}{8}$

$d=1-t=1-\dfrac{1}{8}=\dfrac{7}{8}$

$e=1-u=1-\dfrac{5}{8}=\dfrac{3}{8}$

となっている.

注 ここでは体積そのものは計算していない. 体
積比だけを問題にしている.

講究 平行六面体 OPQR−STUV の体積
も W である. 内積と外積の成分表
示および平面の方程式と「点と平面の距離の公
式」（→ **40**）を認めて W を求めてみよう.

$\overrightarrow{OP}=(2,\ 1,\ 1)$，$\overrightarrow{OR}=(-3,\ 1,\ 2)$ より，

$$\overrightarrow{OP}\times\overrightarrow{OR}=\left(\begin{vmatrix}1&1\\1&2\end{vmatrix},\ \begin{vmatrix}1&2\\2&-3\end{vmatrix},\ \begin{vmatrix}2&1\\-3&1\end{vmatrix}\right)$$
$$=(1,\ -7,\ 5)$$

$\vec{a}=(a_1,\ a_2,\ a_3)$，
$\vec{b}=(b_1,\ b_2,\ b_3)$ のとき
$\vec{a}\cdot\vec{b}=a_1 b_1+a_2 b_2+a_3 b_3$
$\vec{a}\times\vec{b}$
$=\left(\begin{vmatrix}a_2&a_3\\b_2&b_3\end{vmatrix},\ \begin{vmatrix}a_3&a_1\\b_3&b_1\end{vmatrix},\ \begin{vmatrix}a_1&a_2\\b_1&b_2\end{vmatrix}\right)$
$=(a_2 b_3-a_3 b_2,\ a_3 b_1-a_1 b_3,$
$\qquad\qquad a_1 b_2-a_2 b_1)$
証明は **42**

底面：平行四辺形 OPQR の面積は，

$$\sqrt{1^2+(-7)^2+5^2}=5\sqrt{3}$$

また，平面 OPQR の方程式は，$x-7y+5z=0$

S$(1,\ 0,\ 3)$ からこの平面までの距離は，$\dfrac{|1-7\cdot 0+5\cdot 3|}{\sqrt{1^2+(-7)^2+5^2}}=\dfrac{16}{5\sqrt{3}}$

$$\therefore\quad W=5\sqrt{3}\times\frac{16}{5\sqrt{3}}=16$$

これは，

$$(\overrightarrow{OP}\times\overrightarrow{OR})\cdot\overrightarrow{OS}=1\cdot 1+(-7)\cdot 0+5\cdot 3=16\quad(\to\ \boxed{33})$$

としても計算できる. $(\overrightarrow{OP},\ \overrightarrow{OR},\ \overrightarrow{OS})$ は右手系になっている.

38 球面の方程式

座標空間内に球面 S があって，その中心の各座標は正である．S は平面：
$z=8$ に接していて，xy 平面との共通部分が x 軸，y 軸の両軸に接する半径
4 の円になっている．ただし，球面と平面が接するとは，これらが 1 点のみ
を共有することをいう．このとき，

(1) S の方程式を求めよ．

(2) S と平面：$z=8$ との接点を T とする．原点 O と点 T を通る直線 l と，
  S との交点のうち T でない方の交点 U の座標を求めよ．

(3) l を含む平面 α と S との共通部分は円 C となる．この円 C の (周および
  内部の) 面積の最小値を求めよ．

精 講　**1° 球面の方程式**
　　点 $A(a, b, c)$ を中心とする半径 R
の球面 S 上の点を $P(x, y, z)$ とすると，

$$AP=R \iff AP^2=R^2$$
$$\iff (x-a)^2+(y-b)^2+(z-c)^2=R^2$$

となり，これが座標空間内における点 A を中心
とする半径 R の球面 S の方程式である．

2° 座標軸に垂直な平面の方程式
　　$z=c$ [c：実数の定数] をみたす点 (x, y, z)
の全体は xy 平面に平行な 1 つの平面を作る．
言い換えると，

・点 $(0, 0, c)$ を通って z 軸に垂直な平面の方
　程式は $z=c$ で，とくに $c=0$ のときが xy
　平面である．

同様に，

・点 $(a, 0, 0)$ を通って x 軸に垂直な平面の方
　程式は，$x=a$ で，とくに $a=0$ のとき，こ
　れを yz 平面，

・点 $(0, b, 0)$ を通って y 軸に垂直な平面の方
　程式は，$y=b$ で，とくに $b=0$ のとき，こ
　れを zx 平面

という．

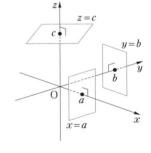

第4章

3° 球面と平面の位置関係

S を中心 A，半径 R の球面，α を平面として A から α までの距離を h とすると，

(i) S と α が共有点をもたない $\rightleftharpoons$ $R<h$

(ii) S と α は接する $\qquad \rightleftharpoons$ $R=h$

(iii) S と α は交わる $\qquad \rightleftharpoons$ $R>h$

であり，(iii)のとき，S と α の共通部分は半径 $\sqrt{R^2-h^2}$ の円である.

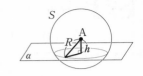

解 答

(1) S の中心は $(4,\ 4,\ c)\ [c>0]$ とおけて，半径を $R\,(>0)$ とすると，
$$\begin{cases} R+c=8 & \cdots\cdots ① \\ R^2-c^2=4^2 & \cdots\cdots ② \end{cases}$$
② $(R+c)(R-c)=16$
に①を代入して，
$$R-c=2 \qquad \cdots\cdots ③$$
①③より，$R=5$，$c=3$
$$\therefore\ \ S:(x-4)^2+(y-4)^2+(z-3)^2=25$$

(2) T の座標は $(4,\ 4,\ 8)$ である. l 上の点 $P(x,\ y,\ z)$ は，
$$\overrightarrow{OP}=t\overrightarrow{OT} \quad [t：実数]$$
$\rightleftharpoons (x,\ y,\ z)=t(4,\ 4,\ 8)=(4t,\ 4t,\ 8t)$
と表されるから，これを S の方程式に代入すると
$$(4t-4)^2+(4t-4)^2+(8t-3)^2=25$$
$$96t^2-112t+16=0$$
$$6t^2-7t+1=0$$
$$(t-1)(6t-1)=0$$
$$t=1,\ \frac{1}{6}$$

T でない方の交点では $t=\dfrac{1}{6}$ であるから，

求める座標は，$U\left(\dfrac{2}{3},\ \dfrac{2}{3},\ \dfrac{4}{3}\right)$

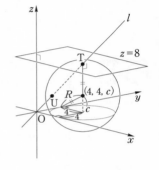

← P=T のとき $t=1$ だからこの方程式が $t=1$ を1つの解にもつことは解かずともわかっている.

(3) l を含む平面 α と S の共通部分の円 C は，線分 UT を弦にもつ円である．したがってその面積が最小となるのはこの弦が直径となるときである．
$\overrightarrow{OT}=4(1,\ 1,\ 2)$ の大きさは $4\sqrt{1+1+4}=4\sqrt{6}$ だから

$$UT=4\sqrt{6}\left(1-\frac{1}{6}\right)=\frac{10\sqrt{6}}{3}$$

求める面積の最小値は，
$$\pi\left(\frac{UT}{2}\right)^2=\pi\left(\frac{5\sqrt{6}}{3}\right)^2=\frac{50\pi}{3}$$

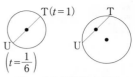

S と α の共通部分の円 C

U の座標を用いて

$$UT=\sqrt{\left(4-\frac{2}{3}\right)^2+\left(4-\frac{2}{3}\right)^2+\left(8-\frac{4}{3}\right)^2}$$
$$=\sqrt{6\left(4-\frac{2}{3}\right)^2}=\frac{10\sqrt{6}}{3}$$

と計算してもよい．

 α と S の共通部分の円 C の面積が最大となるのは，この円が S の大円（中心 A$(4,\ 4,\ 3)$ を通る円）となるときで α は平面 ATU，面積の最大値は

$$\pi\cdot5^2=25\pi$$

である．

一般の α に対し，C の半径を r，C の中心から弦 TU までの距離を k とすると，

$$0\leqq k\leqq\sqrt{5^2-\left(\frac{UT}{2}\right)^2}=\frac{5}{\sqrt{3}}$$

であり，この範囲で

$$r=\sqrt{\frac{50}{3}+k^2}$$

となっている．

さらに，S の中心 A から α までの距離を h とすれば，

$$r=\sqrt{25-h^2}$$

であるから

$$\frac{50}{3}+k^2=25-h^2\iff h^2+k^2=\frac{25}{3}$$

を得る．右図で三垂線の定理を確認してほしい．

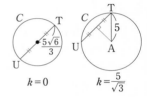

$k=0$　　　$k=\dfrac{5}{\sqrt{3}}$

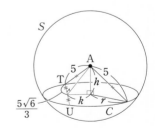

39 直線・平面の成分表示

座標空間内に4つの点：A(2, 1, 4), B(4, 2, 5), C(2, −2, 1),
D(3, −2, −1) がある.

(1) 直線 AB を l, 直線 CD を m とする. l と m は, ねじれの位置にあることを示せ.

(2) 点 P が l 上を, 点 Q が m 上を自由に動く. 線分 PQ を $2:1$ に内分する点 R が描く図形 Γ を求めよ.

(3) 図形 Γ と, 四面体 ABCD の周および内部の共通部分の面積を求めよ.

精│講　分点公式, 直線のベクトル表示, 平面のベクトル表示について各々の成分表示を確認しておく.

A(a_1, a_2, a_3), B(b_1, b_2, b_3) とする.

・線分 AB を $m:n$ に内分する点を P(p_1, p_2, p_3) とすると, $\overrightarrow{OP}=\dfrac{n\overrightarrow{OA}+m\overrightarrow{OB}}{m+n}$ より,

$$(p_1,\ p_2,\ p_3)=\frac{n}{m+n}(a_1,\ a_2,\ a_3)+\frac{m}{m+n}(b_1,\ b_2,\ b_3)$$
$$=\left(\frac{na_1+mb_1}{m+n},\ \frac{na_2+mb_2}{m+n},\ \frac{na_3+mb_3}{m+n}\right)$$

・線分 AB を $m:n\,(m\neq n)$ に外分する点を
Q(q_1, q_2, q_3) とすると, $\overrightarrow{OQ}=\dfrac{-n\overrightarrow{OA}+m\overrightarrow{OB}}{m-n}$　← 座標平面の場合に"z 成分が付け加わる"だけである.
より,

$$(q_1,\ q_2,\ q_3)$$
$$=\frac{-n}{m-n}(a_1,\ a_2,\ a_3)+\frac{m}{m-n}(b_1,\ b_2,\ b_3)$$
$$=\left(\frac{-na_1+mb_1}{m-n},\ \frac{-na_2+mb_2}{m-n},\ \frac{-na_3+mb_3}{m-n}\right)$$

・P$_0$(x_0, y_0, z_0) を通って, $\vec{d}=(l,\ m,\ n)\,(\neq\vec{0})$
を方向ベクトルとする直線 L 上の点を P(x, y, z)
とすると,

$$\overrightarrow{OP}=\overrightarrow{OP_0}+s\vec{d}\quad[s：実数]\ より,$$
$$(x,\ y)=(x_0,\ y_0,\ z_0)+s(l,\ m,\ n)$$
$$=(x_0+sl,\ y_0+sm,\ z_0+sn)$$

・P$_0$(x_0, y_0, z_0) を通って, 1次独立な2つのベ

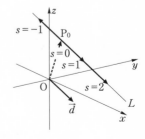

クトル $\vec{a}=(a_1,\ a_2,\ a_3)$, $\vec{b}=(b_1,\ b_2,\ b_3)$ に
平行な平面 α 上の点を $P(x,\ y,\ z)$ とすると,
$\overrightarrow{OP}=\overrightarrow{OP_0}+u\vec{a}+v\vec{b}$ [u, v : 実数] より,

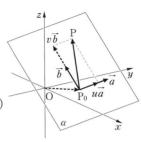

$\quad (x,\ y,\ z)$
$\quad =(x_0,\ y_0,\ z_0)+u(a_1,\ a_2,\ a_3)+v(b_1,\ b_2,\ b_3)$
$\quad =(x_0+ua_1+vb_1,\ y_0+ua_2+vb_2,\ z_0+ua_3+vb_3)$

・さらに, $\overrightarrow{OA}=(a_1,\ a_2,\ a_3)$, $\overrightarrow{OB}=(b_1,\ b_2,\ b_3)$
のとき **23** と同様に, 余弦定理を用いて,

　　内積の成分表示 : $\overrightarrow{OA}\cdot\overrightarrow{OB}=a_1b_1+a_2b_2+a_3b_3$

を得る.

解　答

(1)　l は点 $A(2,\ 1,\ 4)$ を通って
$$\overrightarrow{AB}=\overrightarrow{OB}-\overrightarrow{OA}=(4,\ 2,\ 5)-(2,\ 1,\ 4)$$
$$=(2,\ 1,\ 1)$$
を方向ベクトルとする直線だから l 上の点 P は,
$$\overrightarrow{OP}=\overrightarrow{OA}+s\overrightarrow{AB} \quad [s:実数]$$
$$=(2,\ 1,\ 4)+s(2,\ 1,\ 1)$$
$$=(2+2s,\ 1+s,\ 4+s)$$
とベクトル表示される. 同様に m の方向ベクトル :
$$\overrightarrow{CD}=\overrightarrow{OD}-\overrightarrow{OC}=(3,\ -2,\ -1)-(2,\ -2,\ 1)$$
$$=(1,\ 0,\ -2)$$
より, m 上の点 Q は,
$$\overrightarrow{OQ}=\overrightarrow{OC}+t\overrightarrow{CD} \quad [t:実数]$$
$$=(2,\ -2,\ 1)+t(1,\ 0,\ -2)$$
$$=(2+t,\ -2,\ 1-2t)$$
とベクトル表示される. 2 直線の方向ベクトル
について
$$\overrightarrow{AB}=(2,\ 1,\ 1)\not\!\!\parallel\overrightarrow{CD}=(1,\ 0,\ -2)$$
より l と m は平行でなく,
$$P=Q \Longleftrightarrow \begin{cases} 2+2s=2+t & \cdots\cdots① \\ 1+s=-2 & \cdots\cdots② \\ 4+s=1-2t & \cdots\cdots③ \end{cases}$$
　①②より, $s=-3$, $t=-6$ を得るがこれらは
③をみたさないから①②③を同時にみたす実数

・2 直線 l, m が
　平行でなく, かつ
　共有点をもたない
ことを示す.

・それぞれの直線上の点は異な
る文字をパラメータとしてベ
クトル表示しておく.

・実際には, $\overrightarrow{AB}\cdot\overrightarrow{CD}=0$ となっ
ていて, $l\perp m$ である.

第4章

s, t は存在しない．すなわち P＝Q となる l，m 上の点はなく l と m は共有点をもたない．

以上から l と m はねじれの位置にある．

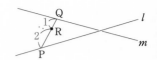

(2)　$\overrightarrow{OR}=\dfrac{1\overrightarrow{OP}+2\overrightarrow{OQ}}{2+1}$

$\qquad=\dfrac{1}{3}\{(2,\ 1,\ 4)+s(2,\ 1,\ 1)\}$

$\qquad\quad+\dfrac{2}{3}\{(2,\ -2,\ 1)+t(1,\ 0,\ -2)\}$

$\qquad=(2,\ -1,\ 2)+\dfrac{s}{3}(2,\ 1,\ 1)+\dfrac{2t}{3}(1,\ 0,\ -2)$

← $\dfrac{1}{3}(2,\ 1,\ 4)+\dfrac{2}{3}(2,\ -2,\ 1)$

$\quad=\dfrac{\overrightarrow{OA}+2\overrightarrow{OC}}{3}$

は AC を 2：1 に内分する点の位置ベクトルである．

ここで，$u=\dfrac{s}{3}$，$v=\dfrac{2t}{3}$ とおくと，s, t が任意の実数値をとるとき，u, v も任意の実数値をとり得るから，

$\qquad\overrightarrow{OR}=(2,\ -1,\ 2)+u(2,\ 1,\ 1)+v(1,\ 0,\ -2)$

と表される．よって，点 R が描く図形 Γ は，

点 $(2,\ -1,\ 2)$ を通って，1 次独立な 2 つのベクトル $(2,\ 1,\ 1)$ $(=\overrightarrow{AB})$，$(1,\ 0,\ -2)$ $(=\overrightarrow{CD})$ に平行な平面

である．

← AC を 2：1 に内分する点を通って，l, m に平行な平面，としてもよい．

(3)　平面 Γ は四面体の辺 AB，CD とは共有点をもたない．Γ と辺 AC，AD，BC，BD との交点をそれぞれ，K，L，M，N とすると，Γ の作られ方から

$\qquad$AK：KC＝AL：LD＝2：1

$\qquad$BM：MC＝BN：ND＝2：1

である．したがって

$\qquad\overrightarrow{KL}=\overrightarrow{MN}=\dfrac{2}{3}\overrightarrow{CD}=\dfrac{2}{3}(1,\ 0,\ -2)$

となり，四角形 KLNM は平行四辺形であり，これが Γ と四面体 ABCD の周および内部との共通部分である．上と同様に

$\qquad\overrightarrow{KM}=\overrightarrow{LN}=\dfrac{1}{3}\overrightarrow{AB}=\dfrac{1}{3}(2,\ 1,\ 1)$

となり，平行四辺形 KLNM の面積は 2 つの 1 次独立なベクトル：$\overrightarrow{KL}$ と $\overrightarrow{KM}$ が作る平行四辺形の面積に等しい．

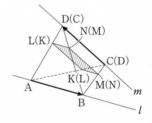

・上図において $\overrightarrow{CD}$ は逆向きかもしれないので，その場合の点を（　）内に記してある．

・空間内に，ねじれの位置にある 2 線分があれば，それらの端点を線分で結んで四面体ができる．

$$|\overrightarrow{\mathrm{KL}}|=\frac{2}{3}|\overrightarrow{\mathrm{CD}}|=\frac{2\sqrt{5}}{3},$$

$$|\overrightarrow{\mathrm{KM}}|=\frac{1}{3}|\overrightarrow{\mathrm{AB}}|=\frac{\sqrt{6}}{3}$$

$$\overrightarrow{\mathrm{KL}}\cdot\overrightarrow{\mathrm{KM}}=\frac{2}{3}\cdot\frac{1}{3}(2+0-2)=0,$$

KL⊥KM

この平行四辺形は長方形で，求める面積は，

$$\mathrm{KL}\cdot\mathrm{KM}=\frac{2\sqrt{5}}{3}\cdot\frac{\sqrt{6}}{3}=\frac{2\sqrt{30}}{9}$$

講 究 　先に四面体 ABCD が与えられたものとして本問の一般化を考えよう：

　直線 AB と直線 CD はねじれの位置にあるから，それぞれの直線上を点 P，点 Q が自由に動くとき，線分 PQ を $m:n$ に内分する点 R の全体は，これら 2 直線に平行な平面 α を描く．そして α の四面体 ABCD の周および内部にある部分は，AB，CD に平行な辺をもつ平行四辺形で，その 2 辺の長さは，

$$\frac{m}{m+n}\mathrm{CD}\quad と\quad \frac{n}{m+n}\mathrm{AB}$$

である．したがって，2 直線 AB，CD のなす角を $\theta\left[0<\theta\leqq\dfrac{\pi}{2}\right]$ とすればこの平行四辺形の面積は，

$$\frac{mn}{(m+n)^2}\mathrm{AB}\cdot\mathrm{CD}\sin\theta$$

となる．

← $\vec{d}=(1,\ 0,\ -2)$,
　$\vec{b}=(2,\ 1,\ 1)$ とおくと
　$\overrightarrow{\mathrm{KL}}=\dfrac{2}{3}\vec{d}$, $\overrightarrow{\mathrm{KM}}=\dfrac{1}{3}\vec{b}$ だから
　平行四辺形 KLMN の面積を
　$|\overrightarrow{\mathrm{KL}}\times\overrightarrow{\mathrm{KM}}|=\dfrac{2}{3}\cdot\dfrac{1}{3}|\vec{d}\times\vec{b}|$

$$=\frac{2}{9}\left\|\begin{vmatrix}0&-2\\1&1\end{vmatrix},\begin{vmatrix}-2&1\\1&2\end{vmatrix},\begin{vmatrix}1&0\\2&1\end{vmatrix}\right\|$$

$$=\frac{2}{9}\sqrt{2^2+(-5)^2+1^2}=\frac{2\sqrt{30}}{9}$$

と計算してもよい．

・対辺が垂直になっている四面体をこの 2 辺に平行な平面で切ると，切り口は長方形である．

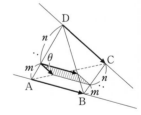

40 平面の方程式

点Oを原点とする座標空間内に，a を実数の定数として3点

$$A(1, \ (a+1)^2, \ a^2), \ B((a+1)^2, \ a^2, \ 1), \ C(a^2, \ 1, \ (a+1)^2)$$

がある．3点 A，B，C を含む平面を α，3点 O，A，B を含む平面を β とする．

(1) 四面体 OABC は正四面体であることを示し，その一辺の長さを a で表せ．

(2) 三角形 ABC の重心を G とすると，$\overrightarrow{OG}$ は α に垂直であることを示し，α の方程式を求めよ．また β の方程式を求めよ．

(3) β が xy 平面に垂直になるときの a の値を a_0 とする．a_0 を求めよ．

(4) $a \neq a_0$ とし，α と z 軸との交点を Z とする．2つの四面体 OABC，OABZ の体積が等しくなるときの a の値，およびそのときの体積を求めよ．

精│講 　**35** で説明した平面のベクトル方程式および点と平面の距離の公式をベクトルの成分で表そう．

・点 $P_0(\overrightarrow{p_0})$ を通って，$\overrightarrow{n}(\neq \overrightarrow{0})$（法線ベクトル）に垂直な平面 α 上の点を $P(\overrightarrow{p})$ とすると，この平面のベクトル方程式は，

$$\overrightarrow{n} \cdot (\overrightarrow{p} - \overrightarrow{p_0}) = 0 \quad \cdots\cdots(*)$$

で与えられた．今，

$$\overrightarrow{n} = (a, \ b, \ c)[\neq(0, \ 0, \ 0)],$$
$$P = (x, \ y, \ z), \ P_0 = (x_0, \ y_0, \ z_0)$$

とすると，

$$\overrightarrow{p} - \overrightarrow{p_0} = (x - x_0, \ y - y_0, \ z - z_0)$$

であるから，$(*)$ は，

$$a(x - x_0) + b(y - y_0) + c(z - z_0) = 0$$
$$\Longleftrightarrow \quad ax + by + cz + d = 0 \quad [d = -ax_0 - by_0 - cz_0]$$

となる．

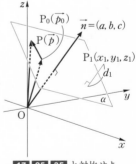

・**17** **25** **35** と対比せよ．

・点 $P_1(\overrightarrow{p_1})$ と平面 $(*)$ との距離 d_1 は，

$$d_1 = \frac{|\overrightarrow{n} \cdot (\overrightarrow{p_1} - \overrightarrow{p_0})|}{|\overrightarrow{n}|}$$

で与えられた．$\overrightarrow{n}$，P_0 は上記のとおりとし，

$P_1(x_1,\ y_1,\ z_1)$ とすると，
$\overrightarrow{p_1}-\overrightarrow{p_0}=(x_1-x_0,\ y_1-y_0,\ z_1-z_0)$ であるから

$$d_1=\frac{|a(x_1-x_0)+b(y_1-y_0)+c(z_1-z_0)|}{\sqrt{a^2+b^2+c^2}}$$

$$=\frac{|ax_1+by_1+cz_1+d|}{\sqrt{a^2+b^2+c^2}}$$

← 座標空間内の
点 $P_1(x_1,\ y_1,\ z_1)$ は，次の3つ
の式のうちの1つをみたす：
$ax_1+by_1+cz_1+d=0$
$ax_1+by_1+cz_1+d>0$
$ax_1+by_1+cz_1+d<0$
どれをみたすかがわかってい
れば分子の絶対値ははずすこ
とができる．

解 答

(1) $OA^2=OB^2=OC^2$
$=1^2+(a+1)^4+a^4=(a^2+2a+1)^2+a^4+1$
$=2(a^4+2a^3+3a^2+2a+1)$
$=2(a^2+a+1)^2$
$\quad AB^2=BC^2=CA^2$
$=\{(a+1)^2-1\}^2+\{a^2-(a+1)^2\}^2+(1-a^2)^2$
$=(a^2+2a)^2+(-2a-1)^2+(a^2-1)^2$
$=2(a^4+2a^3+3a^2+2a+1)$
$=2(a^2+a+1)^2$

$a^2+a+1=\left(a+\dfrac{1}{2}\right)^2+\dfrac{3}{4}>0$ であるから

$\qquad OA=OB=OC=AB=BC=CA$
$\qquad\quad=\sqrt{2}\,(a^2+a+1)$

よって，四面体 OABC は一辺の長さが
$\sqrt{2}\,(a^2+a+1)$ の正四面体である．

← $a\neq0$ であれば，
$\quad a^4+2a^3+3a^2+2a+1$
$\quad =a^2\left(a^2+2a+3+\dfrac{2}{a}+\dfrac{1}{a^2}\right)$
$\quad =a^2\left\{\left(a+\dfrac{1}{a}\right)^2+2\left(a+\dfrac{1}{a}\right)+1\right\}$
$\quad =a^2\left\{\left(a+\dfrac{1}{a}\right)+1\right\}^2$
$\quad =(a^2+a+1)^2$

・この a の4次式は a^2 の係数
3 を"中心に"各項の係数が
対称になっている．このよう
な多項式を相反型という．相
反型の多項式では類似の式変
形が可能である．

(2) $\overrightarrow{OG}=\dfrac{1}{3}(\overrightarrow{OA}+\overrightarrow{OB}+\overrightarrow{OC})$

$\qquad=\dfrac{1}{3}\{1+(a+1)^2+a^2\}(1,\ 1,\ 1)$

$\qquad=\dfrac{2}{3}(a^2+a+1)(1,\ 1,\ 1)\,/\!/\,(1,\ 1,\ 1)$

$\overrightarrow{AB}=\overrightarrow{OB}-\overrightarrow{OA}=((a+1)^2,\ a^2,\ 1)$
$\qquad\qquad\qquad\qquad-(1,\ (a+1)^2,\ a^2)$
$\qquad=(a^2+2a,\ -2a-1,\ 1-a^2)$ と

$\overrightarrow{AC}=\overrightarrow{OC}-\overrightarrow{OA}=(a^2,\ 1,\ (a+1)^2)$
$\qquad\qquad\qquad\qquad-(1,\ (a+1)^2,\ a^2)$
$\qquad=(a^2-1,\ -a^2-2a,\ 2a+1)$

は α に平行かつ1次独立なベクトルで，
$\overrightarrow{g_1}=(1,\ 1,\ 1)(/\!/\,\overrightarrow{OG})$ とすれば，

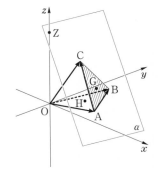

← $\overrightarrow{OG}\perp\alpha$ は直感的には明らか
であろうが，「示せ」とある以
上，計算で確かめねばならな
い．

第4章

$$\overrightarrow{AB}\cdot\overrightarrow{g_1}=a^2+2a-2a-1+1-a^2=0$$
$$\overrightarrow{AC}\cdot\overrightarrow{g_1}=a^2-1-a^2-2a+2a+1=0$$

より，$\overrightarrow{OG}\perp\overrightarrow{AB}$ かつ $\overrightarrow{OG}\perp\overrightarrow{AC}$

$$\therefore\quad \overrightarrow{OG}\perp\alpha$$

α は $G\left(\dfrac{2(a^2+a+1)}{3},\ \dfrac{2(a^2+a+1)}{3},\ \dfrac{2(a^2+a+1)}{3}\right)$

を通って，$\overrightarrow{g_1}$ に垂直な平面だからその方程式は，

$$x-\frac{2(a^2+a+1)}{3}+y-\frac{2(a^2+a+1)}{3}+z-\frac{2(a^2+a+1)}{3}=0$$

$$\therefore\quad \boldsymbol{\alpha:x+y+z=2(a^2+a+1)}$$

次に $\triangle OAB$ の重心を H とすれば，正四面体
の対称性により，β は O を通って，$\overrightarrow{CH}$ に垂直
な平面である．

$$\overrightarrow{OH}=\frac{1}{3}(\overrightarrow{OA}+\overrightarrow{OB})$$

$$=\frac{1}{3}(a^2+2a+2,\ 2a^2+2a+1,\ a^2+1)$$

$$\overrightarrow{CH}=\overrightarrow{OH}-\overrightarrow{OC}$$

$$=\frac{1}{3}(-2a^2+2a+2,\ 2a^2+2a-2,\ -2a^2-6a-2)$$

$$=-\frac{2}{3}(a^2-a-1,\ -a^2-a+1,\ a^2+3a+1)$$

$$\therefore\quad \boldsymbol{\beta:(a^2-a-1)x-(a^2+a-1)y+(a^2+3a+1)z=0}$$

(3) β が xy 平面（$z=0$）に垂直になるのは，β
の法線ベクトルの z 成分：$a^2+3a+1=0$ とな

るときだから，$\quad a_0=\dfrac{-3\pm\sqrt{5}}{2}$

(4) 2つの四面体は，$\triangle OAB$ を共有するから，
これらの体積が等しくなるのは $\triangle OAB$ を底面
としたときの高さが等しいときである．

$\triangle OAB$ を底面として，四面体 $OABC$ の高

さは $|\overrightarrow{OG}|=\dfrac{2\sqrt{3}}{3}(a^2+a+1)$

四面体 $OABZ$ の高さは，
$Z(0,\ 0,\ 2(a^2+a+1))$ と平面 OAB，すなわち
β との距離 d である．

← 正四面体 $OABC$ の一辺の長
さを $l=\sqrt{2}(a^2+a+1)$ とす
れば，原点 O と α との距離：
$\dfrac{|-2(a^2+a+1)|}{\sqrt{1^2+1^2+1^2}}=\sqrt{\dfrac{2}{3}}l$
$=|\overrightarrow{OG}|$
となっている．

← 正四面体の各頂点とその対面
の三角形の重心を結ぶ線分は
対面に対して垂直となる．

← β の法線ベクトルと平面：
$z=0$ の法線ベクトル $(0,\ 0,\ 1)$ が垂直（内積が 0 ）と考え
てもよい．
このとき，$a^2=-3a-1$ に注
意すると，
$\beta:(2a+1)x-(a+1)y=0$
$\left[y=\dfrac{3\pm\sqrt{5}}{2}x,\ z:任意\right]$
となり，β は xy 平面上の直
線 $y=\dfrac{3\pm\sqrt{5}}{2}x$ と z 軸を含
む平面である．

$$d=\frac{|0+0+(a^2+3a+1)\cdot 2(a^2+a+1)|}{\sqrt{(a^2-a-1)^2+(a^2+a-1)^2+(a^2+3a+1)^2}}$$

ここで，$a^2+a+1>0$ より，分子は

$$2(a^2+a+1)|a^2+3a+1|$$

また，分母の $\sqrt{}$ の中は，

$$((a^2-1)-a)^2+((a^2-1)+a)^2+(a^2+(3a+1))^2$$
$$=2(a^2-1)^2+2a^2+a^4+2a^2(3a+1)+(3a+1)^2$$
$$=3a^4+6a^3+9a^2+6a+3=3(a^4+2a^3+3a^2+2a+1)$$
$$=3(a^2+a+1)^2$$
$$\therefore\quad d=\frac{2(a^2+a+1)|a^2+3a+1|}{\sqrt{3}\,(a^2+a+1)}=\frac{2}{\sqrt{3}}|a^2+3a+1|$$

よって，

$$|\overrightarrow{OG}|=d\;\Longleftrightarrow\;a^2+a+1=|a^2+3a+1|$$

$a^2+a+1=a^2+3a+1$ より $a=0$

$a^2+a+1=-(a^2+3a+1)$ より，

$\qquad (a+1)^2=0\qquad a=-1$

$\qquad\therefore\quad \boldsymbol{a=0,\ -1}$

$a=0$，-1 のいずれのときも正四面体

OABC の一辺の長さは $\sqrt{2}$，高さは

$|\overrightarrow{OG}|=d=\dfrac{2}{\sqrt{3}}$ となるから，体積は，

$$\frac{1}{2}(\sqrt{2})^2\frac{\sqrt{3}}{2}\times\frac{2}{\sqrt{3}}\times\frac{1}{3}=\boldsymbol{\frac{1}{3}}$$

$a=0$ のとき
A(1, 1, 0), B(1, 0, 1),
C(0, 1, 1)
← $\alpha:x+y+z=2$
Z(0, 0, 2)
$\beta:x-y-z=0$
$a=-1$ のとき
A(1, 0, 1), B(0, 1, 1),
C(1, 1, 0)
$\alpha:x+y+z=2$
Z(0, 0, 2)
$\beta:x+y-z=0$

第4章

講究 $\quad a=0$，-1 のとき，四面体 OABZ は $\triangle$OAB が一辺の長さ $\sqrt{2}$ の
正三角形で展開図が次のようなものである．

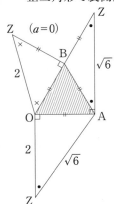

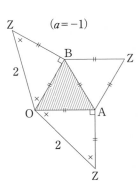

• = 30°

× = 45°

41 鏡映（面対称）

　座標空間内に平面 $\alpha : x+y+2z-8=0$ と2定点 A(2, 2, 5),
B(9, −3, 7) が与えられている.

(1)　AとBは平面 α に対して同じ側にあることを示せ.

(2)　α 上を動点Pが動くとき, 2線分の長さの和：AP＋PB の最小値を求めよ. また最小値を与える点 $P=P_0$ の座標を求めよ.

(3)　3点 A, B, P_0 で定まる平面を β とする. Aで β に接し, かつ α にも接する球面の中心の座標と半径を求めよ.

精講　座標平面上に, $\vec{n}=(a, b)(\neq\vec{0})$ を法線ベクトルとする直線
$l : ax+by+c=0$ が与えられているとき, 平面上の点 (x, y) は次の3つのいずれかをみたし,

$$l_+ : ax+by+c>0$$
$$l : ax+by+c=0$$
$$l_- : ax+by+c<0$$

l_+ は l 上の点から見て $\vec{n}$ 側, l_- はその反対側の領域を表すのであった (→ **27**).

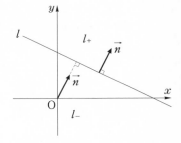

　同様に, 座標空間内に, $\vec{n}=(a, b, c)(\neq\vec{0})$ を法線ベクトルとする平面
$\alpha : ax+by+cz+d=0$ が与えられているとき, 空間内の点 (x, y, z) は次の3つのいずれかをみたし,

$$\alpha_+ : ax+by+cz+d>0$$
$$\alpha : ax+by+cz+d=0$$
$$\alpha_- : ax+by+cz+d<0$$

α_+ は α 上の点から見て $\vec{n}$ 側, α_- はその反対側の領域を表す. α_+, α_- について確認しよう.

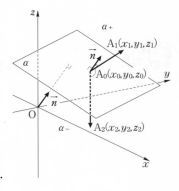

　平面 α 上に1点 $A_0(x_0, y_0, z_0)$ をとると,

$$ax_0+by_0+cz_0+d=0$$

であり, $A_1(x_1, y_1, z_1)$ が α 上の点からみて $\vec{n}$ 側にある条件は, $\vec{n}=(a, b, c)$ と
$\overrightarrow{A_0A_1}=(x_1-x_0, y_1-y_0, z_1-z_0)$ のなす角が鋭角または0となることで,

$$\vec{n} \cdot \overrightarrow{A_0A_1} = a(x_1 - x_0) + b(y_1 - y_0) + c(z_1 - z_0) > 0$$
$$\therefore \quad ax_1 + by_1 + cz_1 + d > ax_0 + by_0 + cz_0 + d = 0$$

同様に，$A_2(x_2, y_2, z_2)$ が α 上の点から見て $\vec{n}$ と反対側にある条件は，$\vec{n}$ と $\overrightarrow{A_0A_2}$ のなす角が鈍角または π となることで，

$$ax_2 + by_2 + cz_2 + d < 0$$

を得る．

解 答

(1) $f(x, y, z) = x + y + 2z - 8$ とおく．

$\alpha : f(x, y, z) = 0$ である．

A の座標 $(x, y, z) = (2, 2, 5)$ を代入すると，
$$f(2, 2, 5) = 2 + 2 + 2 \cdot 5 - 8 = 6 > 0$$

B の座標 $(x, y, z) = (9, -3, 7)$ を代入すると，
$$f(9, -3, 7) = 9 - 3 + 2 \cdot 7 - 8 = 12 > 0$$

となり，A，B はいずれも $f(x, y, z) > 0$ をみたす領域にある．すなわち，平面 α に関して同じ側にある．

(2) 点 A の平面 α に関する対称点を A_1 とすると，A_1 は α に関して A と反対側にある．α は線分 AA_1 の垂直 2 等分面となるから α 上の任意の点に対し
$$AP = A_1P, \quad AP + PB = A_1P + PB$$

となる．ここで A_1 と B は α に関して反対側にあるから折れ線：$A_1P + PB$ の長さは，これが線分となるとき，すなわち，P が直線 A_1B 上の点となるとき最小で，求める最小値は A_1B である．
$$\vec{n} = (1, 1, 2) \perp \alpha$$

であるから，AA_1 の中点を M とすると，
$$\overrightarrow{OM} = \overrightarrow{OA} + t\vec{n} \quad [t : 実数]$$
$$= (2, 2, 5) + t(1, 1, 2)$$
$$= (2+t, \ 2+t, \ 5+2t)$$

と表されて，M は α 上にあるから
$$(2+t) + (2+t) + 2(5+2t) - 8 = 0$$

・本問は平面上における"折れ線の長さの最小値"を求める問題の「空間版」である．

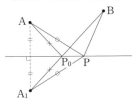

AP+BP=A$_1$P+BP
$\geqq A_1P_0 + P_0B = A_1B$

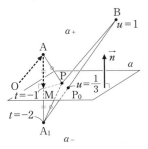

$$6t+6=0 \qquad t=-1$$
$$\therefore \quad \overrightarrow{\mathrm{OA_1}}=(2,\ 2,\ 5)-2(1,\ 1,\ 2)=(0,\ 0,\ 1)$$
$$\overrightarrow{\mathrm{A_1B}}=\overrightarrow{\mathrm{OB}}-\overrightarrow{\mathrm{OA_1}}$$
$$=(9,\ -3,\ 7)-(0,\ 0,\ 1)=(9,\ -3,\ 6)$$

求める最小値は，
$$\mathrm{A_1B}=\sqrt{9^2+(-3)^2+6^2}=\boldsymbol{3\sqrt{14}}$$

求める点 $\mathrm{P}=\mathrm{P_0}$ は直線 $\mathrm{A_1B}$ 上にあるから，
$$\overrightarrow{\mathrm{OP_0}}=\overrightarrow{\mathrm{OA_1}}+u\overrightarrow{\mathrm{A_1B}} \quad [u：実数]$$
$$=(0,\ 0,\ 1)+u(9,\ -3,\ 6)=(9u,\ -3u,\ 1+6u)$$

と表される．$\mathrm{P_0}$ は α 上の点だから
$$9u+(-3u)+2(1+6u)-8=0$$
$$18u-6=0,\ u=\frac{1}{3}$$
$$\therefore \quad \boldsymbol{\mathrm{P_0}(3,\ -1,\ 3)}$$

(3) β は直線 $\mathrm{BP_0}$ すなわち直線 $\mathrm{A_1B}$ を含むから直線 $\mathrm{AA_1}$ も含み，β と α は垂直である．したがって条件をみたす球面の半径は AM に等しく，(2)で M において $t=-1$ であったから
$$\mathrm{AM}=|\vec{n}|=\sqrt{1^2+1^2+2^2}=\sqrt{6}$$

中心 Q は A から β の法線方向に $\sqrt{6}$ の距離にある点である．
$$\vec{n}=(1,\ 1,\ 2)$$

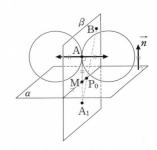

と $\dfrac{1}{3}\overrightarrow{\mathrm{A_1B}}=(3,\ -1,\ 2)(=\vec{k}\ とする)$ の双方に垂直なベクトルの1つは，
$$\vec{n}\times\vec{k}=\left(\begin{vmatrix}1&2\\-1&2\end{vmatrix},\ \begin{vmatrix}2&1\\2&3\end{vmatrix},\ \begin{vmatrix}1&1\\3&-1\end{vmatrix}\right)$$
$$=(4,\ 4,\ -4)=4(1,\ 1,\ -1)$$

より，$\vec{l}=(1,\ 1,\ -1)$ でこのベクトルの大きさは $\sqrt{3}$ である．$|\vec{n}|=\sqrt{6}=\sqrt{2}\cdot\sqrt{3}$ に注意して，
$$\overrightarrow{\mathrm{OQ}}=\overrightarrow{\mathrm{OA}}\pm\sqrt{2}\ \vec{l}$$
$$=(2,\ 2,\ 5)\pm\sqrt{2}\,(1,\ 1,\ -1)$$
$$\therefore \quad \boldsymbol{\mathrm{Q}(2\pm\sqrt{2},\ 2\pm\sqrt{2},\ 5\mp\sqrt{2}\,)}$$

（複号同順）

・$\vec{l}$ は平面 β の法線ベクトルであるから，2平面 α，β の交線の方向ベクトルは
$$\vec{n}\times\vec{l}$$
$$=\left(\begin{vmatrix}1&2\\1&-1\end{vmatrix},\ \begin{vmatrix}2&1\\-1&1\end{vmatrix},\ \begin{vmatrix}1&1\\1&1\end{vmatrix}\right)$$
$$=(-3,\ 3,\ 0)$$
$$=-3(1,\ -1,\ 0)$$
で与えられる．

$\overrightarrow{\text{OP}}=\vec{p}=(x,\ y,\ z)$, $\overrightarrow{\text{OA}}=\vec{a}=(2,\ 2,\ 5)$,

$\vec{l_1}=\sqrt{2}\,\vec{l}$, $r>0$ として2つの球面:

$$S_{r+}:|\vec{p}-(\vec{a}+\vec{l_1})|=\sqrt{6}+r \quad \cdots\cdots ①$$

$$S_{r-}:|\vec{p}-(\vec{a}-\vec{l_1})|=\sqrt{6}+r \quad \cdots\cdots ②$$

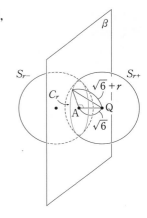

を考えよう．計算を簡単にするためにベクトル表示してあるが，これらは，(3)で得られた2球面と同じ中心をもち，半径が $\sqrt{6}+r$ の球面である．($r=0$ のときが(3)の2球面でこのとき2球面は点Aで接する．）S_{r+} と S_{r-} は交わり，共有点の全体は，中心 A，半径

$$R=\sqrt{(\sqrt{6}+r)^2-\sqrt{6}^{\,2}}=\sqrt{r(r+2\sqrt{6})}$$ の円

C_r を作る．

①②をそれぞれ平方すると，

$$|\vec{p}|^2-2(\vec{a}+\vec{l_1})\cdot\vec{p}+|\vec{a}+\vec{l_1}|^2=(\sqrt{6}+r)^2$$

$$|\vec{p}|^2-2(\vec{a}-\vec{l_1})\cdot\vec{p}+|\vec{a}-\vec{l_1}|^2=(\sqrt{6}+r)^2$$

辺々ごとに引くと，

$$-4\vec{l_1}\cdot\vec{p}+4\vec{a}\cdot\vec{l_1}=0,\quad \vec{l_1}\cdot(\vec{p}-\vec{a})=0 \quad \cdots\cdots③$$

③は，$A(\vec{a})$ を通って $\vec{l_1}=\sqrt{2}\,\vec{l}$ に垂直な平面のベクトル表示であり，平面 β のベクトル表示である．さて，円 C_r の方程式は，(①かつ②)または(②かつ③)または(③かつ①)などと表されるが円 C_r を1つの方程式で表すことはできない．方程式という"手段"では，C_r を含む2球面の交わり，または C_r を含む1つの球面と平面 β の交わりとして表現することになる．

一方，

$$\frac{\vec{n}\times\vec{l}}{-3\sqrt{2}}=\frac{1}{\sqrt{2}}(1,\ -1,\ 0)=\vec{u}$$

$$\frac{\vec{n}}{\sqrt{6}}=\frac{1}{\sqrt{6}}(1,\ 1,\ 2)=\vec{v}$$

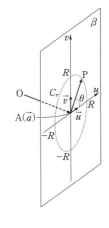

とおけば，$|\vec{u}|=|\vec{v}|=1$, $\vec{u}\perp\vec{v}$ （∵ $\vec{u}\cdot\vec{v}=0$）より，$\{A\,;\,\vec{u},\ \vec{v}\}$ は平面 β 上の正規直交基底となり，C_r は xyz 空間内で，

$$\vec{p}=\vec{a}+(R\cos\theta)\vec{u}+(R\sin\theta)\vec{v}$$

$$[0\leqq\theta<2\pi]$$

と，1つのパラメーター θ を用いてベクトル表示される．

第4章

42 立方体

座標空間内に，$\vec{n}=(2,\ -2,\ -1)$ を法線ベクトルとし，正方形 ABCD を含む平面 α があり，A$(1,\ -2,\ 3)$，B$(3,\ -1,\ 5)$ である．さらに六面体 ABCD-EFGH は立方体で，E の x 座標は正，$(\overrightarrow{AB},\ \overrightarrow{AD},\ \overrightarrow{AE})$ は右手系になっている．ただし座標軸は，$\vec{e_1}=(1,\ 0,\ 0)$，$\vec{e_2}=(0,\ 1,\ 0)$，$\vec{e_3}=(0,\ 0,\ 1)$ について $(\vec{e_1},\ \vec{e_2},\ \vec{e_3})$ が右手系になるように定められているとする．

(1) 立方体の一辺の長さ，および，E，D，G の座標を求めよ．

(2) 3辺 BC，EF，DH の中点をそれぞれ K，L，M，この3点で定まる平面を β とする．β の方程式を求めよ．

(3) β による立方体 ABCD-EFGH の切り口は正六角形であることを示し，その面積を求めよ．

精講 座標空間内で1次独立な2つのベクトル $\vec{a}=(a_1,\ a_2,\ a_3)$，$\vec{b}=(b_1,\ b_2,\ b_3)$ のいずれにも垂直なベクトル $\vec{n}=(p,\ q,\ r)(\neq \vec{0})$ を内積の計算で求めてみよう．

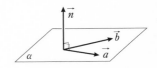

$\vec{a}\perp\vec{n}$ より，$\vec{a}\cdot\vec{n}=a_1p+a_2q+a_3r=0$ ……①

$\vec{b}\perp\vec{n}$ より，$\vec{b}\cdot\vec{n}=b_1p+b_2q+b_3r=0$ ……②

$$\begin{array}{l} ①\times b_1:a_1b_1p+a_2b_1q+a_3b_1r=0 \\ \underline{-)②\times a_1:a_1b_1p+a_1b_2q+a_1b_3r=0} \\ \qquad (a_2b_1-a_1b_2)q+(a_3b_1-a_1b_3)r=0 \quad ……③ \end{array}$$

← ①②は，p，q，r の3つを未知数とする連立方程式だから p，q，r の値は決まらないが，比 $p:q:r$，すなわち上図平面 α の法線方向が決まる．

$$\begin{array}{l} ①\times b_2:a_1b_2p+a_2b_2q+a_3b_2r=0 \\ \underline{-)②\times a_2:a_2b_1p+a_2b_2q+a_2b_3r=0} \\ \qquad (a_1b_2-a_2b_1)p+(a_3b_2-a_2b_3)r=0 \quad ……④ \end{array}$$

ここで，
$$\begin{aligned} \vec{N}&=(p,\ q,\ r) \\ &=(a_2b_3-a_3b_2,\ a_3b_1-a_1b_3,\ a_1b_2-a_2b_1) \\ &=\left(\begin{vmatrix}a_2 & a_3\\b_2 & b_3\end{vmatrix},\ \begin{vmatrix}a_3 & a_1\\b_3 & b_1\end{vmatrix},\ \begin{vmatrix}a_1 & a_2\\b_1 & b_2\end{vmatrix}\right) \end{aligned}$$

とおくと，$\vec{n}=\vec{N}$ が③④をみたすことが容易に確かめられる．ここで，$\vec{N}=\vec{0}$ とすると，
$$a_2b_3=a_3b_2,\ a_3b_1=a_1b_3,\ a_1b_2=a_2b_1 \quad ……(*)$$

← $\vec{a},\vec{b}$ の双方に垂直なベクトル成分としてこれまでも使ってきた．

$\vec{a}\neq\vec{0}$ であるが，
$a_1=a_2=0,\ a_3\neq0$
とすると，$(*)$ より，
$b_1=b_2=0,\ b_3\neq0$
$a_1=0,\ a_2a_3\neq0$
とすると，$(*)$ より，

← $b_1=0,\ b_2b_3\neq0$

より，$a_1 : a_2 : a_3 = b_1 : b_2 : b_3$ となり $\vec{a}$ と $\vec{b}$ の 1 次独立性に反する．よって，$\vec{N}\ (\neq \vec{0})$ であり，しかも

$$\begin{aligned}
|\vec{N}| &= \sqrt{(a_2b_3-a_3b_2)^2+(a_3b_1-a_1b_3)^2+(a_1b_2-a_2b_1)^2} \\
&= \sqrt{(a_1{}^2+a_2{}^2+a_3{}^2)(b_1{}^2+b_2{}^2+b_3{}^2)-(a_1b_1+a_2b_2+a_3b_3)^2} \\
&= \sqrt{|\vec{a}|^2|\vec{b}|^2-(\vec{a}\cdot\vec{b})^2}
\end{aligned}$$

である．これは，$\vec{a}$, $\vec{b}$ で作られる平行四辺形の面積を表す．さらに $(\vec{a},\ \vec{b},\ \vec{N})$ が右手系であることがわかれば，$\vec{N}=\vec{a}\times\vec{b}$ が示される．事実 $\vec{N}=\vec{a}\times\vec{b}$ となるのだが，ここまででは，$\vec{a}\times\vec{b}$ が $\vec{N}$ であるか $-\vec{N}$ であるかのいずれかであることまでしか得られていない．|講究| において，外積の分配法則が成り立つことと，$(\vec{e_1},\ \vec{e_2},\ \vec{e_3})$ が右手系になっていることを用いて，

$$\vec{a}\times\vec{b}=\vec{N}$$

を証明する．

を得て，他の場合も同様だからいずれにしても
$$a_1 : a_2 : a_3 = b_1 : b_2 : b_3$$
となる．

← $\vec{N}\perp\vec{a}$ かつ $\vec{N}\perp\vec{b}$ だけでも，たとえば平面の方程式を求めたりすることに役立つ．また 1 次独立なベクトル $\vec{a}$, $\vec{b}$, $\vec{c}$ が定める平行六面体の体積は $|\vec{N}\cdot\vec{c}|$ で与えられる．

第4章

解 答

(1) 立方体の一辺の長さは
$$AB=\sqrt{(3-1)^2+(-1+2)^2+(5-3)^2}=3$$
また，$|\vec{n}|=\sqrt{2^2+(-2)^2+(-1)^2}=3=AE$
であり，E の x 座標は正だから
$$\begin{aligned}
\overrightarrow{OE}&=\overrightarrow{OA}+\overrightarrow{AE}=\overrightarrow{OA}+\vec{n} \\
&=(1,\ -2,\ 3)+(2,\ -2,\ -1) \\
&=(3,\ -4,\ 2)
\end{aligned}$$
$$\therefore\quad E(3,\ -4,\ 2)$$
次に，$(\overrightarrow{AB},\ \overrightarrow{AD},\ \overrightarrow{AE})$ が右手系だから，$(\overrightarrow{AE},\ \overrightarrow{AB},\ \overrightarrow{AD})$ も右手系で，
$$\overrightarrow{AD}=\frac{\overrightarrow{AE}\times\overrightarrow{AB}}{|\overrightarrow{AE}\times\overrightarrow{AB}|}\cdot 3$$
ここで，
$$\begin{aligned}
\overrightarrow{AE}&=\vec{n}=(2,\ -2,\ -1) \\
\overrightarrow{AB}&=\overrightarrow{OB}-\overrightarrow{OA}=(3,\ -1,\ 5)-(1,\ -2,\ 3) \\
&=(2,\ 1,\ 2)
\end{aligned}$$
より，

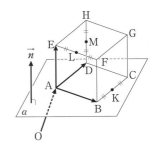

← **33**

・α の方程式は，
$$2(x-1)-2(y+2)-(z-3)=0$$
$$2x-2y-z-3=0$$

$$\overrightarrow{AE} \times \overrightarrow{AB} = \left(\begin{vmatrix} -2 & -1 \\ 1 & 2 \end{vmatrix},\ \begin{vmatrix} -1 & 2 \\ 2 & 2 \end{vmatrix},\ \begin{vmatrix} 2 & -2 \\ 2 & 1 \end{vmatrix} \right)$$

$$= (-3,\ -6,\ 6) = 3(-1,\ -2,\ 2)$$

$$|\overrightarrow{AE} \times \overrightarrow{AB}| = 3\sqrt{(-1)^2 + (-2)^2 + 2^2} = 9$$

$$\therefore\ \overrightarrow{OD} = \overrightarrow{OA} + \overrightarrow{AD}$$

←　$\overrightarrow{AD} = \dfrac{3}{9} \cdot 3(-1,\ -2,\ 2)$
　　$= (-1,\ -2,\ 2)$

$$= (1,\ -2,\ 3) + (-1,\ -2,\ 2)$$

$$= (0,\ -4,\ 5)$$

$$\therefore\quad \mathbf{D(0,\ -4,\ 5)}$$

また，

$$\overrightarrow{OG} = \overrightarrow{OA} + \overrightarrow{AG} = \overrightarrow{OA} + \overrightarrow{AB} + \overrightarrow{AD} + \overrightarrow{AE}$$

←　AG はこの立方体（平行六面体）の対角線である．

$$= (1,\ -2,\ 3) + (2,\ 1,\ 2)$$

$$\qquad + (-1,\ -2,\ 2) + (2,\ -2,\ -1)$$

$$= (4,\ -5,\ 6)$$

$$\therefore\quad \mathbf{G(4,\ -5,\ 6)}$$

(2)　$\overrightarrow{OK} = \overrightarrow{OB} + \dfrac{1}{2}\overrightarrow{AD} = (3,\ -1,\ 5) + \dfrac{1}{2}(-1,\ -2,\ 2)$

←　β は，K, L, M を通り，$\overrightarrow{KL}$, $\overrightarrow{KM}$ で張られる平面であるからまずは，K, L, M の位置ベクトルの成分を求め，次いで，$\overrightarrow{KL}$, $\overrightarrow{KM}$ を計算，さらに，β の法線ベクトルとして $\overrightarrow{KL} \times \overrightarrow{KM}$ を求める．

$$= \left(\dfrac{5}{2},\ -2,\ 6 \right)$$

$$\overrightarrow{OL} = \overrightarrow{OE} + \dfrac{1}{2}\overrightarrow{AB} = (3,\ -4,\ 2) + \dfrac{1}{2}(2,\ 1,\ 2)$$

$$= \left(4,\ -\dfrac{7}{2},\ 3 \right)$$

$$\overrightarrow{OM} = \overrightarrow{OD} + \dfrac{1}{2}\overrightarrow{AE} = (0,\ -4,\ 5) + \dfrac{1}{2}(2,\ -2,\ -1)$$

$$= \left(1,\ -5,\ \dfrac{9}{2} \right)$$

$$\overrightarrow{KL} = \overrightarrow{OL} - \overrightarrow{OK} = \left(\dfrac{3}{2},\ -\dfrac{3}{2},\ -3 \right)$$

$$= -\dfrac{3}{2}(-1,\ 1,\ 2)$$

$$\overrightarrow{KM} = \overrightarrow{OM} - \overrightarrow{OK} = \left(-\dfrac{3}{2},\ -3,\ -\dfrac{3}{2} \right)$$

$$= -\dfrac{3}{2}(1,\ 2,\ 1)$$

$\vec{l} = (-1,\ 1,\ 2)$, $\vec{m} = (1,\ 2,\ 1)$ とすると，β は

←　法線ベクトルとしては実数倍は無視してよい．

$$\vec{l} \times \vec{m} = \left(\begin{vmatrix} 1 & 2 \\ 2 & 1 \end{vmatrix},\ \begin{vmatrix} 2 & -1 \\ 1 & 1 \end{vmatrix},\ \begin{vmatrix} -1 & 1 \\ 1 & 2 \end{vmatrix} \right) = -3(1,\ -1,\ 1)$$

に垂直で，$K\left(\dfrac{5}{2},\ -2,\ 6 \right)$ を通るから

$$x-\frac{5}{2}-(y+2)+z-6=0$$

$$\therefore \quad \beta : 2x-2y+2z-21=0$$

(3) この空間内の点 $P(x,\ y,\ z)$ は

$$\overrightarrow{OP}=\overrightarrow{OA}+b\overrightarrow{AB}+d\overrightarrow{AD}+e\overrightarrow{AE}$$
$$=(1,\ -2,\ 3)+b(2,\ 1,\ 2)$$
$$+d(-1,\ -2,\ 2)+e(2,\ -2,\ -1)$$
$$=(1+2b-d+2e,\ -2+b-2d-2e,$$
$$3+2b+2d-e)$$

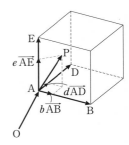

と表され，P が立方体の周および内部にあると
き，$0\leqq b\leqq 1,\ 0\leqq d\leqq 1,\ 0\leqq e\leqq 1$ である．

P が直線 AB 上にあるとき，$d=e=0$ より，
$$(x,\ y,\ z)=(1+2b,\ -2+b,\ 3+2b).$$

これを β の方程式に代入して，
$$2(1+2b+2-b+3+2b)-21=0,$$
$$b=\frac{3}{2}>1$$

よって，β と直線 AB の交点は立方体の外にある．
同様に

P が直線 AD 上にあるとき，$b=e=0$，
$$d=\frac{3}{2}>1$$

P が直線 AE 上にあるとき，$b=d=0$，
$$e=\frac{3}{2}>1$$

となり，これらの交点は立方体の外にある．次
に，P が直線 HG 上にあるとき，$d=e=1$ より
$$2(2+2b+6-b+4+2b)-21=0,$$
$$b=-\frac{1}{2}<0$$

よって，β と直線 HG の交点は立方体の外に
ある．同様に

P が直線 FG 上にあるとき，$b=e=1$，
$$d=-\frac{1}{2}<0$$

P が直線 CG 上にあるとき，$b=d=1$，
$$e=-\frac{1}{2}<0$$

← 立方体の各辺と平面 β の交点
を調べる．立方体には全部で
12 辺あるが，K，L，M を含
む 3 辺については計算不要，
残り 9 辺についてもいずれの
辺も $b,\ d,\ e$ のうちの 2 つは
0 か 1 である．
さらに，
$(\overrightarrow{AB},\ \overrightarrow{AD},\ \overrightarrow{AE})$ と K，M，L
の位置関係は，
$(\overrightarrow{AD},\ \overrightarrow{AE},\ \overrightarrow{AB})$ と M，L，K
および
$(\overrightarrow{AE},\ \overrightarrow{AB},\ \overrightarrow{AD})$ と L，K，M
の位置関係に等しく，実際の
計算は 3 ヵ所で済む．

第4章

となり，これらの交点も立方体の外にある．さらに，P が直線 BF 上にあるとき，$b=1$，$d=0$より，

$$2(3+2e+1+2e+5-e)-21=0,\quad e=\frac{1}{2}$$

よって，β と直線 BF の交点は BF の中点である．同様に

P が直線 DC 上にあるとき，$d=1$，$e=0$

より $b=\frac{1}{2}$

P が直線 EH 上にあるとき，$e=1$，$b=0$

より $d=\frac{1}{2}$

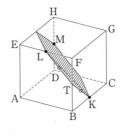

となり，これらの交点もそれぞれ，辺 DC, EH の中点である．よって，たとえば BF の中点を T とすれば β による立方体の切り口は各辺の長さが $TK=\frac{3}{2}\sqrt{2}=\frac{3}{\sqrt{2}}$ の六角形で，さらに余弦定理により，

$$KL^2=TK^2+TL^2-2TK\cdot TL\cos\angle KTL$$

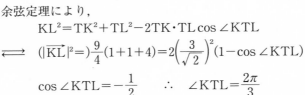

$$\iff\quad (|\overrightarrow{KL}|^2=)\frac{9}{4}(1+1+4)=2\left(\frac{3}{\sqrt{2}}\right)^2(1-\cos\angle KTL)$$

$$\cos\angle KTL=-\frac{1}{2}\quad\therefore\quad\angle KTL=\frac{2\pi}{3}$$

立方体の対称性から，この六角形の他の内角もすべて $\frac{2\pi}{3}$ となるから正六角形である．その面積は正三角形 6 個分を考えて，

$$\frac{1}{2}\left(\frac{3}{\sqrt{2}}\right)^2\sin\frac{\pi}{3}\times 6=\frac{27\sqrt{3}}{4}$$

[別解] （3） 立方体 ABCD－EFGH が与えられた空間内の点 Q は，実数 b，d，e を用いて，

$$\overrightarrow{AQ}=b\overrightarrow{AB}+d\overrightarrow{AD}+e\overrightarrow{AE}$$

とただ一通りに表せるから Q$\langle b,\ d,\ e\rangle$ と書いて，座標 $\langle b,\ d,\ e\rangle$ を考える．このとき，

← 計算に都合のよい新たな座標設定を考える．

$$\text{K}\left\langle 1,\ \frac{1}{2},\ 0\right\rangle,\ \text{L}\left\langle \frac{1}{2},\ 0,\ 1\right\rangle,\ \text{M}\left\langle 0,\ 1,\ \frac{1}{2}\right\rangle$$

より β（平面 KLM）の方程式は，

$$b+d+e=\frac{3}{2}\ \left(=1+\frac{1}{2}+0\right)$$

立方体各辺を含む直線上で，b, d, e のうちの2つは0か1で，

2つ0ならば残りは $\dfrac{3}{2}$ で，この点は立方体の

外，2つ1ならば残りは $-\dfrac{1}{2}$ で，この点も立方

体の外，1つ0，1つ1ならば残りは $\dfrac{1}{2}$ で，こ

の点は各辺の中点である．したがって，β と立方体の交点は K，L，M の他，

$$\left\langle 0,\ \frac{1}{2},\ 1\right\rangle,\ \left\langle \frac{1}{2},\ 1,\ 0\right\rangle,\ \left\langle 1,\ 0,\ \frac{1}{2}\right\rangle$$

以下，解答と同様であるが，

$$|\overrightarrow{\text{AB}}|=|\overrightarrow{\text{AD}}|=|\overrightarrow{\text{AE}}|=3$$

であることに注意する.

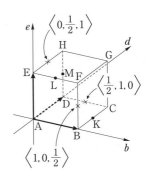

 1° 外積の分配法則

(i) $\vec{a}\times(\vec{b}+\vec{c})=\vec{a}\times\vec{b}+\vec{a}\times\vec{c}$

(ii) $(\vec{a}+\vec{b})\times\vec{c}=\vec{a}\times\vec{c}+\vec{b}\times\vec{c}$

を証明する．そのために内積についての重要事項：$\vec{a}\cdot\vec{a}=|\vec{a}|^2\geqq 0$（等号 $\Longleftrightarrow$ $\vec{a}=\vec{0}$）から得られる次の［補題］に注意する.

［補題］ 任意の $\vec{x}$ に対して，

$$\vec{a}\cdot\vec{x}=\vec{b}\cdot\vec{x}\ \Longleftrightarrow\ \vec{a}=\vec{b}$$

$\therefore$) $\longleftarrow$) は明らかである.

$\longrightarrow$) 任意の $\vec{x}$ に対して，$\vec{a}\cdot\vec{x}=\vec{b}\cdot\vec{x}$ のとき，

$$(\vec{a}-\vec{b})\cdot\vec{x}=0$$

$\vec{x}$ は任意だから $\vec{x}=\vec{a}-\vec{b}$ とすると，

$$(\vec{a}-\vec{b})\cdot(\vec{a}-\vec{b})=|\vec{a}-\vec{b}|^2=0,\ \vec{a}-\vec{b}=\vec{0}$$

$$\therefore\ \vec{a}=\vec{b}$$

(i)の証明：

任意の $\vec{x}$ に対して，

$$\{\vec{a}\times(\vec{b}+\vec{c})\}\cdot\vec{x}=(\vec{x}\times\vec{a})\cdot(\vec{b}+\vec{c})$$

$$=(\vec{x}\times\vec{a})\cdot\vec{b}+(\vec{x}\times\vec{a})\cdot\vec{c}$$

・ **33** で $\vec{a}$ と $\vec{b}$ に対し，ベクトルの外積 $\vec{a}\times\vec{b}$ を次のように「幾何学的に」（座標によらずに）定義した：

$\vec{a}\times\vec{b}$ は $\vec{a}$ と $\vec{b}$ に垂直

$|\vec{a}\times\vec{b}|$ は $\vec{a}$ と $\vec{b}$ の定める平行四辺形の面積

$(\vec{a},\ \vec{b},\ \vec{a}\times\vec{b})$ は右手系

また，$\vec{a}=\vec{0}$ または $\vec{b}=\vec{0}$ のときは $\vec{a}\times\vec{b}=\vec{0}$

定義から直ちに次の性質が得られた：

$\vec{a}\times\vec{a}=\vec{0}$,

$\vec{b}\times\vec{a}=-\vec{a}\times\vec{b}$

$(k\vec{a})\times\vec{b}=\vec{a}\times(k\vec{b})$

$=k(\vec{a}\times\vec{b})$ $[k$：実数$]$

さらに，$(\vec{a},\ \vec{b},\ \vec{c})$ が右手系ならば，

$(\vec{b},\ \vec{c},\ \vec{a})$, $(\vec{c},\ \vec{a},\ \vec{b})$

も右手系で，

$$(\vec{a}\times\vec{b})\cdot\vec{c}=(\vec{b}\times\vec{c})\cdot\vec{a}$$

$$=(\vec{c}\times\vec{a})\cdot\vec{b}$$

が成り立ち，$(\vec{a},\ \vec{b},\ \vec{c})$ が右手系のときこの値は，$\vec{a}$, $\vec{b}$, $\vec{c}$ で定まる平行六面体の体積 V，左手系のときは $-V$ であった.

$\leftarrow$ 内積の分配法則

$$=(\vec{a}\times\vec{b})\cdot\vec{x}+(\vec{a}\times\vec{c})\cdot\vec{x}$$
$$=(\vec{a}\times\vec{b}+\vec{a}\times\vec{c})\cdot\vec{x} \qquad \Leftarrow \text{内積の結合法則}$$
$$\therefore \quad \vec{a}\times(\vec{b}+\vec{c})=\vec{a}\times\vec{b}+\vec{a}\times\vec{c} \qquad \Leftarrow \text{補題}$$

(ii)の証明

(i)の結果を利用する.

$$(\vec{a}+\vec{b})\times\vec{c}=-\vec{c}\times(\vec{a}+\vec{b})$$
$$=-(\vec{c}\times\vec{a}+\vec{c}\times\vec{b})=-\vec{c}\times\vec{a}-\vec{c}\times\vec{b}$$
$$=\vec{a}\times\vec{c}+\vec{b}\times\vec{c}$$

2° 外積の成分表示

座標空間におけるベクトルの外積を成分で表そう. 座標軸：x軸, y軸, z軸はこの順に正の方向が右手系になっているものとする. すなわち,

$$\vec{e_1}=(1,\ 0,\ 0),\ \vec{e_2}=(0,\ 1,\ 0),$$
$$\vec{e_3}=(0,\ 0,\ 1)$$

に対し $(\vec{e_1},\ \vec{e_2},\ \vec{e_3})$ は右手系になっているものとする.

このとき,

$$\vec{e_1}\times\vec{e_2}=\vec{e_3},\ \vec{e_2}\times\vec{e_3}=\vec{e_1},\ \vec{e_3}\times\vec{e_1}=\vec{e_2}$$

となっている. これらと外積の分配法則を用いて計算する.

・$\vec{a}=(a_1,\ a_2,\ a_3),\ \vec{b}=(b_1,\ b_2,\ b_3)$ に対して,

$$\vec{a}\times\vec{b}=\left(\begin{vmatrix} a_2 & a_3 \\ b_2 & b_3 \end{vmatrix},\ \begin{vmatrix} a_3 & a_1 \\ b_3 & b_1 \end{vmatrix},\ \begin{vmatrix} a_1 & a_2 \\ b_1 & b_2 \end{vmatrix}\right)$$
$$=(a_2b_3-a_3b_2,\ a_3b_1-a_1b_3,\ a_1b_2-a_2b_1)$$

となる.

$\because$) $\vec{a}=a_1\vec{e_1}+a_2\vec{e_2}+a_3\vec{e_3},\ \vec{b}=b_1\vec{e_1}+b_2\vec{e_2}+b_3\vec{e_3}$

と書けるから,

$$\vec{a}\times\vec{b}=(a_1\vec{e_1}+a_2\vec{e_2}+a_3\vec{e_3})\times(b_1\vec{e_1}+b_2\vec{e_2}+b_3\vec{e_3})$$
$$=a_1b_2\vec{e_1}\times\vec{e_2}+a_2b_1\vec{e_2}\times\vec{e_1}$$
$$\quad +a_2b_3\vec{e_2}\times\vec{e_3}+a_3b_2\vec{e_3}\times\vec{e_2}$$
$$\quad +a_3b_1\vec{e_3}\times\vec{e_1}+a_1b_3\vec{e_1}\times\vec{e_3}$$
$$=(a_1b_2-a_2b_1)\vec{e_1}\times\vec{e_2}+(a_2b_3-a_3b_2)\vec{e_2}\times\vec{e_3}+(a_3b_1-a_1b_3)\vec{e_3}\times\vec{e_1}$$
$$=(a_1b_2-a_2b_1)\vec{e_3}+(a_2b_3-a_3b_2)\vec{e_1}+(a_3b_1-a_1b_3)\vec{e_2}$$
$$=(a_2b_3-a_3b_2,\ a_3b_1-a_1b_3,\ a_1b_2-a_2b_1)$$
$$=\left(\begin{vmatrix} a_2 & a_3 \\ b_2 & b_3 \end{vmatrix},\ \begin{vmatrix} a_3 & a_1 \\ b_3 & b_1 \end{vmatrix},\ \begin{vmatrix} a_1 & a_2 \\ b_1 & b_2 \end{vmatrix}\right)$$

$$\Leftarrow \vec{e_i}\times\vec{e_i}=0$$
$$\vec{e_j}\times\vec{e_i}=-\vec{e_i}\times\vec{e_j}$$
$$(i,\ j=1,\ 2,\ 3)$$

この結果から, $\vec{a}$ と $\vec{b}$ が定める平行四辺形の面積Sは,

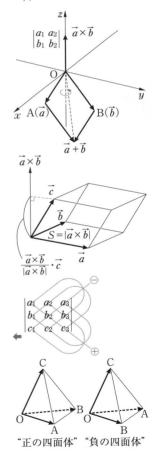

$$S=|\vec{a}\times\vec{b}|$$

$$=\sqrt{\begin{vmatrix}a_2&a_3\\b_2&b_3\end{vmatrix}^2+\begin{vmatrix}a_3&a_1\\b_3&b_1\end{vmatrix}^2+\begin{vmatrix}a_1&a_2\\b_1&b_2\end{vmatrix}^2}$$

$$=\sqrt{(a_2b_3-a_3b_2)^2+(a_3b_1-a_1b_3)^2+(a_1b_2-a_2b_1)^2}$$

一方,

$$S=\sqrt{|\vec{a}|^2|\vec{b}|^2-(\vec{a}\cdot\vec{b})^2}$$

$$=\sqrt{(a_1{}^2+a_2{}^2+a_3{}^2)(b_1{}^2+b_2{}^2+b_3{}^2)-(a_1b_1+a_2b_2+a_3b_3)^2}$$

であり,

$$(a_1{}^2+a_2{}^2+a_3{}^2)(b_1{}^2+b_2{}^2+b_3{}^2)-(a_1b_1+a_2b_2+a_3b_3)^2$$
$$=(a_2b_3-a_3b_2)^2+(a_3b_1-a_1b_3)^2+(a_1b_2-a_2b_1)^2\geqq0$$

が確認される.

$|\vec{a}|^2|\vec{b}|^2-(\vec{a}\cdot\vec{b})^2\geqq0$
$\Longleftrightarrow (\vec{a}\cdot\vec{b})^2\leqq|\vec{a}|^2|\vec{b}|^2$ を
Cauchy-Schwarz の不等式という.

特に $\vec{a}$ と $\vec{b}$ が xy 平面上のベクトル, すなわち $a_3=b_3=0$ のときを考えてみよう. このとき,

$$\vec{a}\times\vec{b}=\left(0,\ 0,\ \begin{vmatrix}a_1&a_2\\b_1&b_2\end{vmatrix}\right)$$
$$=(0,\ 0,\ a_1b_2-a_2b_1)$$

となり, **xy 平面上で $\vec{a},\ \vec{b}$ が定める平行四辺形の面積公式:$|\vec{a}\times\vec{b}|=|a_1b_2-a_2b_1|$**
が確認される. さらに, $(\vec{a},\ \vec{b},\ \vec{a}\times\vec{b})$ は右手系だから, $\vec{a}=\overrightarrow{OA}$, $\vec{b}=\overrightarrow{OB}$ とすれば,

$$\begin{vmatrix}a_1&a_2\\b_1&b_2\end{vmatrix}=a_1b_2-a_2b_1>0$$

$\Longleftrightarrow$ **△OAB は左回り**

であることがわかる.

また, $\vec{c}=(c_1,\ c_2,\ c_3)$ として 1 次独立なベクトル $\vec{a},\ \vec{b},\ \vec{c}$ について $(\vec{a},\ \vec{b},\ \vec{c})$ が右手系のとき, これらで定まる平行六面体の体積 V は,

$$V=(\vec{a}\times\vec{b})\cdot\vec{c}$$

$$=c_1\begin{vmatrix}a_2&a_3\\b_2&b_3\end{vmatrix}+c_2\begin{vmatrix}a_3&a_1\\b_3&b_1\end{vmatrix}+c_3\begin{vmatrix}a_1&a_2\\b_1&b_2\end{vmatrix}$$

$$=c_1(a_2b_3-a_3b_2)+c_2(a_3b_1-a_1b_3)+c_3(a_1b_2-a_2b_1)$$

$$=a_1b_2c_3+a_2b_3c_1+a_3b_1c_2-c_1b_2a_3-c_2b_3a_1-c_3b_1a_2$$

$(\vec{a},\ \vec{b},\ \vec{c})$ が左手系であればこの値は負である. 逆にいえば, $(\vec{a}\times\vec{b})\cdot\vec{c}$ の符号を調べることにより, $(\vec{a},\ \vec{b},\ \vec{c})$ の向き, すなわち右手系（正）か左手系（負）かがわかる. これは "四面体 OABC の向き" である.

43 球面・平面・円

座標空間内に球面 $S：x^2+y^2+z^2-6x-8y-10z+25=0$ がある.

(1) S の中心 A の座標と半径 R を求めよ. また原点 $O(0, 0, 0)$ は S の外部にあることを示せ.

(2) S 上の点 $T(p, q, r)$ における S の接平面 α_T の方程式を p, q, r を用いて表せ.

(3) α_T が原点 O を通るような T の全体は円となることを示し, その方程式 (連立方程式) を求めよ. またその円を C とするとき, C の中心の座標と半径を求めよ.

(4) C を含む平面を α とする. C 上の点 $T(p, q, r)$ における α 上の接線を l_T とすると, $\overrightarrow{OA}×\overrightarrow{OT}$ は l_T の方向ベクトルとなることを示し, その成分を p, q, r を用いて表せ.

精 講　　**1°** 座標平面における円の方程式の一般形と同
　　　　　　様に, 座標空間においても方程式：

$$x^2+y^2+z^2-ax-by-cz+d=0 \qquad \text{← 球面の方程式の一般形.}$$

は次のように変形できて,

$$\left(x-\frac{a}{2}\right)^2+\left(y-\frac{b}{2}\right)^2+\left(z-\frac{c}{2}\right)^2=\frac{a^2+b^2+c^2-4d}{4}$$

これは,

・$a^2+b^2+c^2>4d$ のとき,

中心 $\left(\dfrac{a}{2}, \dfrac{b}{2}, \dfrac{c}{2}\right)$, 半径 $\dfrac{\sqrt{a^2+b^2+c^2-4d}}{2}$ の球面

・$a^2+b^2+c^2=4d$ のとき,

1 点 $\left(\dfrac{a}{2}, \dfrac{b}{2}, \dfrac{c}{2}\right)$

を表し,

・$a^2+b^2+c^2<4d$ のときは何も表さない.

2° 座標平面上で次のような事実に出会ったことはないだろうか？

・円 $C : x^2+y^2=r^2(r>0)$ の外部に点 A(a, b) があり，C 上の点 P$_1$, P$_2$ における接線がA を通るとき，直線 P$_1$P$_2$ の方程式は，$ax+by=r^2$ で与えられる．

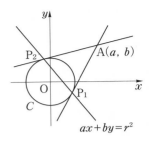

$ax+by=r^2$

∵) P$_1$$(x_1, y_1)$, P$_2$$(x_2, y_2)$ とすると，P$_1$, P$_2$ における接線 l_1, l_2 の方程式は

$$l_1 : x_1x+y_1y=r^2, \quad l_2 : x_2x+y_2y=r^2$$

であり，これが A(a, b) を通るから

$$x_1a+y_1b=r^2 \quad \therefore \quad ax_1+by_1=r^2$$
$$x_2a+y_2b=r^2 \quad \therefore \quad ax_2+by_2=r^2$$

これらは P$_1$, P$_2$ が直線：$ax+by=r^2$ 上にあることを示していて，2点 P$_1$, P$_2$ を通る直線がただ1本存在することから，これが直線 P$_1$P$_2$ の方程式である．

このような論法は「計算のトリック」とも言うべきものだが，本問はその一般化である．ある種の性質をもつものの全体（A を通る接線の全体，原点を通る接平面の全体）を考えることがポイントである．

3° 平面上において，円 C と直線 l が，1点 T のみを共有するとき，C と l は点 T で接する，といってよいだろう．このとき C の中心を A とすれば，AT⊥l である．

また，空間内において球面 S と平面 α が，1 点 X のみを共有するとき，S と α は点 X で接し，S の中心を B とすれば BX⊥α である．

一方，空間内にある円 C と直線 l は1点のみを共有するからといってその点で接するとはいえないであろう．もちろん「接する」という言葉の定義の問題ではあるが円 C を含む平面 α を考え，α 上の直線 l と C が α 上で接するとき，これらは共有点で接する，というべきである．

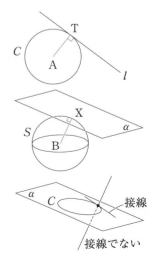

接線

接線でない

解　答

(1)　S の方程式を変形すると，

$$(x-3)^2+(y-4)^2+(z-5)^2=25(=5^2)$$
$$\therefore \quad \mathbf{A(3,\ 4,\ 5)} \qquad \boldsymbol{R=5}$$

また，左辺に $(x,\ y,\ z)=(0,\ 0,\ 0)$ を代入すると，

$$(0-3)^2+(0-4)^2+(0-5)^2>25$$

となっているから，原点 $\mathrm{O}(0,\ 0,\ 0)$ は球面 S の外部にある.

← $\mathrm{OA}^2>R^2$ すなわち $\mathrm{OA}>R$ である.

(2)　α_{T} は $\mathrm{T}(p,\ q,\ r)$ を通って，

$$\overrightarrow{\mathrm{AT}}=\overrightarrow{\mathrm{OT}}-\overrightarrow{\mathrm{OA}}=(p,\ q,\ r)-(3,\ 4,\ 5)$$
$$=(p-3,\ q-4,\ r-5)$$

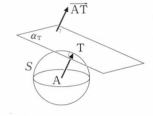

に垂直な平面だから，

$$(p-3)(x-p)+(q-4)(y-q)+(r-5)(z-r)=0$$
$$(p-3)x+(q-4)y+(r-5)z-(p^2+q^2+r^2)$$
$$+3p+4q+5r=0 \quad \cdots\cdots①$$

ここで，$\mathrm{T}(p,\ q,\ r)$ は S 上の点だから，

$$(p-3)^2+(q-4)^2+(r-5)^2=25$$
$$p^2+q^2+r^2=2(3p+4q+5r)-25 \quad \cdots\cdots②$$

を①に代入して，求める接平面 α_{T} の方程式は，

$$\boldsymbol{\alpha_{\mathrm{T}}:(p-3)x+(q-4)y+(r-5)z=3p+4q+5r-25}$$

(3)　α_{T} が原点を通るとき，

$$3p+4q+5r-25=0 \quad \cdots\cdots③$$

であるから，これは接点 $\mathrm{T}(p,\ q,\ r)$ が平面

$$\beta:3x+4y+5z-25=0$$

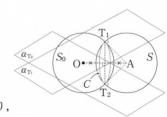

の上にあることを示している. また，②，③より，

$$p^2+q^2+r^2=25$$

であるから，これは接点 $T(p, q, r)$ が球面

$$S_0 : x^2+y^2+z^2=25(=5^2)$$

の上にあることを示している．S_0 の中心
$(0, 0, 0)$ から β までの距離：

$$\frac{|3\cdot0+4\cdot0+5\cdot0-25|}{\sqrt{3^2+4^2+5^2}}=\frac{25}{5\sqrt{2}}=\frac{5}{\sqrt{2}}$$

$$(<5 : S_0 \text{ の半径})$$

であるから，α_T が原点を通るような T の全体
は，S_0 と β の交円であり，その方程式は，

$$C : \begin{cases} x^2+y^2+z^2=25 \\ 3x+4y+5z-25=0 \end{cases}$$

また，C の中心 B は S_0 の中心 $(0, 0, 0)$ を通
って，β に垂直な直線上にあって，

$$\overrightarrow{OB}=b(3, 4, 5)=(3b, 4b, 5b) \quad [b : \text{実数}]$$

とおけて，かつ β 上にあるから

$$3(3b)+4(4b)+5(5b)-25=0 \qquad b=\frac{1}{2}$$

よって，C の中心は，$B\left(\dfrac{3}{2}, 2, \dfrac{5}{2}\right)$

さらに半径は，

$$OB=[O \text{ と } \beta \text{ との距離}]=\frac{5}{\sqrt{2}}$$

に注意して，三平方の定理により，

$$\sqrt{5^2-\left(\frac{5}{\sqrt{2}}\right)^2}=\frac{5}{\sqrt{2}}$$

(4) (3)の β が α である：$\alpha=\beta$．l_T の方向ベクトル
は，$\overrightarrow{OA}$ と $\overrightarrow{BT}$ の双方に垂直で $\overrightarrow{OA}\times\overrightarrow{BT}$ に平
行である．

$$\overrightarrow{OA}=(3, 4, 5)$$

$$\overrightarrow{BT}=\overrightarrow{OT}-\overrightarrow{OB}=(p, q, r)-\left(\frac{3}{2}, 2, \frac{5}{2}\right)$$

$$=\left(p-\frac{3}{2}, q-2, r-\frac{5}{2}\right) \quad \text{より，}$$

・直感的には β は，$(0, 0, 5)$（②
③をみたす）を通り，
$\overrightarrow{OA}=(3, 4, 5)$ を法線ベクト
ルとする平面：
$3x+4y+5(z-5)=0$
$\Longleftrightarrow 3x+4y+5z-25=0$
である．

$\leftarrow$ $T(p, q, r)$ は S 上の点だか
ら当然②が成り立ち，S の方
程式をみたす．したがって
$$C : \begin{cases} (x-3)^2+(y-4)^2 \\ +(z-5)^2=25 \\ 3x+4y+5z-25=0 \end{cases}$$
または，
$$C : \begin{cases} x^2+y^2+z^2=25 \\ (x-3)^2+(y-4)^2 \\ +(z-5)^2=25 \end{cases}$$
などとしてもよい（→講究）．
・上の2球面の半径は等しいか
ら C の中心は2球面の中心を
結ぶ線分 OA の中点である．

第4章

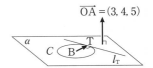

$$\overrightarrow{\text{OA}} \times \overrightarrow{\text{BT}}$$

$$= \left(\begin{vmatrix} 4 & 5 \\ q-2 & r-\frac{5}{2} \end{vmatrix}, \ \begin{vmatrix} 5 & 3 \\ r-\frac{5}{2} & p-\frac{3}{2} \end{vmatrix}, \right.$$
$$\left. \begin{vmatrix} 3 & 4 \\ p-\frac{3}{2} & q-2 \end{vmatrix} \right)$$

← 分配法則を用いれば，
$\overrightarrow{\text{OA}} /\!/ \overrightarrow{\text{OB}}$ に注意して
$\overrightarrow{\text{OA}} \times \overrightarrow{\text{BT}}$
$= \overrightarrow{\text{OA}} \times (\overrightarrow{\text{OT}} - \overrightarrow{\text{OB}})$
$= \overrightarrow{\text{OA}} \times \overrightarrow{\text{OT}} - \overrightarrow{\text{OA}} \times \overrightarrow{\text{OB}}$
$= \overrightarrow{\text{OA}} \times \overrightarrow{\text{OT}}$

$$= \left(4\left(r-\frac{5}{2}\right) - 5(q-2), \ 5\left(p-\frac{3}{2}\right) - 3\left(r-\frac{5}{2}\right), \ 3(q-2) - 4\left(p-\frac{3}{2}\right) \right)$$

$$= (4r-5q, \ 5p-3r, \ 3q-4p)$$

$$= \left(\begin{vmatrix} 4 & 5 \\ q & r \end{vmatrix}, \ \begin{vmatrix} 5 & 3 \\ r & p \end{vmatrix}, \ \begin{vmatrix} 3 & 4 \\ p & q \end{vmatrix} \right) = \overrightarrow{\text{OA}} \times \overrightarrow{\text{OT}}$$

よって，

$$\overrightarrow{\text{OA}} \times \overrightarrow{\text{OT}} = (4r-5q, \ 5p-3r, \ 3q-4p)$$

は l_{T} の方向ベクトルとなる．

講究　1° 円 C は，球面 S_0 の方程式と平面 α の方程式の連立方程式として表された．また，球面 S と平面 α の方程式の連立方程式としても表された．C を含む平面は α 一枚のみであるが，C を含む球面は無数にある．それらは k を実数の定数とすると次の形に表される．

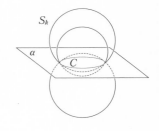

$$S_k : x^2 + y^2 + z^2 - 25 + k(3x+4y+5z-25) = 0$$

　実際，C 上の点はすべてこの方程式をみたし，S_k は球面の方程式の一般形になっている．また，C を含む球面が与えられたとき，その球面上の C 上にない点の座標 (l, m, n) をこの方程式に代入すれば，

$$3l + 4m + 5n - 25 \neq 0$$

であるから k の値が決まり，この球面の方程式が S_k の形で表される．S_k の方程式を変形すると，

・ $k=0$ のときがまさに S_0，
$k=-2$ のときが S である．たとえば，C を含み，S の中心 $(3, 4, 5)$ を通る球面の方程式を求めてみると，
$3^2 + 4^2 + 5^2 - 25$
$\qquad + k(3^2 + 4^2 + 5^2 - 25) = 0$
より $k = -1$ を得るから
$S_{-1} : x^2 + y^2 + z^2$
$\qquad -3x - 4y - 5z = 0$
となるが，これは原点 O を通る球面でもあり，さらに半径最小の S_k でもある．

$$\left(x + \frac{3k}{2}\right)^2 + (y+2k)^2 + \left(z + \frac{5k}{2}\right)^2 = \frac{25}{2}\{(k+1)^2 + 1\}$$

となり，S_k の半径は $k=-1$ のとき最小値
$\dfrac{5}{\sqrt{2}}$ をとる．さらにその中心 $\left(\dfrac{3}{2},\ 2,\ \dfrac{5}{2}\right)$ は C
の中心と一致し，C は S_{-1} の大円になっている．

2° 解答では，l_T の方向ベクトル $\vec{d}$ を，

l_T が α 上にあることから，$\vec{d}\perp\overrightarrow{\mathrm{OA}}$
l_T が α 上 T で C に接することから $\vec{d}\perp\overrightarrow{\mathrm{BT}}$

であることにしたがって，$\overrightarrow{\mathrm{OA}}\times\overrightarrow{\mathrm{BT}}$ を成分計
算（あるいは分配法則による計算）によってこ
れが $\overrightarrow{\mathrm{OA}}\times\overrightarrow{\mathrm{OT}}$ と一致することを見たが，この
事実は本質的には 3 垂線の定理によるものであ
る．実際，今 $\overrightarrow{\mathrm{OA}}\perp\alpha$ であるから，直線 OA 上
の任意の点 P に対して

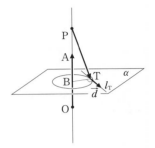

$$\overrightarrow{\mathrm{BT}}\perp\vec{d} \rightleftharpoons \overrightarrow{\mathrm{PT}}\perp\vec{d}$$

であり，とくに P＝O とすると，

$$\overrightarrow{\mathrm{BT}}\perp\vec{d} \rightleftharpoons \overrightarrow{\mathrm{OT}}\perp\vec{d}$$

である．$\overrightarrow{\mathrm{OP}}=s\overrightarrow{\mathrm{OA}}=(3s,\ 4s,\ 5s)$ [s：実数]
として外積の成分計算を確かめよう：

$\overrightarrow{\mathrm{PT}}=\overrightarrow{\mathrm{OT}}-\overrightarrow{\mathrm{OP}}=(p-3s,\ q-4s,\ r-5s)$ より，

$\overrightarrow{\mathrm{OA}}\times\overrightarrow{\mathrm{PT}}$

← 分配法則を用いれば，
$\overrightarrow{\mathrm{OA}}\times\overrightarrow{\mathrm{PT}}$
$=\overrightarrow{\mathrm{OA}}\times(\overrightarrow{\mathrm{OT}}-\overrightarrow{\mathrm{OP}})$
$=\overrightarrow{\mathrm{OA}}\times\overrightarrow{\mathrm{OT}}-\overrightarrow{\mathrm{OA}}\times(s\overrightarrow{\mathrm{OA}})$
$=\overrightarrow{\mathrm{OA}}\times\overrightarrow{\mathrm{OT}}$

$=\left(\begin{vmatrix} 4 & 5 \\ q-4s & r-5s \end{vmatrix},\ \begin{vmatrix} 5 & 3 \\ r-5s & p-3s \end{vmatrix},\ \begin{vmatrix} 3 & 4 \\ p-3s & q-4s \end{vmatrix}\right)$

$=(4(r-5s)-5(q-4s),\ 5(p-3s)-3(r-5s),\ 3(q-4s)-4(p-3s))$
$=(4r-5q,\ 5p-3r,\ 3q-4p)$
$=\left(\begin{vmatrix} 4 & 5 \\ q & r \end{vmatrix},\ \begin{vmatrix} 5 & 3 \\ r & p \end{vmatrix},\ \begin{vmatrix} 3 & 4 \\ p & q \end{vmatrix}\right)=\overrightarrow{\mathrm{OA}}\times\overrightarrow{\mathrm{OT}}$

第4章

44 不等式と領域

座標空間において，次の4点を頂点とする四面体をVとする：
$$A(3,\ 0,\ -2),\ B(-2,\ -1,\ 5),\ C(1,\ 2,\ 0),\ D(2,\ 3,\ 1)$$

(1) Vの重心Gの座標を求めよ．

(2) Vの周および内部をx，y，zの連立不等式として表せ．

(3) kを実数の定数としてxy平面に平行な平面：$z=k$ をα_kとする．Vとα_kが共有点をもつとき，その全体をA_kとする．A_kをx，yの連立不等式として表せ．

(4) A_kが四角形となるようなkの範囲を求めよ．

精 | 講　座標空間内に平面
$$\alpha : ax+by+cz+d=0$$
$$[(a,\ b,\ c)\neq(0,\ 0,\ 0)]$$

が与えられているとき，空間内の点(x,y,z)は，

$$ax+by+cz+d<0$$
$$ax+by+cz+d=0$$
$$ax+by+cz+d>0$$

のいずれかをみたし，αによって3つの部分に分けられるのであった（→ **41** ）．四面体は4つの面からなるから，その内部を表す不等式を得るためには，4つの平面を表す方程式のそれぞれに対して四面体の内部がそれらのどちら側にあるかを考えればよい．

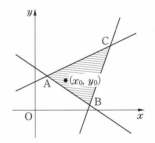

1つ次元を下げて，座標平面上で三角形ABCが内部に点$(x_0,\ y_0)$を含む場合を考えよう．$(x_0,\ y_0)$が直線AB，BC，CAの方程式

AB：$a_1 x+b_1 y+c_1=0$,		$a_1 x_0+b_1 y_0+c_1>0$
BC：$a_2 x+b_2 y+c_2=0$,	に対し，	$a_2 x_0+b_2 y_0+c_2<0$
CA：$a_3 x+b_3 y+c_3=0$,		$a_3 x_0+b_3 y_0+c_3>0$

をみたすとすれば，$\triangle$ABCの内部は連立不等式：

$$\begin{cases} a_1x + b_1y + c_1 > 0 \\ a_2x + b_2y + c_2 < 0 \\ a_3x + b_3y + c_3 > 0 \end{cases}$$

で表される領域である.

解　答

(1)　$\overrightarrow{OG} = \dfrac{1}{4}(\overrightarrow{OA} + \overrightarrow{OB} + \overrightarrow{OC} + \overrightarrow{OD})$

$\qquad = \dfrac{1}{4}\{(3,\ 0,\ -2) + (-2,\ -1,\ 5) + (1,\ 2,\ 0) + (2,\ 3,\ 1)\}$

$\qquad = (1,\ 1,\ 1) \qquad \therefore\ \ \mathbf{G(1,\ 1,\ 1)}$

(2)　・平面 ABC は A$(3,\ 0,\ -2)$ を通り,

$\qquad \overrightarrow{AB} = \overrightarrow{OB} - \overrightarrow{OA} = (-2,\ -1,\ 5) - (3,\ 0,\ -2)$

$\qquad\qquad = (-5,\ -1,\ 7)$

$\qquad \overrightarrow{AC} = \overrightarrow{OC} - \overrightarrow{OA} = (1,\ 2,\ 0) - (3,\ 0,\ -2)$

$\qquad\qquad = (-2,\ 2,\ 2) = 2(-1,\ 1,\ 1)$

$\qquad \overrightarrow{AB} \times \dfrac{1}{2}\overrightarrow{AC} = \left(\begin{vmatrix} -1 & 7 \\ 1 & 1 \end{vmatrix},\ \begin{vmatrix} 7 & -5 \\ 1 & -1 \end{vmatrix},\ \begin{vmatrix} -5 & -1 \\ -1 & 1 \end{vmatrix} \right)$　◀法線ベクトルは実数倍を無視してよい.

$\qquad\qquad = (-8,\ -2,\ -6) = -2(4,\ 1,\ 3)$

より, $\overrightarrow{n_A} = (4,\ 1,\ 3)$ に垂直だからその方程式は,

$\qquad 4(x-3) + y + 3(z+2) = 0$

$\qquad \therefore\ \ 4x + y + 3z - 6 = 0$

$\qquad f_A(x,\ y,\ z) = 4x + y + 3z - 6$

として, V の内部の点 G$(1,\ 1,\ 1)$ の座標を代入すると,

$\qquad f_A(1,\ 1,\ 1) = 4 + 1 + 3 - 6 = 2 > 0$

よって, V の内部の点 $(x,\ y,\ z)$ は,

$\qquad f_A(x,\ y,\ z) = 4x + y + 3z - 6 > 0$

をみたす.

・平面 BCD は B$(-2,\ -1,\ 5)$ を通り,

・G は, △BCD の重心を G_A として AG_A を $3:1$ に内分する点であった. したがって G は四面体 ABCD の内部にある.

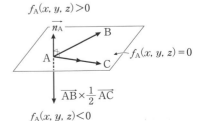

$$\overrightarrow{BC}=\overrightarrow{OC}-\overrightarrow{OB}=(1,\ 2,\ 0)-(-2,\ -1,\ 5)$$
$$=(3,\ 3,\ -5)$$

$$\overrightarrow{BD}=\overrightarrow{OD}-\overrightarrow{OB}=(2,\ 3,\ 1)-(-2,\ -1,\ 5)$$
$$=(4,\ 4,\ -4)=4(1,\ 1,\ -1)$$

$$\overrightarrow{BC}\times\frac{1}{4}\overrightarrow{BD}=\left(\begin{vmatrix}3 & -5\\1 & -1\end{vmatrix},\ \begin{vmatrix}-5 & 3\\-1 & 1\end{vmatrix},\ \begin{vmatrix}3 & 3\\1 & 1\end{vmatrix}\right)$$
$$=(2,\ -2,\ 0)=2(1,\ -1,\ 0)$$

より, $\overrightarrow{n_B}=(1,\ -1,\ 0)$ に垂直だからその方程式は,

$$x+2-(y+1)=0$$
$$\therefore\quad x-y+1=0$$

← z は任意であり, xy 平面に垂直な平面である.

$$f_B(x,\ y,\ z)=x-y+1$$

として, $(x,\ y,\ z)=(1,\ 1,\ 1)$ を代入すると,

$$f_B(1,\ 1,\ 1)=1-1+1=1>0$$

よって, V の内部の点 $(x,\ y,\ z)$ は,

$$f_B(x,\ y,\ z)=x-y+1>0$$

をみたす.

・平面 CDA は C$(1,\ 2,\ 0)$ を通り,

$$\overrightarrow{CD}=\overrightarrow{OD}-\overrightarrow{OC}=(2,\ 3,\ 1)-(1,\ 2,\ 0)$$
$$=(1,\ 1,\ 1)$$

$$\overrightarrow{CA}=-\overrightarrow{AC}=2(1,\ -1,\ -1)$$

← $\overrightarrow{AC}$ は計算済.

$$\overrightarrow{CD}\times\frac{1}{2}\overrightarrow{CA}=\left(\begin{vmatrix}1 & 1\\-1 & -1\end{vmatrix},\ \begin{vmatrix}1 & 1\\-1 & 1\end{vmatrix},\ \begin{vmatrix}1 & 1\\1 & -1\end{vmatrix}\right)$$
$$=(0,\ 2,\ -2)=2(0,\ 1,\ -1)$$

より, $\overrightarrow{n_C}=(0,\ 1,\ -1)$ に垂直だからその方程式は,

$$y-2-z=0$$
$$\therefore\quad y-z-2=0$$

← x は任意であり, yz 平面に垂直な平面である.

$$f_C(x,\ y,\ z)=y-z-2$$

として, $(x,\ y,\ z)=(1,\ 1,\ 1)$ を代入すると,

$$f_C(1,\ 1,\ 1)=1-1-2=-2<0$$

よって，V の内部の点 $(x,\ y,\ z)$ は，

$$f_C(x,\ y,\ z)=y-z-2<0$$

をみたす.

・平面 DAB は D$(2,\ 3,\ 1)$ を通り，

$$\overrightarrow{DA}=\overrightarrow{OA}-\overrightarrow{OD}=(3,\ 0,\ -2)-(2,\ 3,\ 1)$$
$$=(1,\ -3,\ -3)$$

$$\overrightarrow{DB}=-\overrightarrow{BD}=-4(1,\ 1,\ -1)$$

← $\overrightarrow{BD}$ は計算済.

$$\overrightarrow{DA}\times\frac{1}{-4}\overrightarrow{DB}=\left(\begin{vmatrix}-3 & -3\\1 & -1\end{vmatrix},\ \begin{vmatrix}-3 & 1\\-1 & 1\end{vmatrix},\ \begin{vmatrix}1 & -3\\1 & 1\end{vmatrix}\right)$$
$$=(6,\ -2,\ 4)=2(3,\ -1,\ 2)$$

より，$\overrightarrow{n_D}=(3,\ -1,\ 2)$ に垂直だからその方程式は，

$$3(x-2)-(y-3)+2(z-1)=0$$
$$\therefore\quad 3x-y+2z-5=0$$

$$f_D(x,\ y,\ z)=3x-y+2z-5$$

として，$(x,\ y,\ z)=(1,\ 1,\ 1)$ を代入すると，

$$f_D(1,\ 1,\ 1)=3-1+2-5=-1<0$$

よって，V の内部の点 $(x,\ y,\ z)$ は，

$$f_D(x,\ y,\ z)=3x-y+2z-5<0$$

をみたす.

以上から，V の周および内部を表す連立不等式は，

$$\begin{cases}4x+y+3z-6\geqq0\\x-y+1\geqq0\\y-z-2\leqq0\\3x-y+2z-5\leqq0\end{cases}$$

← 4式のうち，3式等号，1式不等号をみたす点は V の頂点，2式等号，2式不等号をみたす点は V の辺（頂点を除く），1式等号，3式不等号をみたす点は V の面（頂点，辺を除く）である.

(3) (2)で得られた連立不等式で $z=k$ として

$$A_k:\begin{cases}4x+y+3k-6\geqq0\\x-y+1\geqq0\\y-k-2\leqq0\\3x-y+2k-5\leqq0\end{cases}$$

第4章

(4) A_k の連立不等式を書き換えると,

$$A_k : \begin{cases} y \geqq -4x-3k+6 & \cdots\cdots① \\ y \leqq x+1 & \cdots\cdots② \\ y \leqq k+2 & \cdots\cdots③ \\ y \geqq 3x+2k-5 & \cdots\cdots④ \end{cases}$$

平面 α_k 上において, ②③を共にみたす領域を図示すると右図（境界を含む）を得る. ①〜④の各境界を $l_1 \sim l_4$ とすると,

l_1 と l_3 の交点の x 座標は,

$$-4x-3k+6=k+2 \text{ より } x=-k+1$$

l_4 と l_3 の交点の x 座標は,

$$3x+2k-5=k+2 \text{ より } x=\frac{-k+7}{3}$$

①が傾き -4 の直線の上側, ④が傾き 3 の直線の上側を表すことを考えると, A_k が四角形となる条件は, l_2, l_3 の交点の x 座標 $k+1$ に対して,

$$-k+1<k+1<\frac{-k+7}{3}$$

求める k の範囲は, **$0<k<1$**

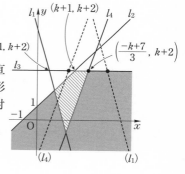

講　究　(4)の結果は, V の 4 頂点の z 座標を考えれば明らかである（右図参照）.
平面 $z=k$ による V の断面積 $S(k)$ $[-2 \leqq k \leqq 5]$ とその最大値を求めよう.
(i) $-2 \leqq k \leqq 0$ のとき,

$$k+1 \leqq -k+1 \leqq \frac{-k+7}{3}$$

であり, l_1 と l_4 の交点を求めると,

$$3x+2k-5=-4x-3k+6$$
$$7x=-5k+11 \quad x=\frac{-5k+11}{7}$$
$$y=3\cdot\frac{-5k+11}{7}+2k-5=\frac{-k-2}{7}$$
$$\therefore \quad (x, y)=\left(\frac{-5k+11}{7}, \frac{-k-2}{7}\right)$$

斜線部分の三角形の面積を求めて,

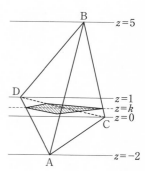

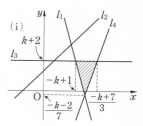

$$S(k)=\frac{1}{2}\left\{\frac{-k+7}{3}-(-k+1)\right\}\left\{k+2-\frac{-k-2}{7}\right\}=\frac{8}{21}(k+2)^2$$

(ii) $0<k<1$ のとき

l_1, l_3, l_4 で囲まれた三角形の面積から右図
網掛け部分の三角形の面積を引く.

l_1 と l_2 の交点の座標は

$$-4x-3k+6=x+1 \ \text{より} \ \ x=\frac{-3k+5}{5}$$

$$(x,\ y)=\left(\frac{-3k+5}{5},\ \frac{-3k+10}{5}\right)$$

また,l_3 と l_2 の交点の x 座標は $k+1$ であ
るから

$$S(k)=\frac{8}{21}(k+2)^2$$

$$-\frac{1}{2}\{k+1-(-k+1)\}\left\{k+2-\frac{-3k+10}{5}\right\}$$

$$=\frac{8}{21}(k+2)^2-\frac{8}{5}k^2$$

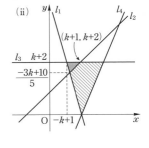

(iii) $1\leqq k\leqq 5$ のとき,

$$-k+1\leqq\frac{-k+7}{3}\leqq k+1$$

であり,l_2 と l_4 の交点は,

$$x+1=3x+2k-5 \ \text{より},\ \ x=-k+3$$
$$\therefore\ \ (x,\ y)=(-k+3,\ -k+4)$$

また,l_1 と $y=-k+4$ の交点の x 座標は,

$$-4x-3k+6=-k+4 \ \text{より} \ \ x=\frac{-k+1}{2}$$

$$S(k)=\frac{1}{2}\left\{-k+3-\left(\frac{-k+1}{2}\right)\right\}$$

$$\times\left\{-k+4-\frac{-k-2}{7}-\left(-k+4-\frac{-3k+10}{5}\right)\right\}=\frac{4}{35}(5-k)^2$$

$S(k)$ は(i)のとき増加,(iii)のとき減少,(ii)のとき,

$$S(k)=-\frac{128}{105}\left(k-\frac{5}{8}\right)^2+2$$

となり,$S(k)$ は最大値:$S\left(\dfrac{5}{8}\right)=2$ をとる.

←(ii)の結果から
$$S'(k)=16\left(\frac{k+2}{21}-\frac{k}{5}\right)$$
$$=\frac{32}{105}(5-8k)$$
$$S\left(\frac{5}{8}\right)=\frac{21}{8}-\frac{5}{8}=2$$
としてもよい.

第4章

45 領域における最大・最小

(1) 座標空間において点 $P(x, y, z)$ は不等式：

　　　(i) $x^2+y^2+z^2 \leqq 50$

をみたす. このとき $f(x, y, z)=3x-4y+5z$ の最大値, 最小値とそれ
らを与える (x, y, z) を求めよ.

(2) $P(x, y, z)$ が(i)かつ

　　　(ii) $z \geqq -\sqrt{14}$

をみたすとき, $f(x, y, z)$ の最大値, 最小値とそれらを与える (x, y, z)
を求めよ.

(3) $P(x, y, z)$ が(i)かつ(ii)かつ

　　　(iii) $x \geqq 0,\ y \geqq 0$

をみたすとき, $f(x, y, z)$ の最大値, 最小値とそれらを与える (x, y, z)
を求めよ.

精 講　座標平面上で次の問題を考えよう.

　(1) 点 $P(x, y)$ が不等式
(i) $x^2+y^2 \leqq 25$ をみたすとき, $f(x, y)=-3x+4y$
の最大値, 最小値とそれらを与える (x, y) を求
めよ.

　(2) $P(x, y)$ が(i)かつ(ii) $y \geqq -3$ をみたすとき,
$f(x, y)$ の最大値, 最小値とそれらを与える
(x, y) を求めよ.

　(3) $P(x, y)$ が(i)かつ(ii)かつ(iii) $x \geqq 0$ をみたす
とき, $f(x, y)$ の最大値, 最小値とそれらを与え
る (x, y) を求めよ.

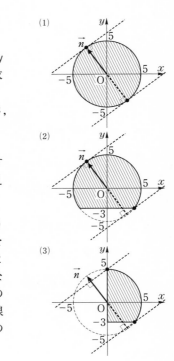

　(1)(2)(3)における xy 平面上の領域は, 右のよう
に容易に図示される（いずれも斜線部分, 境界を
含む）. $f(x, y)=k$ すなわち $-3x+4y=k$ と
おいて, この直線が各領域と共有点をもつような
k の範囲が, k のとり得る値の範囲である. この
直線は $\vec{n}=(-3, 4)$ を法線ベクトルとする直線
で, このような k の範囲, したがって $f(x, y)$ の
最大値, 最小値を求めることは容易であろう.

本問はこのような問題の空間版であるが，直感的に捉えるのが難しくなる．平面での考察を参考にしつつ，空間では加えて何を議論しなければならないかを考える必要がある．

[別解]では，$f(x, y, z)$ を内積の値と捉えた解法を，[講究]では，球面のベクトル表示（パラメーター表示）を説明しそれを応用する．

解 答

(1) $f(x, y, z)=k$, $3x-4y+5z=k$ ……①
とおくと，①は座標空間内で平面の方程式を表し，この平面（α_k とする）と領域(i)が共有点 (x_0, y_0, z_0) をもてば，

$$f(x_0, y_0, z_0)=k$$

となる．(i)の境界の球面 $S : x^2+y^2+z^2$ $=(5\sqrt{2})^2$ の中心 $(0, 0, 0)$ から平面 α_k までの距離：

$$\frac{|-k|}{\sqrt{3^2+(-4)^2+5^2}}=\frac{|k|}{5\sqrt{2}}$$

より，(i)と α_k が共有点をもつ条件は，

$$\frac{|k|}{5\sqrt{2}}\leqq 5\sqrt{2} \quad (S \text{ の半径})$$

である．

$$|k|\leqq 50, \quad -50\leqq k\leqq 50$$

等号が成り立つときが k が最大，最小となるときで，これらのとき α_k は S に接する．

$$\alpha_k \perp \overrightarrow{n_k}=(3, -4, 5)$$

であるから，接点Tに対して

$$\overrightarrow{OT}=t(3, -4, 5)=(3t, -4t, 5t) \quad [t：実数]$$

とおける．S の方程式に代入すると，

$$(3t)^2+(-4t)^2+(5t)^2=50, \quad t=\pm 1$$

よって，$f(x, y, z)$ は，

$t=1$ より，$(x, y, z)=(3, -4, 5)$ のとき

最大値：$f(3, -4, 5)=50$

$t=-1$ より，$(x, y, z)=(-3, 4, -5)$ のとき

最小値：$f(-3, 4, -5)=-50$

をとる．

← (i)は S の周および内部である．
・α_k における値 k は α_k と z 軸の交点に $\dfrac{k}{5}$ として現れる．

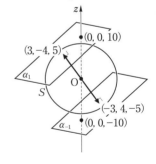

第4章

(2) (1)と同様に α_k と領域(i)かつ(ii)((i)の $z \geqq -\sqrt{14}$ の部分)の共有点を考える. (1)の最大値をとる点$(3,\ -4,\ 5)$の z 座標：5は, $z \geqq -\sqrt{14}$ をみたすからこの場合もkは, $(x,\ y,\ z) = (3,\ -4,\ 5)$ で**最大値50をとる**.

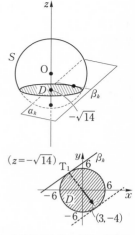

一方, (1)の最小値をとる点$(-3,\ 4,\ -5)$の z 座標 -5 は $z \geqq -\sqrt{14}$ をみたさない. (i)と平面 $z = -\sqrt{14}$ の共通部分の円板をDとすると, k の最小値は α_k とDが1点のみを共有するkの値の小さい方である. この1点 T_1 の座標を求めよう. 2平面 $z = -\sqrt{14}$ と α_k の交線を β_k とすると, 平面 $z = -\sqrt{14}$ 上で,

$$D : x^2 + y^2 \leqq 6^2$$
$$\beta_k : 3x - 4y - 5\sqrt{14} - k = 0$$
$$\left(y = \frac{3}{4}x - \frac{k + 5\sqrt{14}}{4} \right)$$

より, 求める点 T_1 に対して,
$$\overrightarrow{OT_1} = t_1(3,\ -4) = (3t_1,\ -4t_1)\quad [t_1 < 0]$$
とおけるから, $x^2 + y^2 = 36$ に代入して,
$$(3t_1)^2 + (-4t_1)^2 = 36$$
$$t_1{}^2 = \frac{36}{25} \qquad t_1 = -\frac{6}{5} \qquad T_1\left(-\frac{18}{5},\ \frac{24}{5}\right)$$

を得る. よって $f(x,\ y,\ z)$ は,
$$(x,\ y,\ z) = \left(-\frac{18}{5},\ \frac{24}{5},\ -\sqrt{14}\right)$$ で

$$最小値 : f\left(-\frac{18}{5},\ \frac{24}{5},\ -\sqrt{14}\right)$$
$$= -\frac{54}{5} - \frac{96}{5} - 5\sqrt{14} = -30 - 5\sqrt{14}$$

をとる.

(3) (1)(2)で最大値を与える点$(3,\ -4,\ 5)$は(iii)をみたさない. α_k の法線ベクトル $\overrightarrow{n_k} = (3,\ -4,\ 5)$ の各成分の符号に注目すると, k が最大となるのは, α_k が(i)〜(iii)の共通部分のうちの xz 平面$(y = 0)$上の円弧の部分と1点のみを共有するときである. この部分 D_0 は xz 平面上で
$$D_0 : x^2 + z^2 = 50 \quad [x \geqq 0,\ z \geqq -\sqrt{14}\,]$$

← k の値が小さい方が y 切片は大きい.

← $z = -\sqrt{14}$ 上なので xy 座標のみで計算している. また上記 y 切片に関する注意から $t_1 < 0$ である.

・β_k が条件をみたすとき, D の中心原点が β_k の下側にあることから点と直線の距離の公式：
$$\frac{3 \cdot 0 - 4 \cdot 0 - 5\sqrt{14} - k}{\sqrt{3^2 + (-4)^2}} = 6$$
から $k = -30 - 5\sqrt{14}$ としてもよい.

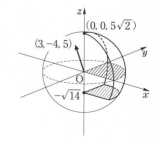

と表され，α_k と xz 平面の交線を γ_k とすると，

$$\gamma_k : 3x+5z=k$$

となる．γ_k が円弧：$x^2+z^2=50$（$x\geqq 0$，$z\geqq -\sqrt{14}$）と接する点を T_2 とすると k は T_2 で最大となる．xz 平面上で，

$$\overrightarrow{OT_2}=t_2(3,\ 5)=(3t_2,\ 5t_2)\quad [t_2>0]$$

とおけるから，$x^2+z^2=50$ に代入して

$$(3t_2)^2+(5t_2)^2=50$$

$$t_2{}^2=\frac{50}{34}\qquad t_2=\frac{5}{\sqrt{17}}\qquad T_2\left(\frac{15}{\sqrt{17}},\ \frac{25}{\sqrt{17}}\right)$$

を得る．よって，$f(x,\ y,\ z)$ は，

$$(\boldsymbol{x},\ \boldsymbol{y},\ \boldsymbol{z})=\left(\frac{\boldsymbol{15}}{\sqrt{\boldsymbol{17}}},\ \boldsymbol{0},\ \frac{\boldsymbol{25}}{\sqrt{\boldsymbol{17}}}\right)\ \text{で}$$

$$\textbf{最大値：}f\left(\frac{15}{\sqrt{17}},\ 0,\ \frac{25}{\sqrt{17}}\right)=\boldsymbol{10\sqrt{17}}$$

をとる．

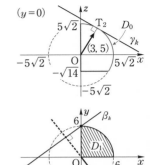

次に，(2)で最小値を与える点 $\left(-\dfrac{18}{5},\ \dfrac{24}{5},\ -\sqrt{14}\right)$ は(iii)をみたさず，k の最小値は α_k と与えられた領域の $z=-\sqrt{14}$ の部分 D_1 の周 $\overparen{D_1}$ と 1 点のみを共有する k の値の小さい方である．それは，$z=-\sqrt{14}$ 上で，

$$D_1 : x^2+y^2\leqq 36,\ x\geqq 0,\ y\geqq 0$$

$$\beta_k : 3x-4y-5\sqrt{14}-k=0$$

を考えれば，β_k が $(0,\ 6)$ を通るときで，

$$3\cdot 0-4\cdot 6-5\sqrt{14}-k=0$$

より，$k=-24-5\sqrt{14}$ を得る．すなわち，$f(x,\ y,\ z)$ は $(\boldsymbol{x},\ \boldsymbol{y},\ \boldsymbol{z})=(\boldsymbol{0},\ \boldsymbol{6},\ -\sqrt{\boldsymbol{14}})$ で

$$\textbf{最小値：}f(0,\ 6,\ -\sqrt{14})=\boldsymbol{-24-5\sqrt{14}}$$

をとる．

$\boxed{\text{別解}}$ (1) $\vec{a}=(3,\ -4,\ 5)$，$\vec{p}=(x,\ y,\ z)$ とすると，$f(x,\ y,\ z)=\vec{a}\cdot\vec{p}$（内積）であり

$$|\vec{a}|=\sqrt{3^2+(-4)^2+5^2}=5\sqrt{2}$$

また，$(x,\ y,\ z)$ が(i)をみたすとき，$0\leqq |\vec{p}|\leqq 5\sqrt{2}$ である．$\vec{a}$ と $\vec{p}$ のなす角を $\theta\ [0\leqq\theta\leqq\pi]$ とすると，

$$\vec{a}\cdot\vec{p}=|\vec{a}||\vec{p}|\cos\theta,\ -1\leqq\cos\theta\leqq 1$$

← 定数項のない $x,\ y,\ z$ の 1 次式は一定なベクトル $\vec{a}$ と動点 $(x,\ y,\ z)$ を終点とするベクトル $\vec{p}$ の内積と捉えることができる．とくに，

$$\vec{a}\cdot\vec{p}=0$$

は，原点を通って，$\vec{a}$ を法線ベクトルとする平面を表すのであった．

より，
$$-50 \leqq \vec{a} \cdot \vec{p} \leqq 50$$
を得て，
　　　右の等号は，$\theta = 0$，$|\vec{p}| = 5\sqrt{2}$
　　　左の等号は，$\theta = \pi$，$|\vec{p}| = 5\sqrt{2}$
のときに成立する．よって，$f(x, y, z)$ は，
$\vec{p} = \vec{a}$ すなわち $(x, y, z) = (3, -4, 5)$ で最大値 **50**
$\vec{p} = -\vec{a}$ すなわち $(x, y, z) = (-3, 4, -5)$ で最小値 **-50**
をとる．

(2) (1)と同様に
$$f(x, y, z) = \vec{a} \cdot \vec{p} = 5\sqrt{2}\,|\vec{p}|\cos\theta \quad [0 \leqq \theta \leqq \pi]$$
を考える．最大値は(1)と同じで，$\vec{p} = \vec{a}$，
$(x, y, z) = (3, -4, 5)$ **のとき最大値 50** をと
る．一方，最小値について，$|\vec{p}|\cos\theta$ を考える
とこれを最小にする $\vec{p}$ は (x, y, z) が，円板
D：(i)かつ $z = -\sqrt{14}$ 上にある場合を考えれ
ばよい．このとき
$$(x, y, z) = (r\cos\varphi, r\sin\varphi, -\sqrt{14})$$
$$[0 \leqq r \leqq 6, \ 0 \leqq \varphi \leqq 2\pi]$$
とおけて，
$$f(x, y, z) = 3r\cos\varphi - 4r\sin\varphi - 5\sqrt{14}$$
$$= -5r\sin(\varphi + \alpha) - 5\sqrt{14}$$
$$\left[\cos\alpha = \frac{4}{5}, \ \sin\alpha = -\frac{3}{5}, \ -\frac{\pi}{2} < \alpha < 0 \right]$$
と変形できる．$0 < r \leqq 6$ で r を固定すると，こ
れは
$$\varphi + \alpha = \frac{\pi}{2}, \quad \varphi = \frac{\pi}{2} - \alpha$$
のとき最小値：$-5r - 5\sqrt{14}$（$r=0$ でも可）を
とる．さらに $0 \leqq r \leqq 6$ で r を動かすと，求め
る**最小値は** $r = 6$ **のとき** $-30 - 5\sqrt{14}$ **である．**
最小値を与える点は，
$$(x, y, z) = \left(6\cos\left(\frac{\pi}{2} - \alpha\right), \ 6\sin\left(\frac{\pi}{2} - \alpha\right), \ -\sqrt{14} \right)$$
$$= (6\sin\alpha, \ 6\cos\alpha, \ -\sqrt{14})$$
$$= \left(-\frac{18}{5}, \ \frac{24}{5}, \ -\sqrt{14} \right)$$
である．

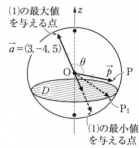

(1)の最大値
を与える点

$\vec{a} = (3, -4, 5)$

(1)の最小値
を与える点

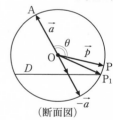

（断面図）

・$\vec{a} \cdot \vec{p} = 5\sqrt{2}\,|\vec{p}|\cos\theta$
は $|\vec{p}|$ と $\theta(0 \leqq \theta \leqq \pi)$ が大き
い程値が小さい．今，
$\vec{p} = \overrightarrow{OP}$，$\vec{a} = \overrightarrow{OA}$ として p の
z 座標が $-\sqrt{14}$ より大きく
$|\vec{p}| = 5\sqrt{2}$ であるとする．こ
のとき平面 OAP と D の境界
の円周との交点 P_1 で
　　$\angle AOP_1 > \angle AOP$
となるものが存在し，
$\vec{a} \cdot \vec{p} > \vec{a} \cdot \overrightarrow{OP_1}$ である．

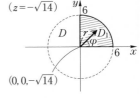
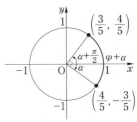

(3) (2)と同様の考察により，$\vec{a}\cdot\vec{p}$ を最大にする $\vec{p}$ は，$(x,\ y,\ z)$ が xz 平面上の四分円：
$$x^2+z^2=50,\ \ x\geqq 0,\ \ z\geqq 0$$
の上にあるとしてよく．
$$\vec{p}=(5\sqrt{2}\cos\phi,\ 0,\ 5\sqrt{2}\sin\phi)$$
$$\left[0\leqq\phi\leqq\frac{\pi}{2}\right]$$

とおける．このとき，
$$\vec{a}\cdot\vec{p}=5\sqrt{2}\,(3\cos\phi+5\sin\phi)$$
$$=10\sqrt{17}\sin(\phi+\beta)$$
$$\left[\cos\beta=\frac{5}{\sqrt{34}},\ \sin\beta=\frac{3}{\sqrt{34}},\ 0<\beta<\frac{\pi}{2}\right]$$

と変形できて，これは，
$$\phi+\beta=\frac{\pi}{2},\ \ \phi=\frac{\pi}{2}-\beta$$

のとき，**最大値：$10\sqrt{17}$** をとる．最大値を与える点は
$$(x,\ y,\ z)=(5\sqrt{2}\sin\beta,\ 0,\ 5\sqrt{2}\cos\beta)$$
$$=\left(\frac{15}{\sqrt{17}},\ 0,\ \frac{25}{\sqrt{17}}\right)$$

である．

　次に，$\vec{a}\cdot\vec{p}$ を最小にする $\vec{p}$ についても(2)と同様の考察により，$(x,\ y,\ z)$ が

四分円板 D_1：(i) かつ $z=-\sqrt{14}$ かつ (iii) の上にある場合について考えればよい．このとき，
$$(x,\ y,\ z)=(r\cos\varphi,\ r\sin\varphi,\ -\sqrt{14})$$
$$\left[0\leqq r\leqq 6,\ 0\leqq\varphi\leqq\frac{\pi}{2}\right]$$

とおけて，(2)と同様に
$$f(x,\ y,\ z)=-5r\sin(\varphi+\alpha)-5\sqrt{14}$$
$$\left[\cos\alpha=\frac{4}{5},\ \sin\alpha=-\frac{3}{5},\ -\frac{\pi}{2}<\alpha<0\right]$$

と変形できて，$0<r\leqq 6$ で r を固定すると，これは，
$$\varphi+\alpha=\alpha+\frac{\pi}{2},\ \ \varphi=\frac{\pi}{2}$$

のとき最小値：$-5r\cdot\dfrac{4}{5}-5\sqrt{14}=-4r-5\sqrt{14}$　（$r=0$ でも可）

第4章

をとる．さらに $0 \leqq r \leqq 6$ で r を動かすと，求める**最小値**は $r=6$ のとき $-24-5\sqrt{14}$ である．最小値を与える点は

$$(x, y, z) = \left(6\cos\frac{\pi}{2}, \ 6\sin\frac{\pi}{2}, \ -\sqrt{14}\right)$$
$$= (0, \ 6, \ -\sqrt{14})$$

である．

講究　座標平面における単位円：
$x^2+y^2=1$ のベクトル表示（パラメーター表示）

$$(x, y) = (\cos\theta, \ \sin\theta) \quad [0 \leqq \theta < 2\pi]$$

の空間版として，座標空間における単位球面
$S : x^2+y^2+z^2=1$ のベクトル表示（パラメーター表示）を説明する：

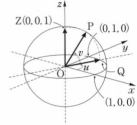

xy 平面（$z=0$）の単位円上の点 Q は，

$$Q(\cos u, \ \sin u, \ 0) \quad [0 \leqq u < 2\pi]$$

と表される．$Z(0, 0, 1)$ とすると平面 OQZ 上において

$$\{O ; \overrightarrow{OQ}, \ \overrightarrow{OZ}\} \text{ は正規直交基底}$$

となり，この平面の半単位円上の点 $P(x, y, z)$ は，

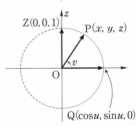

$$\overrightarrow{OP} = \cos v \cdot \overrightarrow{OQ} + \sin v \cdot \overrightarrow{OZ} \quad \left[-\frac{\pi}{2} \leqq v \leqq \frac{\pi}{2}\right]$$

$$(x, y, z) = (\cos v \cos u, \ \cos v \sin u, \ \sin v)$$

と表される．これが単位球面 S のベクトル表示である．これより原点を中心とする半径 r の球面上の点，すなわち原点からの距離が $r(\geqq 0)$ である点 P は，

$$r\overrightarrow{OP} = (r\cos v\cos u, \ r\cos v\sin u, \ r\sin v)$$

と表される．原点においては $r=0$，u と v は任意，z 軸上の点 $(0, 0, r)(r>0)$ においては，u は任意，$v=\dfrac{\pi}{2}$，$(0, 0, -r)$ においては，u は任意，$v=-\dfrac{\pi}{2}$ で，その他の点における上記ベクトル表示は一意的である．

← S から $(0, 0, 1)$, $(0, 0, -1)$ を除いた部分の点と，
$$\left\{(u, v) \middle| \begin{matrix} 0 \leqq u < 2\pi \\ -\frac{\pi}{2} < v < \frac{\pi}{2} \end{matrix}\right\}$$
は完全に1対1の対応がつく．なお，
$(0, 0, 1)$ においては u は任意，$v=\dfrac{\pi}{2}$ である．また
$(0, 0, -1)$ においては u は任意，$v=-\dfrac{\pi}{2}$ である．

・球面を地球にたとえれば，u は経度，v は緯度に相当する．

さて，**45**(1)〜(3)の各領域における最大値，最小値は各領域の境界面の点において実現されることを認めて，ベクトル表示，三角関数の合成を用いて解いてみよう．

(1) (i)の境界面でP(x, y, z)は，$r=5\sqrt{2}$として

$$(x, y, z)=(r\cos v\cos u,\ r\cos v\sin u,\ r\sin v)$$

$$\left[0\leq u<2\pi,\ -\frac{\pi}{2}\leq v\leq\frac{\pi}{2}\right]$$

と表せるから，

$$f(x, y, z)=3r\cos v\cos u-4r\cos v\sin u$$
$$+5r\sin v$$

← uとvが変数だが，まずvをとめたときの"最大値"$g(v)$を求め，次いでvを動かして$f(x, y, z)$の最大値を求める．

vを $-\dfrac{\pi}{2}\leq v\leq\dfrac{\pi}{2}$ で固定すると，

$$f(x, y, z)=r\cos v(-4\sin u+3\cos u)$$
$$+5r\sin v$$

$$=5r\{\cos v\sin(u+\alpha)+\sin v\}\ \cdots\cdots①$$

$$\left[\cos\alpha=-\frac{4}{5},\ \sin\alpha=\frac{3}{5},\ \frac{\pi}{2}<\alpha<\pi\right]$$

と変形できて，今 $0\leq\cos v\leq1$ であるから

$$u+\alpha=\frac{5\pi}{2}\quad u=2\pi+\frac{\pi}{2}-\alpha$$

のとき"最大値"

$$g(v)=5r(\cos v+\sin v)$$
$$=5\sqrt{2}\,r\sin\left(v+\frac{\pi}{4}\right)$$

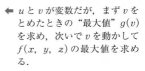

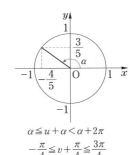

$\alpha\leq u+\alpha<\alpha+2\pi$

$-\dfrac{\pi}{4}\leq v+\dfrac{\pi}{4}\leq\dfrac{3\pi}{4}$

をとる．ここで，vを，$-\dfrac{\pi}{2}\leq v\leq\dfrac{\pi}{2}$ で動かすと，これは，$v+\dfrac{\pi}{4}=\dfrac{\pi}{2}$ より $v=\dfrac{\pi}{4}$ のとき求める**最大値**：$5\sqrt{2}\cdot5\sqrt{2}=$**50** をとる．

最大値を与える点は

$(\boldsymbol{x},\ \boldsymbol{y},\ \boldsymbol{z})$

$=\left(5\sqrt{2}\cos\dfrac{\pi}{4}\sin\alpha,\ 5\sqrt{2}\cos\dfrac{\pi}{4}\cos\alpha,\ 5\sqrt{2}\sin\dfrac{\pi}{4}\right)$

$=\left(5\sqrt{2}\cdot\dfrac{1}{\sqrt{2}}\cdot\dfrac{3}{5},\ 5\sqrt{2}\cdot\dfrac{1}{\sqrt{2}}\cdot\left(-\dfrac{4}{5}\right),\ 5\sqrt{2}\cdot\dfrac{1}{\sqrt{2}}\right)$

$=(3,\ -4,\ 5)$

次に，①より $f(x, y, z)$は，

$$u+\alpha=\frac{3\pi}{2} \quad u=\frac{3\pi}{2}-\alpha$$

のとき "最小値"

$$h(v)=5r(-\cos v+\sin v)$$
$$=5\sqrt{2}\,r\sin\left(v-\frac{\pi}{4}\right)$$

をとる. v を $-\dfrac{\pi}{2}\leqq v\leqq\dfrac{\pi}{2}$ で動かすとこれは, ← $-\dfrac{3\pi}{4}\leqq v-\dfrac{\pi}{4}\leqq\dfrac{\pi}{4}$

$v-\dfrac{\pi}{4}=-\dfrac{\pi}{2}$ より $v=-\dfrac{\pi}{4}$ のとき, 求める

最小値 $-5\sqrt{2}\,r=-50$ をとる. 最小値を与
える点は

$(x,\ y,\ z)$

$=\left(5\sqrt{2}\cos\left(-\dfrac{\pi}{4}\right)\cos\left(\dfrac{3\pi}{2}-\alpha\right),\ 5\sqrt{2}\cos\left(-\dfrac{\pi}{4}\right)\sin\left(\dfrac{3\pi}{2}-\alpha\right),\ 5\sqrt{2}\sin\left(-\dfrac{\pi}{4}\right)\right)$

$=\left(5\sqrt{2}\cdot\dfrac{1}{\sqrt{2}}(-\sin\alpha),\ 5\sqrt{2}\cdot\dfrac{1}{\sqrt{2}}(-\cos\alpha),\right.$

$$\left.5\sqrt{2}\left(-\dfrac{1}{\sqrt{2}}\right)\right)$$

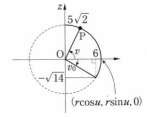

$=\left(-5\cdot\dfrac{3}{5},\ -5\cdot\left(-\dfrac{4}{5}\right),\ -5\right)=(-3,\ 4,\ -5)$

(2) (i)かつ(ii)の境界面上の点 $P(x,\ y,\ z)$ は,
$r=5\sqrt{2}$ として,

(ア) $(x,\ y,\ z)=(r\cos v\cos u,\ r\cos v\sin u,\ r\sin v)$

$\left[0\leqq u<2\pi,\ v_0\leqq v\leqq\dfrac{\pi}{2},\right.$

$\left.\cos v_0=\dfrac{3\sqrt{2}}{5},\ \sin v_0=-\dfrac{\sqrt{7}}{5},\ -\dfrac{\pi}{4}<v_0<0\right]$

← $\cos v_0=\dfrac{6}{5\sqrt{2}}=\dfrac{3\sqrt{2}}{5}$

$\sin v_0=\dfrac{-\sqrt{14}}{5\sqrt{2}}=-\dfrac{\sqrt{7}}{5}$

または,

(イ) $(x,\ y,\ z)=(k\cos t,\ k\sin t,\ -\sqrt{14})$

$\qquad\qquad [0\leqq t<2\pi,\ 0\leqq k\leqq 6]$

$\cos v_0=\dfrac{6}{5}\cdot\dfrac{1}{\sqrt{2}}>\dfrac{1}{\sqrt{2}}$

と表される.

より, $-\dfrac{\pi}{4}<v_0<0$
としてよい.

(ア)のとき,
最大値および最大値を与える点については(1)
と同じである. 最小値については v をとめた
ときの "最小値"

$$h(v)=5\sqrt{2}\,r\sin\left(v-\dfrac{\pi}{4}\right)$$

において，$-\dfrac{\pi}{2}<v_0-\dfrac{\pi}{4}\leqq v-\dfrac{\pi}{4}\leqq\dfrac{\pi}{4}$ に注意して最小値

$$5\sqrt{2}\,r\sin\left(v_0-\dfrac{\pi}{4}\right)=5\sqrt{2}\,r\left(-\dfrac{\sqrt{7}}{5}\cdot\dfrac{1}{\sqrt{2}}-\dfrac{3\sqrt{2}}{5}\cdot\dfrac{1}{\sqrt{2}}\right)$$
$$=-5\sqrt{2}\,(\sqrt{7}+3\sqrt{2})=-30-5\sqrt{14}$$

をとる．この最小値を与える点は，

$$\left(5\sqrt{2}\cos v_0\cos\left(\dfrac{3\pi}{2}-\alpha\right),\ 5\sqrt{2}\cos v_0\sin\left(\dfrac{3\pi}{2}-\alpha\right),\ 5\sqrt{2}\sin v_0\right)$$
$$=\left(5\sqrt{2}\cdot\dfrac{3\sqrt{2}}{5}(-\sin\alpha),\ 5\sqrt{2}\cdot\dfrac{3\sqrt{2}}{5}(-\cos\alpha),\ 5\sqrt{2}\cdot\left(-\dfrac{\sqrt{7}}{5}\right)\right)$$
$$=\left(-6\cdot\dfrac{3}{5},\ -6\left(-\dfrac{4}{5}\right),\ -\sqrt{14}\right)$$

← $z=-\sqrt{14}$ に注意．

$$=\left(-\dfrac{18}{5},\ \dfrac{24}{5},\ -\sqrt{14}\right)$$

(イ)のとき，

$$f(x,\ y,\ z)=3k\cos t-4k\sin t-5\sqrt{14}$$
$$=5k\sin(t+\alpha)-5\sqrt{14}$$

k をとめると，これは $t+\alpha=\dfrac{5\pi}{2}$,

← (1)の α と同じで
$\alpha\leqq t+\alpha<\alpha+2\pi$
$\left[\dfrac{\pi}{2}<\alpha<\pi\right]$
である．

$t=2\pi+\dfrac{\pi}{2}-\alpha$ のとき "最大値"：

$5k-5\sqrt{14}$ をとる．さらに k を $0\leqq k\leqq 6$ で動かすと(イ)のときの最大値は $30-5\sqrt{14}$ となるが，これは(ア)のときの最大値より小さい．また，

$$t+\alpha=\dfrac{3\pi}{2},\ t=\dfrac{3\pi}{2}-\alpha$$

のとき "最小値"：$-5k-5\sqrt{14}$ をとる．k を $0\leqq k\leqq 6$ で動かすと(イ)のときの最小値は $-30-5\sqrt{14}$ であり，これは(ア)のときの最小値と一致する．以上からPが(i)かつ(ii)の境界面上にあるとき，最大値：

$$f(3,\ -4,\ 5)=50$$
$$最小値：f\left(-\dfrac{18}{5},\ \dfrac{24}{5},\ -\sqrt{14}\right)$$
$$=-30-5\sqrt{14}$$

である．

← $k=6,\ t=\dfrac{3\pi}{2}-\alpha$
のとき，
$(x,\ y,\ z)$
$=\left(6\cos\left(\dfrac{3\pi}{2}-\alpha\right),\right.$
$\left.6\sin\left(\dfrac{3\pi}{2}-\alpha\right),\ -\sqrt{14}\right)$
$=(-6\sin\alpha,\ -6\cos\alpha,\ -\sqrt{14})$
$=\left(-\dfrac{18}{5},\ \dfrac{24}{5},\ -\sqrt{14}\right)$

第4章

(3) まず最大値を求めるために，(i)かつ(iii)をみ
たす点 (x, y, z) を考える．このとき，

$$(x, y, z)$$
$$=(r\cos v\cos u, r\cos v\sin u, r\sin v)$$
$$\left[0\leqq u\leqq\frac{\pi}{2}, -\frac{\pi}{2}\leqq v\leqq\frac{\pi}{2}, 0\leqq r\leqq5\sqrt{2}\right]$$

と表され，(1)と同様に

$$f(x, y, z)$$
$$=5r\{\cos v\sin(u+\alpha)+\sin v\} \quad\cdots\cdots\text{①}$$

と変形できるが，r, v を固定すると，

$$\alpha\leqq u+\alpha\leqq\alpha+\frac{\pi}{2} \text{ より } u+\alpha=\alpha$$
$$u=0$$

のときに"最大値"

$$5r(\cos v\sin\alpha+\sin v)=r(5\sin v+3\cos v)$$
$$=\sqrt{34}\,r\sin(v+\beta)$$
$$\left[\cos\beta=\frac{5}{\sqrt{34}}, \sin\beta=\frac{3}{\sqrt{34}}, 0<\beta<\frac{\pi}{2}\right]$$

をとる．さらに r, v を動かして

$$r=5\sqrt{2}, v=\frac{\pi}{2}-\beta(>0>v_0)$$

のとき **最大値** $\sqrt{34}\cdot5\sqrt{2}=\mathbf{10\sqrt{17}}$ をとる．
これを与える点は(3)の領域の境界面上にあっ
て，

$$(x, y, z)=(r\sin\beta, 0, r\cos\beta)$$
$$=\left(\frac{15}{\sqrt{17}}, 0, \frac{25}{\sqrt{17}}\right)$$

次に最小値を求めるために(3)の領域 B の境
界面を次の4つの部分に分けて考える：

$D_1：B$ かつ $z=-\sqrt{14}$
$D_2：B$ かつ $y=0$
$D_3：B$ かつ S
$D_4：B$ かつ $x=0$

(ア) $\mathrm{P}(x, y, z)$ が D_1 にあるとき

$$\begin{cases}x=r\cos\theta\\y=r\sin\theta\end{cases}\left[0\leqq r\leqq6, 0\leqq\theta\leqq\frac{\pi}{2}\right]$$

とおけて，

← (1)の α

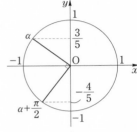

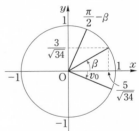

← $u=0$, $r=5\sqrt{2}$

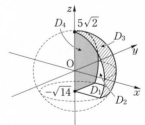

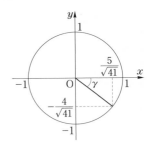

$$f(x,\ y,\ z)=3r\cos\theta-4r\sin\theta-5\sqrt{14}$$
$$=5r\sin(\theta+\alpha)-5\sqrt{14}$$

$\alpha\leqq\theta+\alpha\leqq\alpha+\dfrac{\pi}{2}$ より,

これは $\theta=\dfrac{\pi}{2}$, $r=6$

のとき, 最小値:
$$5\cdot6\cdot\left(-\frac{4}{5}\right)-5\sqrt{14}=-24-5\sqrt{14}$$

をとる.

・変数の扱いからやや面倒な議論になるが, 論理を説明しよう. まず最大値については今考えている範囲より広い領域での最大値を求め, それが今考えている範囲の中で実現されることを見る. 次いで最小値については, 考えている範囲を4つに分けてそれぞれの場合の最小値を考える, という流れである.

(イ) $P(x,\ y,\ z)$ が D_2 にあるとき,
$$(x,\ y,\ z)=(r\cos v,\ 0,\ r\sin v)$$
$$\left[0\leqq r\leqq5\sqrt{2}\ ,\ -\frac{\pi}{2}\leqq v\leqq\frac{\pi}{2},\ r\sin v\geqq-\sqrt{14}\right]$$
と表せて,
$$f(x,\ y,\ z)=3r\cos v+5r\sin v\geqq-5\sqrt{14}$$
$$(>-24-5\sqrt{14})$$

(ウ) $P(x,\ y,\ z)$ が D_3 にあるとき,
$$(x,\ y,\ z)=(5\sqrt{2}\cos v\cos u,\ 5\sqrt{2}\cos v\sin u,\ 5\sqrt{2}\sin v)$$
$$\left[0\leqq u\leqq\frac{\pi}{2},\ v_0\leqq v\leqq\frac{\pi}{2}\right]$$

とおけて, ①より,
$$f(x,\ y,\ z)=25\sqrt{2}\{\cos v\sin(u+\alpha)+\sin v\}$$

v をとめるとこれは, $u=\dfrac{\pi}{2}$ のときに "最小値"
$$25\sqrt{2}\left(-\frac{4}{5}\cos v+\sin v\right)$$
$$=5\sqrt{2}\,(5\sin v-4\cos v)$$
$$=5\sqrt{2}\cdot\sqrt{41}\sin(v+\gamma)$$
$$\left[\cos\gamma=\frac{5}{\sqrt{41}},\ \sin\gamma=-\frac{4}{\sqrt{41}},\ -\frac{\pi}{2}<\gamma<0\right]$$

さらに v を動かすと,
$$v_0+\gamma\leqq v+\gamma\leqq\frac{\pi}{2}+\gamma$$

となるが, v_0, γ の三角関数の値から

$-\dfrac{\pi}{2}<v_0+\gamma<0$ であるから(ウ)のときの最小

⬅ $-\dfrac{\pi}{4}<v_0<0$, $-\dfrac{\pi}{4}<\gamma<0$
より, $-\dfrac{\pi}{2}<v_0+\gamma<0$

値は,

$$5\sqrt{2}\cdot\sqrt{41}\sin(v_0+\gamma)$$
$$=5\sqrt{2}\cdot\sqrt{41}\left(-\frac{\sqrt{7}}{5}\cdot\frac{5}{\sqrt{41}}+\frac{6}{5\sqrt{2}}\left(-\frac{4}{\sqrt{41}}\right)\right)$$ ← 加法定理
$$=-24-5\sqrt{14}$$

㈢ $P(x,\ y,\ z)$ が D_4 にあるとき

$$(x,\ y,\ z)=(0,\ r\cos v,\ r\sin v)$$
$$\left[0\leqq r\leqq5\sqrt{2},\ -\frac{\pi}{2}\leqq v\leqq\frac{\pi}{2},\ r\sin v\geqq-\sqrt{14}\right]$$

と表せて,

$$f(x,\ y,\ z)=-4r\cos v+5r\sin v=\sqrt{41}\,r\sin(v+\gamma)$$

ここで,v を $v_0\leqq v\leqq\dfrac{\pi}{2}$ で動かすと,㈡と

同様の計算で,$r=5\sqrt{2}$,$v=v_0$ のとき最小
値 $-24-5\sqrt{14}$ をとる.

また,v を $-\dfrac{\pi}{2}\leqq v\leqq v_0$ で動かすと,

$r\cos v\leqq6$,$r\sin v\geqq-\sqrt{14}$ より,

$$f(x,\ y,\ z)\geqq-24-5\sqrt{14}$$

等号は,$r=5\sqrt{2}$,$v=v_0$ のときに成立す
る.

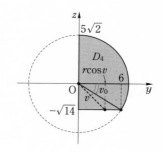

以上から,求める**最小値**は,

$$(\boldsymbol{x},\ \boldsymbol{y},\ \boldsymbol{z})=(\boldsymbol{0},\ \boldsymbol{6},\ -\sqrt{14})\ のとき$$
$$\boldsymbol{-24-5\sqrt{14}}$$

《基本事項》

・$\vec{0}$ でない 2 つのベクトル $\vec{a}$ と $\vec{b}$ は，これらの始点を一致させたとき同一直線上になければ **1 次独立**であるという．
$\vec{a}=\overrightarrow{OA}$, $\vec{b}=\overrightarrow{OB}$ とすると，

> 「$\vec{a}$ と $\vec{b}$ が 1 次独立 $\Longleftrightarrow$ O，A，B は三角形の頂点」

である．また，

> 「$\vec{a}$ と $\vec{b}$ が 1 次独立 $\Longleftrightarrow$ 実数 x, y が $x\vec{a}+y\vec{b}=\vec{0}$ をみたすのは，
> $x=y=0$ のときに限る」

でもある．

・$\vec{0}$ でない 3 つのベクトル $\vec{a}$, $\vec{b}$, $\vec{c}$ は，これらの始点を一致させたとき同一平面上になければ **1 次独立**であるという．
$\vec{a}=\overrightarrow{OA}$, $\vec{b}=\overrightarrow{OB}$, $\vec{c}=\overrightarrow{OC}$ とすると

> 「$\vec{a}$, $\vec{b}$, $\vec{c}$ が 1 次独立 $\Longleftrightarrow$ O，A，B，C は四面体の頂点」

である．また，

> 「$\vec{a}$, $\vec{b}$, $\vec{c}$ が 1 次独立 $\Longleftrightarrow$ 実数 x, y, z が $x\vec{a}+y\vec{b}+z\vec{c}=\vec{0}$ をみたす
> のは，$x=y=z=0$ のときに限る」

・1 つの平面上に原点 O と 1 次独立なベクトル $\vec{a}$ と $\vec{b}$ が与えられると，
任意の点 P は実数 x, y を用いて $\overrightarrow{OP}=x\vec{a}+y\vec{b}$ とただ 1 通りに表される．
　このようなとき，組 $\{O\,;\,\vec{a},\,\vec{b}\}$ をこの平面の**基底**，$(x,\,y)$ をこの基底による**斜交座標**という．とくに，$|\vec{a}|=|\vec{b}|=1$, $\vec{a}\perp\vec{b}$ のとき**正規直交基底**という．

・1 つの空間内に原点 O と 1 次独立なベクトル $\vec{a}$, $\vec{b}$, $\vec{c}$ が与えられると，
任意の点 P は実数 x, y, z を用いて $\overrightarrow{OP}=x\vec{a}+y\vec{b}+z\vec{c}$ とただ 1 通りに表される．
　このようなとき，組 $\{O\,;\,\vec{a},\,\vec{b},\,\vec{c}\}$ をこの空間の**基底**，$(x,\,y,\,z)$ をこの基底による**斜交座標**という．とくに，$|\vec{a}|=|\vec{b}|=|\vec{c}|=1$, $\vec{a}\perp\vec{b}$, $\vec{b}\perp\vec{c}$, $\vec{c}\perp\vec{a}$ のとき**正規直交基底**という．

・原点Oの定められた平面上または空間内において，

1° 直線 l 上の点 P $(\overrightarrow{OP}=\vec{p})$ は，**通る1点 P_0** $(\overrightarrow{OP_0}=\vec{p_0})$ と**方向ベクトル** $\vec{d}(\neq\vec{0})$ を用いて，

$$\vec{p}=\vec{p_0}+t\vec{d} \quad [t：実数]$$

と表される．これを l の**ベクトル表示**または**パラメーター表示**という．

2° 平面 α 上の点 P $(\overrightarrow{OP}=\vec{p})$ は，**通る1点 P_0** $(\overrightarrow{OP_0}=\vec{p_0})$ と**1次独立なベクトル** $\vec{a}$, $\vec{b}$ を用いて，

$$\vec{p}=\vec{p_0}+u\vec{a}+v\vec{b} \quad [u, v：実数]$$

と表される．これを α の**ベクトル表示**または**パラメーター表示**という．

・平面上または空間内の2つのベクトル $\vec{a}$, $\vec{b}$ に対して，$\vec{a}\neq\vec{0}$, $\vec{b}\neq\vec{0}$ のとき，$\vec{a}$ と $\vec{b}$ のなす角を $\theta\,[0\leqq\theta\leqq\pi]$ として，$\vec{a}\cdot\vec{b}=|\vec{a}||\vec{b}|\cos\theta$ （実数）を $\vec{a}$ と $\vec{b}$ の**内積**という．$\vec{a}=\vec{0}$ または $\vec{b}=\vec{0}$ のときは $\vec{a}\cdot\vec{b}=0$ と定める．

とくに，（通常の直交）座標平面で $\vec{a}=(a_1, a_2)$, $\vec{b}=(b_1, b_2)$ のときは

$$\vec{a}\cdot\vec{b}=a_1b_1+a_2b_2$$

（通常の直交）座標空間で $\vec{a}=(a_1, a_2, a_3)$, $\vec{b}=(b_1, b_2, b_3)$ のときは

$$\vec{a}\cdot\vec{b}=a_1b_1+a_2b_2+a_3b_3$$

となる．

内積については，次の性質が成り立つ．

(i) $\vec{a}\cdot\vec{b}=\vec{b}\cdot\vec{a}$

(ii) $(k\vec{a})\cdot\vec{b}=\vec{a}\cdot(k\vec{b})=k(\vec{a}\cdot\vec{b})$ $[k：実数]$

(iii) $\vec{a}\cdot(\vec{b}+\vec{c})=\vec{a}\cdot\vec{b}+\vec{a}\cdot\vec{c}$

(iv) $\vec{a}\cdot\vec{a}=|\vec{a}|^2\geqq0$ （等号 $\Longleftrightarrow$ $\vec{a}=\vec{0}$）

・平面上において，1点 P_0 $(\overrightarrow{OP_0}=\vec{p_0})$ を通って $\vec{n}(\neq\vec{0})$ に垂直な直線 l 上の点 P $(\overrightarrow{OP}=\vec{p})$ は，$\vec{n}\cdot(\vec{p}-\vec{p_0})=0$ をみたす．これを l の**ベクトル方程式**，$\vec{n}$ を l の**法線ベクトル**という．

とくに，**座標平面で**，$\vec{n}=(a, b)$, $\vec{p}=(x, y)$, $\vec{p_0}=(x_0, y_0)$ のときは

$$l：a(x-x_0)+b(y-y_0)=0 \quad (ax+by+c=0 \quad [c=-ax_0-by_0])$$

となる．

・空間内において1点 P_0 $(\overrightarrow{OP_0}=\vec{p_0})$ を通って $\vec{n}(\neq\vec{0})$ に垂直な平面 α 上の点 P $(\overrightarrow{OP}=\vec{p})$ は，$\vec{n}\cdot(\vec{p}-\vec{p_0})=0$ をみたす．これを α の**ベクトル方程式**，$\vec{n}$ を α の**法線ベクトル**という．

とくに，**座標空間で**，$\vec{n}=(a, b, c)$, $\vec{p}=(x, y, z)$, $\vec{p_0}=(x_0, y_0, z_0)$ のときは

$$\alpha：a(x-x_0)+b(y-y_0)+c(z-z_0)=0$$

$$(ax+by+cz+d=0 \quad [d=-ax_0-by_0-cz_0])$$

となる.

・平面上における三角形 ABC は，A，B，C がこの順に左回りに存在するとき **左回り**，右回りに存在するとき **右回り** であるという.

　座標平面において，$E_1(1, 0)$，$E_2(0, 1)$ に対し，$\triangle OE_1E_2$ が左回りであるとする．このとき，$\overrightarrow{OP}=(p_1, p_2)$ に対して $\overrightarrow{OQ}=(-p_2, p_1)$ とすると，$|\overrightarrow{OP}|=|\overrightarrow{OQ}|$，$\overrightarrow{OP}\perp\overrightarrow{OQ}$，$\triangle OPQ$ は左回りである．また，$\overrightarrow{OR}=(p_2, -p_1)$ とすると，$|\overrightarrow{OP}|=|\overrightarrow{OR}|$，$\overrightarrow{OP}\perp\overrightarrow{OR}$，$\triangle OPR$ は右回りである.

　さらに，$\overrightarrow{OA}=(a, c)$ $(\neq\vec{0})$，$\overrightarrow{OB}=(b, d)$ $(\neq\vec{0})$ に対して

$$\triangle OAB \text{ が左回り} \iff \begin{vmatrix} a & c \\ b & d \end{vmatrix}=ad-bc>0$$

$$\triangle OAB \text{ が右回り} \iff \begin{vmatrix} a & c \\ b & d \end{vmatrix}=ad-bc<0$$

である.

・空間内の 1 次独立なベクトル $\vec{a}$, $\vec{b}$, $\vec{c}$ は，$\vec{a}$, $\vec{b}$, $\vec{c}$ がこの順に右手の親指，人差し指，中指の向きに合うようにできるとき **右手系** である，$(\vec{a}, \vec{b}, \vec{c})$ は **右手系** であるという．またこの順に左手の親指，人差し指，中指の向きに合うようにできるとき **左手系** である，$(\vec{a}, \vec{b}, \vec{c})$ は **左手系** であるという.

　空間内のベクトル $\vec{a}$, $\vec{b}$ に対して，$\vec{a}\neq\vec{0}$，$\vec{b}\neq\vec{0}$ のとき，次の条件をみたす $\vec{c}$ を $\vec{a}$ と $\vec{b}$ の **外積** といって，$\vec{c}=\vec{a}\times\vec{b}$ （ベクトル）と表す：

　　$\vec{c}\perp\vec{a}$, $\vec{c}\perp\vec{b}$, $(\vec{a}, \vec{b}, \vec{c})$ は右手系

　　$|\vec{c}|=(\vec{a}$ と $\vec{b}$ で定まる平行四辺形の面積$)=\sqrt{|\vec{a}|^2|\vec{b}|^2-(\vec{a}\cdot\vec{b})^2}$

　　$\vec{a}=\vec{0}$ または $\vec{b}=\vec{0}$ のときは，$\vec{a}\times\vec{b}=\vec{0}$

と定める.

　とくに，$\vec{e_1}=(1, 0, 0)$，$\vec{e_2}=(0, 1, 0)$，$\vec{e_3}=(0, 0, 1)$ が右手系であるように定められた座標空間で，$\vec{a}=(a_1, a_2, a_3)$，$\vec{b}=(b_1, b_2, b_3)$ のとき，

$$\vec{a}\times\vec{b}=\left(\begin{vmatrix} a_2 & a_3 \\ b_2 & b_3 \end{vmatrix}, \begin{vmatrix} a_3 & a_1 \\ b_3 & b_1 \end{vmatrix}, \begin{vmatrix} a_1 & a_2 \\ b_1 & b_2 \end{vmatrix}\right)$$

$$=(a_2b_3-a_3b_2, \; a_3b_1-a_1b_3, \; a_1b_2-a_2b_1)$$

となる.

　外積については，次の性質が成り立つ.

(i) $\vec{a}\times\vec{b}=-\vec{b}\times\vec{a}$

(ii) $(k\vec{a})\times\vec{b}=\vec{a}\times(k\vec{b})=k(\vec{a}\times\vec{b})$

(iii) $\vec{a}\times(\vec{b}+\vec{c})=\vec{a}\times\vec{b}+\vec{a}\times\vec{c}$

(iv) $\vec{a}\times\vec{a}=\vec{0}$

・$(\vec{a},\ \vec{b},\ \vec{c})$ が右手系ならば，$(\vec{b},\ \vec{c},\ \vec{a})$，$(\vec{c},\ \vec{a},\ \vec{b})$ も右手系で，$\vec{a},\ \vec{b},\ \vec{c}$ が定める平行六面体の体積を V とすると，

$$V=(\vec{a}\times\vec{b})\cdot\vec{c}=(\vec{b}\times\vec{c})\cdot\vec{a}=(\vec{c}\times\vec{a})\cdot\vec{b}$$

となる．また，$(\vec{a},\ \vec{b},\ \vec{c})$ が左手系ならば，$(\vec{b},\ \vec{c},\ \vec{a})$，$(\vec{c},\ \vec{a},\ \vec{b})$ も左手系で

$$(\vec{a}\times\vec{b})\cdot\vec{c}=(\vec{b}\times\vec{c})\cdot\vec{a}=(\vec{c}\times\vec{a})\cdot\vec{b}=-V$$

となる．したがって，

$(\vec{a},\ \vec{b},\ \vec{c})$ が右手系 $\Longleftrightarrow$ $(\vec{a}\times\vec{b})\cdot\vec{c}>0$

$(\vec{a},\ \vec{b},\ \vec{c})$ が左手系 $\Longleftrightarrow$ $(\vec{a}\times\vec{b})\cdot\vec{c}<0$

である．

memo

〔数学 ベクトル 分野別 標準問題精講〕永曽仙夫